什么东西太多了都不好，但威士忌除外。

——马克·吐温

Charles MacLean's

WHISKYPEDIA
威士忌百科全书
—— 苏格兰 ——

A Gazetteer of Scotch Whisky

［英］ 查尔斯·麦克莱恩 ——

著

支彧涵 ——

译

中信出版集团 | 北京

图书在版编目（ＣＩＰ）数据

威士忌百科全书. 苏格兰 /（英）查尔斯·麦克莱恩著；支彧涵译. -- 2 版. -- 北京：中信出版社，2023.5
书名原文：Whiskypedia: A Gazetteer of Scotch Whisky
ISBN 978-7-5217-5494-0

Ⅰ. ①威… Ⅱ. ①查… ②支… Ⅲ. ①威士忌酒－基本知识 Ⅳ. ① TS262.3

中国国家版本馆 CIP 数据核字（2023）第 041181 号

威士忌百科全书：苏格兰
著者：　　　[英] 查尔斯·麦克莱恩
译者：　　　支彧涵
出版发行：中信出版集团股份有限公司
　　　　　（北京市朝阳区东三环北路 27 号嘉铭中心　邮编　100020）
承印者：　　北京中科印刷有限公司

开本：880mm×1230mm　1/32　　印张：18.75（插页：1）　　字数：400 千字
版次：2023 年 5 月第 2 版　　印次：2023 年 5 月第 1 次印刷
书号：ISBN 978–7–5217–5494–0
定价：198.00 元

Contents
目录

来源与致谢

　　第一本详细描述苏格兰蒸馏厂的书是阿尔弗雷德·巴纳德在 1887 年撰写的《英国的威士忌蒸馏厂》(*The Whisky Distilleries of the United Kingdom*, Harpers, 1887)，后由 David & Charles 出版社于 1969 年和 1987 年再版 (1987 年版由迈克尔·莫斯教授作序)，2003 年爱丁堡 Birlinn 出版公司重版 (理查德·乔伊森作序)。这本内容扎实、引人入胜的书是每一位"酒厂朝圣者"的圣经。

　　1987 年，在巴纳德的鸿篇巨著出版百年之际，威士忌行业陷入了某种困境，原出版商委托《怡泉威士忌指南》(*Schweppes Guide to Scotch*) 作者菲利普·莫里斯撰写并出版了它的当代版本——《苏格兰和爱尔兰的威士忌蒸馏厂》(*The Whisky Distilleries of Scotland and Ireland*)。在此之前，蒸馏者有限公司 (Distillers Company Limited, D. C. L.) 的档案管理员布莱恩·斯皮勒整理并撰写了一本介绍公司旗下 50 家蒸馏厂的学术性独立小册子《蒸馏者有限公司蒸馏历史系列》(*D. C. L. Distillery History Series*, 1981—1983)。

　　在最近的出版物中，我很高兴拥有鹈户美佐子 (Misako Udo) 撰写的《苏格兰威士忌蒸馏厂》(*The Scottish Whisky Distilleries*, Black & White Publishing, 2006)，以及英瓦尔·龙德编著的杰作《麦芽威士忌年鉴 2014》(*Malt Whisky Yearbook 2014*, Magdig Media, 2013)。高登与麦克菲尔公司期刊《苏格兰威士忌新闻》中的《蒸馏厂档案》(*Distillery Profiles*) 非常具有建设性，乌尔夫·巴克斯鲁德撰写的讨论帝亚吉欧 (Diageo) 旗下蒸馏厂的《珍稀麦芽威士忌》(*Rare Malts*, Quiller Press, 2006) 也同样重要。

　　我也很感激威士忌行业中的朋友们匀出宝贵的时间与我分享最新的信息，篇幅所限，我就不在这里一一致谢了。不过，我还是很想感谢科林·汉普登－怀特提供人像摄影，比我之前那一版好太多了！还有乔·汉利对书中所用酒瓶图片的拍摄。特别感谢英瓦尔·龙德、汉斯·奥夫林加、贝瑞兄弟与罗德公司和皇家一英里威士忌商店提供酒瓶相关照片。最后对一直支持、鼓励我的编辑艾利森·雷致以最高的敬意。

前言

这是一本关于苏格兰威士忌蒸馏的书,也是一本关于苏格兰威士忌风味品鉴,以及这些风味如何在漫长的时光中嬗变的书。

它兼容并包,涵纳了所有麦芽和谷物蒸馏厂,包括那些 1945 年以后就已关门,但仍可买到其产品的蒸馏厂,以及刚建成不久还未有产品问世的蒸馏厂。每个条目都提供了蒸馏厂历史的简要说明,突出一些我觉得特别有趣的细节,至于关于过去和现在威士忌生产中的一些细节描述,则是专门为对这些细枝末节感兴趣的朋友撰写的。通过介绍性笔记,我希望爱好者能够大致把握每一家产品的口味,以及为何会有这样的差别——通过对原料、设备、工艺和橡木的分析和解释。

我希望这本书能就每个蒸馏厂及其生产的威士忌提供简洁可靠的说明。我知道这是前人做过的事情,包括我自己!但是威士忌行业的变化之快令人瞠目结舌,一本威士忌新书可能没多久就过时了。

事实上,尽管全球经济在衰退,但是对苏格兰威士忌的需求仍然急剧上升,这导致蒸馏产能急剧增加。自 2009 年《威士忌百科全书:苏格兰》第一版问世以来,苏格兰已经新开了 37 家麦芽威士忌酒厂,如果自 2018 年的上一版付印以来,也有多达 8 家新建酒厂。我知道还有 30 多家正在筹划或建设之中(更多传言有待证实),25家蒸馏厂的所有权发生了变更,许多老牌蒸馏厂扩大了产能。类似的情况还有许多。

不过对威士忌的需求会跟上供应的步伐吗?只有时间能告诉我们。然而在巨大的潜在市场——中国,对苏格兰威士忌的兴趣已经大幅增长。看起来印度——这一世界上最大的威士忌市场,尽管市面上销售的 95% 的威士忌是印度制造的——也将很快降低其对进口烈酒的惩罚性关税。

中国对苏格兰威士忌的需求在过去 20 年中急剧上升：从 2000 年时的 1000 万元人民币增长到 2019 年的约 26.6 亿元人民币。到了 2013 年，中国台湾地区已经是苏格兰威士忌第三大消费市场，仅次于美国市场以及全球免税渠道。即便如今滑落至第四位，中国台湾地区的威士忌消费仍不可小觑。

我与中国威士忌结缘始于 2006 年，彼时我很荣幸被帝亚吉欧邀请参与苏格登品牌的发布，也在 2011 年为其拍摄了电视广告片，这也是我被称为"苏格登教父"的由来。自那时起，我就与中国台湾地区结下了不解之缘，协助帝亚吉欧推广"经典麦芽"系列、"桶装原酒限量版"系列，并多次出席 Whisky Live 活动。

麦芽威士忌在中国台湾地区的成功让苏格兰威士忌产业进军大陆市场顺理成章。1988 年，施格兰（Seagram's，保乐力加的前身）成为第一家来到大陆的公司，并着重推广旗下高端品牌芝华士和皇家礼炮。帝亚吉欧紧随其后，在大陆市场投放尊尼获加（Johnnie Walker）蓝牌。到了 2013 年，苏格登在中国台湾地区大受欢迎并夺下最畅销麦芽威士忌宝座。与此同时，大陆消费者对麦芽威士忌的兴趣也与日俱增，帝亚吉欧决定在这里发力推广其经典麦芽威士忌系列产品。

从那时起，我有幸在中国主要城市多次举办巡回品鉴活动，让更多威士忌爱好者领略威士忌的美好风味。2017 年，我受邀担任帝亚吉欧威士忌学院董事会顾问，这是一个致力于在中国推广威士忌文化的教育机构，在主要城市提供三级教育课程，不仅包含帝亚吉欧旗下的品牌，也不仅限于苏格兰威士忌。最高级别课程含一次为期一周的苏格兰游学。

同年，"熊猫精酿"在北京开设了第一家"查尔斯威士忌吧"，第二年又在杭州开设了分店，并计划在未来增设更多店铺。

于是，在 2020 年，我很荣幸被授予"胡润中英杰出贡献奖"，获奖原因是在中国推广威士忌文化，致力于推动中英友好关系。

我非常高兴《威士忌百科全书：苏格兰》一书推出中文版，也非常感谢小友——"WhiskyENJOY 享威"的创始人——支彧涵翻译这本书。希望本书能成为那些刚开始探索苏格兰威士忌世界的酒友的忠实旅伴，相信每一位读者，无论是初入门的威士忌爱好者，还是资深的老饕或从业人员，都能常读常新，每次拾卷都有新收获。苏格兰威士忌是带给人欢乐的，我希望这本书能让你在品饮这杯珍稀佳酿时倍感愉悦。

我从 1981 年开始关于苏格兰威士忌的写作，那是一本关于贝尔调和威士忌的小册子。现在回想起来我才意识到，这个行业的变化有多大。20 世纪 80 年代，我有幸受几家威士忌公司的邀请开展研究，撰写材料。其中有概述公司历史的，例如关于高地蒸馏厂百年和关于格兰杰一百五十周年的，也有介绍品牌历史的，例如 1988 年新生的联合蒸馏者（United Distillers）旗下的品牌。从我的专业背景和性格来说，我是历史学家（同一时期我写了五本关于苏格兰历史的书），而为苏格兰威士忌公司工作的经验使我对苏格兰的社会历史和对我们国民饮品的热情得以融合。

到 1988 年，我已经写了很多关于威士忌的文章，足以攒集成书。五年后，我出版了《苏格兰威士忌口袋书》（*The Pocket Guide to Scotch*），收录在米切尔·比兹利主编的同名系列里。此书获得成功之后，又有三本书被其他出版商委托撰写，然后米切尔·比兹利让我写一本内容更丰富的插图书。《麦芽威士忌》（*Malt Whisky*）于 1997 年出版，其图片和设计获得了"格兰菲迪奖"，目前已被重印五次并翻译成八种语言。

我的编辑转去 Cassell 出版社后委托我撰写《威士忌：流金溢彩500 年》（*Scotch Whisky: A Liquid History*）。我花了四年时间研究和写作，不负苦心，最终赢得了"詹姆斯·比尔德奖"（这是美国该奖历史上获此殊荣的第一本烈酒题材图书）的"最佳葡萄酒和烈酒图书"奖项，以及世界食品媒体奖的"最佳饮品书"奖项，同时也一举摘夺英国的"安德烈·西蒙奖"第二名。

自那以后我又撰写了十本书，包括现在发行到第四版的《麦克莱恩的威士忌手札》（*MacLean's Miscellany of Whisky*），被翻译成十种语言的《世界威士忌》（*World Whisky*），介绍威雀品牌（The Famous Grouse）历史的《理应成名》（*Famous for a Reason*，有史以来发行过的"分量"最重的威士忌书），介绍主要麦芽威士忌酒厂的《精神家园》（*Spirit of Place*）和介绍私酿者的《苏格兰的秘密历史》（*Scotland's Secret History*）。在新冠肺炎疫情期间，我与加文·史密斯（Gavin Smith）一同撰写了《100 个代表威士忌历史的物件》（*A History of Whisky in 100 Objects*）（尚未出版），并与斯图尔特·利夫（Stuart Leaf）一起为国际葡萄酒与食品协会（The International Wine & Food Society）撰写了《探索苏格兰调和威士忌》（*Exploring Blended Scotch*）。

很明显，写一本书历时很长！其中一个原因是，人们必须从其他来源赚钱，而不能仅靠版税。就我个人而言，我受雇于威士忌公司进行一些内容创作，在世界各地举办品鉴会和主持活动。我非常感激他们，没有这样的支持，我是无法继续我的研究的。

本书的第一版花了四年才完成，自 2009 年以来，该书已经修订并更新了五次。我希望对于那些刚开始探索苏格兰威士忌世界的人来说，这本书会成为畅游威士忌之旅的好伴侣。我希望对那些已经熟悉这个主题的人也一样，他们经验丰富，能够在风味的细微差别中区别不同威士忌酒厂的产品。我也希望这本书能够帮助越来越多自己搞收藏的威士忌爱好者——我尽可能记录下蒸馏厂遭遇巨变的时刻，以及酒厂主何时将蒸馏出来的威士忌作为单一麦芽威士忌进行销售和推广。

不管怎样，苏格兰威士忌最终的目的是带来愉悦，这样的愉悦可繁复可简约，请使用前环衬上的威士忌风味轮和阅读品鉴威士忌的扩展章节来获得更多的乐趣。威士忌的精妙之处在于它可以让你在微醺的情况下享受它带来的多层次体验。毕竟，威士忌是世界上最复杂的酒精饮料。

查尔斯·麦克莱恩

执杯者大师

苏格兰爱丁堡

起初，我发现描述性任务的难度远远超出了我的预期，但是……我的兴趣随着工作的推进而增长，反过来又使我更容易推进下去。经过一段时间之后，我非常热衷于对这些蒸馏厂进行研究。

——阿尔弗雷德·巴纳德
《英国的威士忌蒸馏厂》
1887 年

历史概述

苏格兰威士忌目前的增长速度超过了行业历史上的任何时期，自 19 世纪 90 年代以来，从未有如此大量的资金投入在扩大产能方面。2004 年至 2022 年之间，有 42 家新蒸馏厂开业。许多著名的蒸馏厂已完成扩建，几家产能翻番，格兰菲迪（Glenfiddich）、格兰威特（Glenlivet）和麦卡伦（Macallan）在现有设备的基础上都新建了巨大的新蒸馏厂，每年可分别生产 2100 万升、3000 万升和 1400 万升纯酒精。在过去十年中，麦芽威士忌的产能提高了 60%。

这种乐观主义是基于未来几十年全球对苏格兰威士忌的需求形成的，对此做出预测非常困难，很容易受行业控制之外的因素的影响，包括全球经济和国际政治形势，更不用说酒精销售相关法规、财政安排以及 200 多个市场的潮流趋势了。

让我们期待营销人员的预测是正确的。苏格兰威士忌的历史是一个关于繁荣和破灭的故事。18 世纪 80 年代的扩张在 1788 年戛然而止。在 1823 年之后新建的数十个蒸馏厂中，只有一小部分能熬过"饥饿的 40 年代"。19 世纪 90 年代的威士忌大热潮在 1900 年急剧转向破灭。尽管全球经济自 2008 年以来持续下滑，苏格兰威士忌却在出口市场长期保持蓬勃发展的势头，并在英国这个十多年来一直保持平稳的市场中拥有自己的一席之地。这种增长主要来自调和苏格兰威士忌，占市场总量的 90% 以上，但凡有调和品牌领头，麦芽威士忌必定跟进，有统计数据为证，麦芽威士忌现如今贡献了整个行业大约 35% 的利润。

最地道的苏格兰威士忌

在苏格兰，用发芽大麦制造的威士忌是最地道的苏格兰威士忌，虽然到了18世纪末，随着低地迎来大规模商业蒸馏时代，混合谷物（小麦、黑麦和大麦）也被用来酿酒。19世纪20年代后期，随着连续蒸馏器的发明（1830年由都柏林前消费品税务检察官埃涅阿斯·科菲完善并取得专利），低地酒厂开始致力于用这种蒸馏器生产谷物威士忌，得到的成品非常纯净，酒精度极高，并大量用于调和威士忌。连续蒸馏器在苏格兰中部地带的新工业城镇广泛传播，继而向英格兰扩张，并改进了当地金酒的生产工艺。

壶式蒸馏麦芽威士忌的味道极其多变。就像朗费罗诗里的小女孩一样："听话的时候，小女孩好乖好乖，可调皮捣蛋真会把人吓坏！"壶式蒸馏麦芽威士忌在高地被直接饮用，在低地则会被加上水、糖、柠檬和香料做成一大盆潘趣酒。在若斯墨丘斯（Rothiemurchus）的伊丽莎白·格兰特撰写的《高地女士回忆录》（*Memoirs of a Highland Lady*）中，我找到了第一个鼓吹"陈年威士忌"的例子。她回忆起1822年8月英王乔治四世是如此颂扬威士忌的："纯正的格兰威特威士忌……在木桶里陈年，装在没有盖子的瓶子里（这还挺奇怪的！），像牛奶一般顺滑，是真正的私酿者佳酿。"

麦芽威士忌的衰落

可以肯定的是，从19世纪20年代开始，葡萄酒和烈酒商会将轻谷物威士忌与质量不稳定或很辛辣的麦芽威士忌进行混合来制造一种更具吸引力的酒精饮料。他们中的许多人都熟习茶叶、葡萄酒和甜酒调配，这些通常也在他们的货物里头。但是第一个拥有品牌的调和威士忌出现在1853年，成为"厄舍的老格兰威特调和"（Usher's Old Vatted Glenlivet）。1860年《格莱斯顿烈酒法案》（Gladstone's Spirits

Act）开始实施后，法律允许人们在保税仓库里把麦芽威士忌和谷物威士忌混合在一起，从那时起，调和苏格兰威士忌的春天来了。

多个因素共同推动了调和威士忌的腾飞，尤其是根瘤蚜虫对欧洲葡萄园的破坏。到 19 世纪 60 年代后期，非年份干邑已经无法买到，由于"白兰地和苏打水"是英国中产阶级的标准饮料，这让他们相当沮丧。调和苏格兰威士忌（和苏打水）乘势取而代之，成为消费主流。

19 世纪 90 年代出现了历史学家所谓的"威士忌热潮"（The Whisky Boom）的时代。自此，麦芽威士忌蒸馏者的命运完全掌握在调和威士忌品牌手中，因为大的调和威士忌品牌开始有意识地或建造或购买麦芽威士忌蒸馏厂，以确保其名下的调和威士忌供应稳定。19 世纪 90 年代，有 33 家新蒸馏厂投入使用，其中 21 家位于斯佩塞（这些蒸馏厂目前基本上仍在运营）。

不知疲倦的维多利亚旅行者、《哈珀》（Harper's）杂志的编辑阿尔弗雷德·巴纳德在 19 世纪 80 年代中期访问了 118 家麦芽酒厂，于此期间撰写并在 1887 年完成了经典著作《英国的威士忌蒸馏厂》。这是第一本也是最完整的一本描写散落在英伦岛屿上的蒸馏厂的书。

他极富远见卓识地评论道："有人认为，威士忌的未来在于麦芽威士忌，当我们考虑到这点时就会遇到一个棘手的问题。因为'此时此刻'尚且不是麦芽威士忌的时代。数不清的调和威士忌品牌已经确定了一件事，那就是想要为公众提供价格适中且年份足够的产品，除了使用优质的、陈年的、用连续蒸馏器酿造的谷物威士忌作为基础之外，别无他法。"

确实是"棘手的问题"。法院在 1905 年裁定酒液必须在壶式蒸馏器中蒸馏才能被命名为"威士忌"，这就引发了一场关于"什么是威士忌"的讨论。皇家委员会（1908—1909）发现，"调和威士忌的市场大于单独品牌威士忌，可以说大多数喝威士忌的英国人只喝调和威士忌"。因此，使用连续蒸馏器制作的谷物威士忌与麦芽威士忌混合（即调和威士忌）的产品应享有被称为"威士忌"的同等权利。

事实上，那时候很少有麦芽威士忌以"单一麦芽威士忌"的概念推向市场。巴纳德评论说："只有少数苏格兰威士忌酒厂能够生产用作单一威士忌的酒液。"而那些可以找到的单一威士忌通常是由酒店或烈酒商人装瓶，在当地销售，或是私人客户用小桶或粗陶罐装的散装酒。

因此在 1930 年，埃涅阿斯·麦克唐纳才会这样感叹："去品鉴威士忌的不同口味，任何一群人都会嘲笑这种想法——除了少数苏格兰人、农民、狩猎场管理员和苏格兰市政官之外。这是已逝黄金时代的遗物，当时北方的陈酒（vintage）还保有着它们自己的学徒和拥趸。"（《威士忌》，1930 年）

繁荣与萧条

在埃涅阿斯·麦克唐纳写完这些后不久，格兰威特蒸馏厂的老板比尔·史密斯·格兰特开始在美国的普尔曼客车（Pullman coaches）上销售他的单一麦芽威士忌，但这绝对是例外，99.9% 的麦芽威士忌都被用于调和威士忌。

粗略阅读以下各蒸馏厂条目，可以看出第二次世界大战结束后的二十年里，威士忌产能大幅增长。苏格兰再次迎来繁荣时期，在欧洲和美国，威士忌被称为"自由世界的饮料"。英国的出口额从 1960 年的 2315 万标准加仑[1] 增加到 1980 年的 1.07 亿标准加仑。在英国本土，消费量增长了两倍，从 720 万标准加仑增加到 2122 万标

1　1 加仑约合 4.5 升。——中文版编者注

准加仑。

　　1962 年至 1972 年间，有 3 家新的谷物蒸馏厂和 26 家新的麦芽蒸馏厂成立。麦芽蒸馏厂中有 4 家建于谷物蒸馏厂内部，11 家挨着已有的麦芽蒸馏厂。这 11 家由最大的威士忌公司蒸馏者有限公司（D. C. L.）的麦芽蒸馏分公司苏格兰麦芽蒸馏者（Scottish Malt Distillers, S. M. D.）建造，所有新建蒸馏厂都采用类似的设计，即所谓的"滑铁卢街"（Waterloo Street）风格，以 S. M. D. 设在格拉斯哥的总部命名（参见"Caol Ila 卡尔里拉"）。其余不少蒸馏厂也在同时期进行了现代化改造和扩建，大部分产能都翻了一番。

　　到 20 世纪 70 年代中期，经济形势变得不太稳定，美国市场也开始收缩。此外，在美国和英国，消费者的口味转向了偏柔和的酒精饮料，比如用白朗姆或者伏特加调制的酒，以及葡萄酒。这些产品以年轻的饮酒者为受众，用生活类广告吸引他们。苏格兰威士忌失去了它的时尚气质，被视为"老爸的饮料"。

　　威士忌公司对此的回应是开发其他市场，特别是南美、日本、中国香港和欧洲，但产量仍远远超过需求。到 1980 年，保税仓库中的陈年威士忌总量达到 1960 年的四倍以上。有人称其为"威士忌湖"，与法国的"葡萄酒湖"和欧洲北部的"黄油山"相提并论。

　　此外，1981 年世界经济陷入迅速衰退。谷物和麦芽威士忌的产量急剧下降，到了 1983 年，威士忌的整体产量处于 1959 年以来的最低水平。1981 年至 1986 年间，不少于 29 家蒸馏厂被迫关闭，其中 18 家目前仍然处于关停状态，还有几家已被拆除。

麦芽威士忌的复兴

　　在这段时期，单一麦芽威士忌仍然不太常见。但格兰冠（The Glen Grant）和格兰菲迪是例外。

格兰冠是当时英国为数不多的可以买到的单一麦芽威士忌之一，但 20 世纪 60 年代它在意大利获得的巨大成功归之于该品牌的经销商阿尔曼多·乔维内蒂（Armando Giovinetti）。他深信麦芽威士忌很符合意大利人的口味，他在 20 世纪 50 年代后期接触了几家蒸馏厂，但都被拒绝了："我们所有的产品都供给调和威士忌了。"当他接触格兰冠时，酒厂创始人的曾孙同时也是酒厂当时的所有人道格拉斯·麦基萨克将他介绍给了伦敦的装瓶商查尔斯·H. 朱利安。1960 年，乔维内蒂拿到了 50 件"格兰冠 12 年"。他告诉我："我的态度是，如果卖不出去，我就自己把它们全喝了！"

参观威士忌蒸馏厂不到一年，他判断市场需要一款年轻的威士忌，所以他从朱利安那里拿到了 100 箱。通过他的努力，到 1970 年，意大利成为格兰冠的主要出口市场，并且成为世界上第一个接纳单一麦芽苏格兰威士忌的国家。到 1977 年，格兰冠的年销量约为 20 万箱。

1964 年，格兰父子公司（William Grant & Sons）的董事们和创始人的所有后代一致决定将他们的格兰菲迪纯麦威士忌以 8 年陈酿的方式装瓶售卖，就像成功的格兰冠一样，保持酒体的颜色，并将其呈现在斯坦法斯特（Standfast）调和威士忌专用的深绿色特色三角瓶中。公司还开始大力推广该品牌，频频采用吸引社论报道和免费宣传的活动和技巧，并使用"纯麦芽"（pure malt，在美国是"Straight Malt"）的新颖说法，引起了人们的兴趣。公司甚至想出一个简单但有效的推广手段——为伦敦的剧院和电影院提供格兰菲迪三角瓶装的干姜水，这可比冷茶味道好多了！到 1970 年，该品牌在英国市场总共销售了 2.4 万箱，并通过新获批的机场免税商店渠道大力营销。

格兰父子有效地取得了十年的"先发优势"——借用营销术

语，在威士忌蒸馏厂中占得先机，其中一些人对他们推销单一麦芽产品的成就十分感兴趣，特别是独立公司麦卡伦－格兰威特（Macallan-Glenlivet）和拥有格兰杰（Glenmorangie）的麦克唐纳和缪尔（Macdonald & Muir）。

早在1963年，麦卡伦的董事长乔治·哈宾森就在报告里写道，"随着来自英格兰南部的、15岁以上人群的需求稳步上升，瓶装麦卡伦的销量势如破竹"。1965年，他又写道："对单一麦芽威士忌的兴趣无疑正在增加，预计会有更大的销售额。"次年，博洛尼亚的弗拉泰利·里纳尔迪（Fratelli Rinaldi）先生被任命为麦卡伦的意大利独家代理商。在一波广告宣传之后，1967年，意大利订购的威士忌数量超过了英国国内市场的总量。三年后，他们在法国也有了自己的代理商。

1972年年报指出，"麦卡伦的销售量增加了一倍"，并预测，"鉴于大众的关注度增长惊人，此类业务将大幅增加，麦芽威士忌将会变成一种时尚"。董事们决定保留陈年威士忌的库存，甚至以牺牲调和威士忌的需求为代价，以及"将更大的精力放在整箱销售上"。

1978年，麦卡伦任命了第一位市场总监休·米切尔夫，后者在施格兰公司收购格兰冠之后从格兰冠跳槽到麦卡伦，为该品牌在意大利取得的巨大成功立下了汗马功劳。刚到麦卡伦赴任那年，分配给他的促销预算总共只有50英镑，但这种情况很快发生了变化。诙谐的广告、重新设计的高雅包装和良好的口碑很快使麦卡伦成为家喻户晓的名字。

格兰杰的故事与此类似。尽管与麦卡伦依靠外部公司［主要是罗伯森与巴克斯特（Robertson & Baxter），它的装瓶代理商］购买其产品不同，格兰杰的所有者——利斯的麦克唐纳和缪尔有一揽子调和品牌需要持续供应，特别是流行的高地女王（Highland Queen）系列。20 世纪 70 年代，威士忌的需求非常旺盛，1977 年蒸馏厂的产能翻了一番，达到了 4 个蒸馏器，但是只有少量出产被作为单一麦芽威士忌装瓶，而且酒厂直到 1981 年才投放第一笔广告。

那年，公司投入将近 20 万英镑印刷广告，使用宽幅报纸的版面。与其他威士忌的广告相比，格兰杰的风格和方法都是新颖的，强调了威士忌制作过程中的"工艺"元素，并着重介绍蒸馏厂拥有业内最高的蒸馏器。标语是"离天堂更近的麦芽威士忌"。该工艺主题在 20 世纪 80 年代和 90 年代得到发展，其中包括为时很长且非常成功的"十六个泰恩人"（Sixteen Men of Tain）活动。

风靡

其他公司也纷纷效仿，无论是首次推出麦芽威士忌产品，还是重新设计包装或进行有限度的广告投放。J. & B. 珍宝（Justerini & Brooks）在 1978 年推出了龙康得（Knockando），一款标明年份的 12 年威士忌。高地蒸馏者（Highland Distillers）在 1979 年底将旗下高原骑士（Highland Park）、檀都（Tamdhu）和布纳哈本（Bunnahabhain）重新包装推出，高原骑士借此机会腾飞。论最雅致的重新包装，还属百富（Balvenie）。格兰父子公司于 1982 年将其隆重推出，命名为"创始人珍藏"（Founder's Reserve），不标明年份。与其他苏格兰威士忌不同的是，酒液被装到一个优雅的长颈葡萄酒干邑瓶中。亚伯乐（Aberlour）于 1980 年左右开始在法国大力推广。托莫尔（Tormore）为了配合在美国的宣传活动，于 1983 年委托长脚约翰国际公司（Long John International）制作了一本豪华的小册子。格兰盖瑞（Glen Garioch）大约在同一时期被斯坦利·P. 莫里森重新包装，一如欧肯特轩（Auchentoshan）。贝尔（Bell's）调和威士忌首次推出了布勒尔阿索（Blair Athol）、英志高尔（Inchgower）、磐火（Bladnoch）和达夫镇（Dufftown），怀特马凯（Whytc & Mackay）推出了吉拉（Jura）和塔木岭（Tamnavulin），等等。

卡杜（Cardhu）自 20 世纪 60 年代以来一直出产单一麦芽威士忌，酒厂也归属于强大的烈酒公司。D. C. L. 开始通过印刷广告推广这个品牌，强调它的稀有性（"每年约有 1 万箱卡杜出售，量不多，这是一款不可多得的威士忌"）。他们甚至采取了邀请媒体和贵宾参观蒸馏厂这样新颖的方式。1982 年，D. C. L. 推出了"阿斯科特麦芽酒窖"（The Ascot Malt Cellar）系列，阿斯科特是该公司的贸易基地。该系列包含四款单一麦芽威士忌和两款调和威士忌。无论从哪方面看，这都是无奈之举，没有得到推广。它对市场没有产生任何影响，但探索不同风格和区域差异的种子从此扎根，并在未来几年内得到了长足的发展。

值得注意的是，1988 年，继承 D. C. L. 的联合蒸馏者公司推出了一系列强调"区域差异"的麦芽威士忌产品，一举打开了局面。他们从庞大的威士忌库存目录中选择了六款产品，并将它们命名为"经典麦芽"（The Classic Malts）系列。它们是乐加维林（Lagavulin，代表艾雷岛的重泥煤风格）、泰斯卡（Talisker，代表比艾雷岛稍微轻一些的烟熏岛屿风格）、欧本（Oban，代表西部高地的海洋风格）、达尔维尼（Dalwhinnie，代表典型的高地风格）、克拉格摩尔（Cragganmore，代表复杂的斯佩塞风格）和格兰昆奇（Glenkinchie，代表较轻的低地风格）。

这个系列生逢其时，取得了巨大的成功。其他蒸馏公司也试图效仿。同盟公司（Allied）于 1991 年推出了"加勒多尼亚麦芽威士忌"（Caledonian Malts）系列，包括托莫尔（斯佩塞产区）、弥尔顿达夫（Miltonduff，也是斯佩塞产区的）、格兰多纳（Glendronach，来自阿伯丁郡）和拉弗格（Laphroaig，来自艾雷岛），但并不成功。后来斯卡帕（Scapa，来自奥克尼岛）取代了托莫尔，但在1994 年放弃了这项努力。那一年施格兰用"遗产精选"（Heritage Selection）——朗摩（Longmorn）、格兰凯斯（Glen Keith）、斯特拉赛斯拉（Strathisla）和本利亚克（BenRiach）——做了同样的尝试，都是非常好的麦芽威士忌，但都来自斯佩塞产区，风味特征有些类似。该项目没有持续下去。

一些没有这样一份多元化目录的蒸馏公司则试图以不同年份的麦芽威士忌或让威士忌在不同的木桶中熟成来扩大其产品范围。这方面的先驱是教师牌（Teacher's）威士忌，它在 20 世纪 80 年代推出了两款 12 年的格兰多纳，一个在雪利桶中陈年，另一个以"地道"为卖点，酒液先在雪利桶和波本桶里陈年，再调和装瓶发售。大约在同一时期，麦克唐纳和缪尔公司发布的一款 18 年格兰杰用到了雪利桶。

1994 年，麦克唐纳和缪尔公司更进一步，推出了一款木桶收尾的格兰杰，所谓"木桶收尾"是指在威士忌熟成的最后几个月将其重新装入波特桶。接下来在 1996 年又推出了马德拉和雪利桶收尾的产品，之后陆续推出其他木桶版本，多为限量。就在格兰杰推出波特桶收尾版的同时，格兰父子发布了在欧罗洛索雪利桶中收尾的百富 12 年，并命名为"双桶"。自 20 世纪 90 年代中期以来，有不少品牌响应格兰杰和百富的号召也推出了类似的产品。

酒厂的进一步差异化表现在推出直接从橡木桶里取酒、不经冷凝过滤以及加水稀释的原桶强度、单桶装瓶的威士忌产品。冷凝过滤是将添加水或降温时产生的导致威士忌略微混浊的沉淀化合物去除的技术。冷凝过滤威士忌经"润色"，可防止其在加水 / 降温过程中产生絮状物，但被去除的化合物对威士忌的口感和风味有很大的贡献，老饕们更希望保留它们！

单桶装瓶通常由独立装瓶商完成，其数量在 20 世纪 90 年代急剧增加（参见《事实与数据》和《业内领先的独立装瓶商》）。

历史上从未像今天这样，有如此众多的麦芽威士忌可供消费者选择，也从未有过这么多爱好者为其倾倒！需求导致某些品牌在某些市场严重短缺。解决这个问题的方式多种多样，最简单的是提高价格，或者将该品牌从特定市场撤出以供应其他市场。21 世纪初在中国台湾市场麦卡伦就遇到了这样的情况，为满足台湾地区消费者对传统雪利桶麦芽威士忌的巨大需求，公司调拨了其他市场的配额，然后用类似年份组但在波本桶中陈年（公司有不少波本桶库存）的产品填补空缺。

众所周知，帝亚吉欧曾试图通过引入卡杜和格兰杜兰（Glendullan）调配的"卡杜纯麦威士忌"，以此来满足西班牙对卡杜的巨大需求。此举激怒了整个行业，至少帝亚吉欧的竞争对手很不满。主要的反对声音来自格兰父子，他们强烈抗议，坚持认为这一举动欺骗了消费者，并且会导致单一麦芽苏格兰威士忌的声誉受损。最终"纯麦"这一表述被撤回，苏格兰威士忌协会（Scotch Whisky Association）也成立了一个专门委员会来研究威士忌的定义（详见《如何读懂酒标》）。

20 世纪 70 年代末和 80 年代中期累积起来的存量盈余——也就是上文所说的"威士忌湖"——已经消耗得差不多了。30—40 年陈酿的麦芽威士忌贵到令人心痛。1998 年至 2004 年间各家酒厂为了平衡库存，产量都很有限，12—18 年的年轻麦芽威士忌也遇到了短缺问题。许多威士忌公司通过删除年份标识来应对库存压力。他们想让消费者消除以年份作为质量保证的固有概念，进而接受无年份产品。

消费者对此并不买账。我们知道高年份并不是质量的**绝对保证**，我们甚至可以说一些低年份的麦芽威士忌其实口味更棒！我们也越来越意识到橡木桶对威士忌风味的重要影响：一只首次灌装的活力强劲的橡木桶只需几年就可以让威士忌达到可接受的熟成度。但几十年来，老麦芽威士忌和高年份调和威士忌的定价让我们相信"越老越好"。2010年，芝华士兄弟公司甚至以"年份很重要"为标题为格兰威特举办了一次全球推广活动，但现在该品牌核心系列也已经取消了年份标识。

近年来，苏格兰威士忌市场一派欣欣向荣。需求，特别是对老麦芽威士忌和奢华调和威士忌的需求依然远超供应量，因此近年来价格大幅上涨的行情也就不足为奇了。很多新推出的 N.A.S.（无年份标识）的产品价格虽然高昂，但依然很难与年份威士忌相匹敌，这种状况屡见不鲜。

推动价格上涨的另一个因素是投资珍稀老威士忌的需求日益增加。威士忌"收藏家"已经活跃了几十年（尤其是在意大利）。一般他们看到心仪的威士忌会买三瓶：一瓶收藏，一瓶自饮，一瓶与其他收藏家交换。"投资者"则是另一种方式，他们纯粹将威士忌作为一种商品来买卖。2018年，莱坊财富报告（Knight Frank Wealth Report）根据拍卖表现将"稀有威士忌"（rare whisky）列为"另类投资"中的领先门类。2022年，报告编辑安德鲁·雪利（Andrew Shirley）表示："过去10年中，稀有威士忌一直是我们奢侈品投资指数中表现最好的资产门类。我们的指数追踪拍卖中出售的一系列稀有装瓶，它们在过去十年中，价值增长了428%，仅在过去一年就增长了9%。"可以预见的是，这种兴趣将使某些品牌的价格指数级上涨。

珍稀威士忌101（RareWhisky101）的首席顾问安迪·辛普森在他2021年的报告中这样写道：

"2013年，在英国的拍卖会上共出售了20 211瓶稀有/值得收藏的苏格兰威士忌。2021年，这一数字增加到172 500瓶。相较于数量，这些酒的价值增幅更大，从2017年的2506万英镑增加到了2021年的7500万英镑。"

在另一篇报告中，他写道："英国二级（即拍卖）市场——同时也是世界上最大市场——的重要性得到了增强，因为现在大多数珍稀威士忌零售商都是拍卖和传统零售业务两手抓。威士忌交易所（The Whisky Exchange）、威士忌在线（Whisky-Online）、威士忌商店（The Whisky Shop）和皇家一英里威士忌商店（Royal Mile Whiskies）都开始涉足拍卖，这个市场就是这么重要。珍稀威士忌的零售环境已经永远改变了，如今是消费者，而不是零售商决定他们愿意为一瓶珍稀/可收藏苏格兰威士忌支付多少钱。

"但值得注意的是，随着需求的飙升和价格的上涨，假货已经日益成为市场关注的问题，发生的频率也越来越高。

"与其他主题和商品一样，自2000年以来，互联网的迅速发展使得有关麦芽威士忌的信息很容易获取和快速流动。线上社群和品酒小组数量激增；消费者与之前的群体相比受过更好的教育，也更专业，并且更愿意发表意见；威士忌博主可以通过互联网接触到国际受众，并越来越受到业界的重视；按价值来计算，威士忌的在线销售额与传统销售渠道可谓不相上下。"

尽管苏格兰威士忌协会一直报告说，苏格兰威士忌在全球的销量超过了美国、爱尔兰和日本威士忌的总和，但行业不能自满。在刚才提到的这些国家和许多其他国家，近些年新开设的威士忌蒸馏厂数量出现了惊人的增长——现在有87个国家在生产威士忌。这是对苏格兰威士忌的威胁吗？正如我在开头提到的那样，由于对未来需求的预期，库存水平已经大幅提高。对风味来源的科学理解使我们可以酿造出更高品质的酒液。新蒸馏厂接踵而至，将扩大我们对麦芽威士忌的选择范围。苏格兰威士忌在众多市场中重新树立起在风格、口味和多面性方面的声誉，这一事实必然会导致其需求在未来持续增长。

品鉴威士忌

　　品鉴威士忌的方式有很多种，重要的是你喜欢，无论是纯饮，还是加冰，加水，加苏打水，加柠檬水，加姜汁汽水，加可乐，加绿茶，加椰子水，等等（大卫·布鲁姆在《威士忌手册2014》一书中提供了对这些喝法的评价）。

　　享受威士忌是一回事，品鉴是另一回事。虽然前者主要与味道和印象有关，但是品鉴会调动我们所有的感官——视觉、嗅觉、味觉、触觉（即质地），甚至有些人还会加上听觉[1]。这就是为什么在行业内部，品鉴被称为"感知评估/感官评定"。在五感中，嗅觉是评价威士忌最重要的一环。

品鉴步骤

品鉴威士忌个性的标准步骤很简单。

1. 外观

　　这里主要涉及颜色［参考我用自己的语言所表述的风味轮，数字来自罗维朋指数（Lovibond Scale）和欧洲酿造公约（European Brewing Convention，EBC）指数］。也可以参考透明度、黏稠度和黏度测定（参见本人的《威士忌手札》）。

2. 香气

　　当你的鼻子接触到酒精的挥发性气体时，你可以很直接地感受到酒液的味道。然后你加入一点水，刚好足以除去任何刺激性的感

1　我知道一个蒸馏厂经理，他可以通过倒酒时的声音分辨出哪些酒经过冷凝过滤，哪些没有。还有一种无可否认的感官乐趣，那就是打开一瓶新酒时的喜悦！——原注

觉，这也可以让威士忌被"打开"，释放芳香挥发物。威士忌调配大师们调配威士忌时的酒精度是 20% A. B. V.，我更喜欢大约 30% A. B. V.——然后再闻一次。

3. 味道

请记住，"风味"是气味、味道和质感的结合，不仅仅是尝起来的味道。液体有什么物理感觉——光滑，油腻，酸？现在我们来评估一下滑过舌头的主要味道的平衡。一般来讲，舌尖会收集甜味，酸味和咸味在舌头的两侧，苦味在舌根。吞咽时则会感受到"干涩感"和"烟熏感"。

4. 尾韵

想一想你品尝威士忌之后味道的留时长度，是长、中还是短？请留意任何挥之不去的余味。

感受气味

与视觉和味觉相比，我们的嗅觉更加敏锐。

• 我们的主要色彩只有 3 种（蓝色、红色和黄色，我们基于这三原色构建了整个视觉宇宙），主要味道有 5 种（甜味、酸味、咸味、苦味和鲜味——也可以松散地定义为辣味），却有 32 种"主要"香气。

• 我们人体具有约 9000 个味蕾，与之相对，我们有 5000 万到 1 亿个嗅觉受体。

• 我们的嗅觉可以辨别出极其细微的气味：通常以百万分之一为单位，有些化合物和某些化学制剂（有些可以在威士忌中发现），即使只有十亿分之一个单位，甚至万亿分之一个单位，我们的嗅觉也能察觉到。为了理解这个问题的重要性，我们可以换成距离来思考：把百万分之一个单位想象成一厘米之于十公里；十亿分之一个单位相当于一厘米之于一万公里（地球周长的四分之一！）；万亿分之一个单位就相当于一厘米之于一千万公里了。

同源物

在威士忌（和其他液体）中发现的挥发性气味分子统称为同源物。感官科学家已经在威士忌中发现了超过 300 种同源物，他们认为还有同样多的风味物有待分离和描述。

正是这些同源物使我们能够分辨不同种类的威士忌，并将威士忌与白兰地、伏特加或葡萄酒区分开来——但它们仅占液体总量的 0.3%（其余为水和乙醇，两者均无气味），相当于一瓶未开封的 700 毫升威士忌颈部弯月面那么一点点。伏特加比威士忌更纯净，但同时芳香物质也更少，只含 0.03% 的同源物，但我们仍可以区分两种不同的伏特加酒。

情绪

嗅觉是由嗅觉上皮中的受体收集的，嗅觉上皮是鼻子上方和后方覆盖的黏膜，它会捕获气味分子并通过嗅觉神经向大脑发送信息。目前我们尚不清楚这些受体是如何起作用的，但是来自嗅觉上皮的神经通路直接连接到下脑，而不像味蕾那样需要其他受体细胞介导。

下脑是最早获得进化的部分，它是"古哺乳动物性的"，也就是说，它在我们仍然是爬行动物时就已经形成了；它包括大脑边缘系统，我们长期记忆和情绪区域的所在。这就是嗅觉在我们感官中最能勾起回忆的原因。

气味可以带来生动的感觉和图像。儿时圣诞节的气味（树上的松针、生或熟的圣诞蛋糕、肉馅饼、香料、热红酒、蜡烛），校园时代的气味（地板抛光剂、消毒剂、粉笔、汗水、碳化物、肥皂、各种糖果），盖伊·福克斯之夜的气味（烟花、篝火、烧木头的烟气），家的气味（烹饪和烘焙、抛光蜡、清洁产品、煤炭或木柴），与外国节日相关的气味（市场和集市、外国食品、热沙、热带森林），烧烤和派对的气味，鲜花和香水的气味，烟草、汽车内饰、海边的气味，乡村的气味……

令人愉快和令人不快的气味——描述气味时没有贬义词！甚至还有从未闻过的气味。嗅觉就是这么神奇，我们还可以识别仅存在于想象中的气味，尽管我们可能难以描述它们。

描述气味

用文字描述气味往往很难并需要练习，区分和识别气味需要非常专注，但很有益，可以提高你对于味道的分辨能力，有助于更好地鉴赏。这也是与朋友一起享用威士忌（或葡萄酒）的乐趣所在。

没有固定描述威士忌的词汇——这点不像葡萄酒，鉴赏家一直试图用很长的词语来描述它。用于威士忌风味轮的描述，如本书所列出的，虽然大致相似并且通常包含相同的关键香气组（风味轮的"主要香气"），依然仅作参考。

嗅闻一款威士忌的气味时，先过一遍主要香气，问自己："我能分辨出任何谷物味吗？水果味呢？泥煤的味道呢？"等等。如果我确实能闻出水果香味，我会继续前进到下一层："它们是新鲜的，罐装的，晒干的，还是煮熟的水果味？"然后再去寻找到底是哪一种水果。

客观分析

客观分析只是为了描述"有什么"，也就是尽可能限制分析者——个体或评委会——过度解释。就是那种在威士忌公司的实验室中进行的分析，由于这些交流的听众是同事，所以他们使用的词汇非常有限，并且通常是化学词汇。

它不一定是描述性的：那些负责评估威士忌质量和浓稠度的人只需要确定相互之间在用同一种描述方式交流，而不用考虑这些语言对外人来说意味着什么。因此，当他们将样品描述为"青草感"或"肉感"时，必须确定它们都意味着相同的东西，即使这些描述可能不是闻到样品时立即浮现在脑海中的词。

不同公司用来描述威士忌的词汇略有不同。这里列举帝亚吉欧的感官专家评估新酒时会用到的词语：

奶油感	泥煤味	硫味	肉感	金属感
Butyric	Peaty	Sulphury	Meaty	Metallic
坚果香	植物感	蜡质	绿色油性	甜味
Nutty-spicy	Vegetal	Waxy	Green-oily	Sweet
青草感	水果	香水	干净	
Grassy	Fruity	Perfumed	Clean	

主观分析

主观分析可以自由发挥个人的体验、想象力和回忆，仅受专家组其他成员的意见制约。

这种语言具有描述性和象征性，它包含明喻（比如将一种香气与另一种香气相比较："闻起来像旧袜子""让人联想到汽油"）和隐喻（借用与它近似的事物来描述，而不是它真实的状态："燃烧木头的烟气和薰衣草""在海藻散落的海滩上燃起的篝火")。

它还利用了抽象的术语，例如光滑、干净、清新、粗糙、沉重、轻盈、丰富、圆润、年轻等，通常构成二元项："光滑/粗糙""干净/脏""新鲜/陈旧"等。但一般来说抽象的术语是相对的（"与光滑相对的是什么？"），有时候也包含双重含义（"年轻"=不成熟；"年轻"=柔软的、轻盈的、犀利的）。一般来说，抽象术语对描述整体印象很有用——威士忌整体风格和个性，它的"骨架"和品质——但不适用于描述特定香气。

主观分析的语言也可以是修辞，用于市场公关方面。但修辞的有效性取决于受众对典故的理解。对于不熟悉巧克力的顾客来说，将威士忌描述为"After Eights"[1]是毫无意义的！

化学基础

气味是一种客观存在的挥发性芳香分子，它们不是我们想象中那种虚无缥缈的东西。尽管我们都有同样的识别气味的嗅觉受体，但我们中的一些人对某些香气比其他人更敏感，而另一些人则患有一定程度的"气味失明"，称为"特定嗅觉缺失"（完全嗅觉缺失是很少见的）。

我们的鼻子是决定威士忌好坏的最终仲裁者，尽管昂贵的科学仪器可以帮助品控部门进行客观分析，但与人类鼻子一样敏感的装置尚未发明出来。[2]感官化学家承认鼻子的绝对优越性，有时会把它想象成一种可以被训练和校准的"人体器械"。但在主观分析方面，掌控评判标准的是我们自己。

气味是建立在化学基础之上的，这一事实为客观描述提供了科

1　雀巢公司的巧克力品牌。——中文版编者注
2　如液态气相色谱仪（Liquid Gas Chromatographs），通过测量样品中存在的挥发性化合物的含量来记录气味，并以图形方式表达。——原注

学依据，但也从一个侧面证实了主观描述和比喻的有效性。

　　用于描述香气和味道的语言最好既是主观的又是客观的；而最糟糕的描述是夸大其词的商业营销，使用的词汇与它描述的产品关系不大。如今，信誉良好的专业零售商针对消费者和鉴赏家提供的品酒笔记越来越详细、准确，而且管用——兼具娱乐性，令人食指大动。

如何读懂酒标

苏格兰威士忌拥有烈酒世界中最严格的标准，为何要如此煞费苦心呢？因为它良好的声誉和全世界范围的受关注程度使其成为造假者的首要目标。该行业的管理机构苏格兰威士忌协会每年在世界各地要介入大概 70 起打假活动。

经过两年的游说，苏格兰威士忌协会建议英国政府和欧盟委员会加强定义，以"确保消费者清晰了解他们买到的究竟是什么"。这些建议体现在 2009 年 11 月颁布的《苏格兰威士忌法》（The Scotch Whisky Regulations）中。

1 品牌名称：基本上就是出品此款威士忌的蒸馏厂的名称。除了某些例外，新规定禁止品牌使用本厂以外其他蒸馏厂的名称（例如一家废弃的蒸馏厂的名称）。

2 单一麦芽 (Single Malt)：指的是独家蒸馏厂的产品，没有"双份麦芽"(double malt) 这样的东西。

3 苏格兰威士忌 (Scotch Whisky)：必须在苏格兰蒸馏并存放于橡木桶中熟成至少三年。刚蒸馏出来的新酒 (New-make) 不能被称为"苏格兰威士忌"。

4 斯凯岛 (Isle of Skye)：这类信息标明蒸馏厂所在的区域（见"产区差异"）。

5 年份标识 (Age Statement)：如果瓶子上标注了此项信息，它代表这瓶威士忌中混合的最年轻酒液的酒龄。允许添加更老的威士忌。

6 装瓶日期 (Date Bottled) 或蒸馏日期 (Date Distilled)：不是所有的威士忌都附有此项信息，但这样有助于判断这瓶威士忌的陈年年份。然而，威士忌在玻璃瓶中无法继续陈年。

7 原桶强度 / 桶强 (Cask Strength)：威士忌标准装瓶强度为 40% 或 43%（酒瓶上标作 A. B. V. 或简称 Vol.）。如果标签上写着"原桶强度"，表示它在装瓶时没有加水稀释，通常酒精强度会在 60% A. B. V. 左右，但关于这点没有明确的法律规定。

8 天然 (Natural) 或非冷凝过滤 (Non chill-filtered)：通常与"原桶强度"有关。大多数威士忌在装瓶之前都会冷凝过滤，以确保加入冰或水时威士忌酒液可以保持明亮和清澈。不过这一步骤也会使许多鉴赏家更希望保留的某些化合物（主要是风味物质）被析出。

9 容量 (Capacity)：现今欧盟的标准瓶尺寸是 70 厘升 [1]，1990 年以前使用的 75 厘升瓶目前在一些特定市场被保留下来。

10 装瓶商 (Bottler)：可能是蒸馏厂所有者，也可能是独立装瓶商。2012 年新规定颁布之后，苏格兰麦芽威士忌必须在苏格兰装瓶并贴上酒标，以前不用。

+ 单桶 (Single Cask)：从一个单独的橡木桶装瓶，比较少见。大多数单一麦芽威士忌都是由许多橡木桶混合而成的（在此标签上未标注）。

+ 木桶收尾 (Wood Finished)、雪利桶 / 波特桶收尾 (Sherry / Port Finished) 或双桶陈年 (Double Matured) 等：这些告诉您这瓶威士忌在最后几个月或几年的熟成期被重新装入了不同的橡木桶中（在此标签上未标注）。

1　1 厘升 =10 毫升。——中文版编者注

10 TALISKER DISTILLERY
ST, ISLE OF SKYE, IV47 8SR

4

3 ISKY

6 bottled in 2008
SINGLE MALT SCOTCH
OM THE ISLE OF SKYE
31030773

一种苏格兰威士忌分类学

（对林奈有点抱歉）[1]

界 KINGDOM： **酒精饮料**

目　ORDER： **蒸馏饮料**（与发酵饮料相对）

科　FAMILY： **威士忌**（非伏特加、白兰地、朗姆酒等）

属　GENUS： **苏格兰**（非爱尔兰、美国、日本等）

种　SPECIES： SINGLE MALT SCOTCH WHISKY
苏格兰单一麦芽威士忌
单一一家麦芽威士忌蒸馏厂的产品

BLENDED MALT SCOTCH WHISKY
苏格兰调和麦芽威士忌
来自多个麦芽蒸馏厂的混合麦芽威士忌

SINGLE GRAIN SCOTCH WHISKY
苏格兰单一谷物威士忌
单一一家谷物威士忌蒸馏厂的产品

BLENDED GRAIN SCOTCH WHISKY
苏格兰调和谷物威士忌
来自多个谷物蒸馏厂的混合谷物威士忌

BLENDED SCOTCH WHISKY
苏格兰调和威士忌
来自多个蒸馏厂的混合威士忌，包括麦芽威士忌
和谷物威士忌

1　林奈是瑞典博物学家，对动植物分类研究影响深远，但他的分类中没有"科"。此处有
　戏谑的意思。——中文版编者注

地理多样性 GEOGRAPHICAL VARIETIES：	**2009 年《苏格兰威士忌法》明确列出了五个可以使用的"传统地区名称"** 高地 Highland 低地 Lowland 斯佩塞 Speyside 坎贝尔镇 Campbeltown 艾雷岛 Islay
单一特定分类 MONO-SPECIFIC VARIETIES：	**"原桶强度" Cask Strength** **"非冷凝过滤" Non chill-filtered**

本书使用了以下缩写：

D. C. L.　The Distillers Company Limited
　　　　　蒸馏者有限公司

I. D. V.　Independent Distillers and Vintners
　　　　　独立蒸馏者与酿酒人

S. M. D.　Scottish Malt Distillers
　　　　　苏格兰麦芽蒸馏者

S. G. D.　Scottish Grain Distillers
　　　　　苏格兰谷物蒸馏者

U. D.　United Distillers
　　　　联合蒸馏者

U. D. V.　United Distillers and Vintners
　　　　　联合蒸馏者与酿酒人

产区差异

在过去 30 年里，根据产区来划分麦芽威士忌已相当普遍，其依据的原则是，苏格兰一个地区生产的麦芽威士忌会与另一个地区生产的威士忌有所不同。

这是一个出色的营销理念，它有效地传达了这样一个事实：所有麦芽威士忌在某种程度上都有所不同，这能让习惯了波尔多不同于其他产区的葡萄酒爱好者接受起来更容易。这个概念还让麦芽威士忌显得更加平易近人，且能够鼓励消费者持续探索来自苏格兰不同地区的威士忌。另一方面，这种划分法也和历史上"高地"和"低地"（18世纪 80 年代出于税收原因引入），以及在 19 世纪末形成的对"艾雷岛""坎贝尔镇"和"斯佩塞"（最初被称为"格兰威特"）风味差异的认同有关。

1982 年，D. C. L. 推出一连串营销策略，其中之一就是"阿斯科特麦芽酒窖"，悄悄地将一系列标明产区差异的威士忌推上舞台。这个系列包含六款威士忌：罗斯班克（Rosebank，一款低地麦芽威士忌），林可伍德（Linkwood，来自斯佩塞），泰斯卡（来自斯凯岛），乐加维林（来自艾雷岛），斯特拉柯南（Strathconnan，调和麦芽威士忌）和格兰列文（Glenleven，也是调和麦芽威士忌）。

D. C. L. 的继承者 U. D. 扩展了这个想法，并于 1988 年推出了"经典麦芽"系列，专门用于展现不同产区威士忌之间的差异。这些威士忌都来自小而传统、风景如画的蒸馏厂，公司考虑到消费者或许希望参观酒厂，了解这些威士忌是如何被生产出来的，很快在每个蒸馏厂都设立了游客中心。

这步棋很聪明，获得了巨大的成功。每个人都开始根据产区谈论起麦芽威士忌来——"低地小顽皮""北方高地风格的绝佳代表""经典雪利型珀斯郡威士忌"。作家们开始将苏格兰细分为越来越小的"产区"。实际上，根据我自己的经验，这个举动是由出版商推动的，对于他们来说，麦芽威士忌的"大产区"甚至"小产区"的细分更容易写成，也有利于做出吸引消费者购买的书。

正如我们所看到的，其他威士忌公司开始模仿这个概念，但没有"联合蒸馏者公司"庞大的厂家名单，他们的尝试都有点缺乏诚意。

产区划分的局限性

虽然产区划分很有用，但这个概念并不是绝对可靠的。如果说艾雷岛麦芽威士忌是以烟熏风著称——毕竟被认为是"最辛辣的威士忌"，那为什么作为其典型的布赫拉迪（Bruichladdich）和布纳哈本如此温和，没有一丝烟熏气息？如果说低地麦芽威士忌通常偏干，并且尾韵较短，欧肯特轩则是香甜水果风且尾韵中长。斯佩塞集中了当今三分之二麦芽威士忌蒸馏厂，拥有各种风格。轻盈、中等、浓郁饱满的酒体在这里都能找到。最重要的是，在熟成过程中，橡木桶对最终风味的影响可高达80%。

事实是，决定威士忌风格的并不是酒厂位置或者所谓的风土，真正有影响的是蒸馏传统。150年来，麦芽威士忌的主要客户一直是调和威士忌商，当他们从艾雷岛购买麦芽威士忌 X 或者从斯佩塞购买麦芽威士忌 Y 时，最不希望看到的就是酒厂的风格改变了，因为一旦麦芽威士忌酒厂改变了他们的风格，调和威士忌商的配方可就乱套了！

任何麦芽威士忌的风格，其特性和口味都来自两个方面：制作方式和熟成方式。

制作方式包括烘烤麦芽的泥煤水平、发麦的工艺、发酵的时长、蒸馏器的大小以及其运转方式、冷凝器的类型（传统的虫管冷凝器或壳管式冷凝器），最重要的是威士忌的酿造工艺——每个蒸馏厂如何以独有的工艺酿酒，并且数十年如一日。

熟成方式包括威士忌在橡木桶中陈年的时长和橡木桶本身的属性：美国橡木还是欧洲橡木？首次填充还是重新填充？威士忌熟成仓库是传统的还是现代的？仓库的位置也起到一定的作用，但与其他所有因素相比只占一小部分。

基于上述所有原因，我在每个蒸馏厂条目下都列出了设备和橡木桶方案的说明，并大致勾勒出新酒及熟成威士忌的风格。

只要有意，艾雷岛某个蒸馏厂 X 的老板张三可以酿制"高地"风格的麦芽威士忌（还真有人这么干了，详见"Caol Ila 卡尔里拉""Ardbeg 雅伯""Bruichladdich 布赫拉迪"），斯佩塞的蒸馏厂 Y 的老板李四也可以酿造带有艾雷岛风格的烟熏味威士忌 [比如，本利亚克、本诺曼克（Benromach）]，但他们都做不出另一家蒸馏厂的完美替代品，即使那家蒸馏厂就在隔壁。

但如果这些蒸馏厂的主要客户是调和威士忌厂商——请记住，90％以上的麦芽威士忌都是为调和威士忌服务的——张三和李四这么做，要冒失去主要客户的风险。因此，他们更倾向于坚持一直以来的做法，并且只要它是艾雷岛、斯佩塞或不管什么地方一直以来的做法，就会形成地方风格，形成"产区差异"。

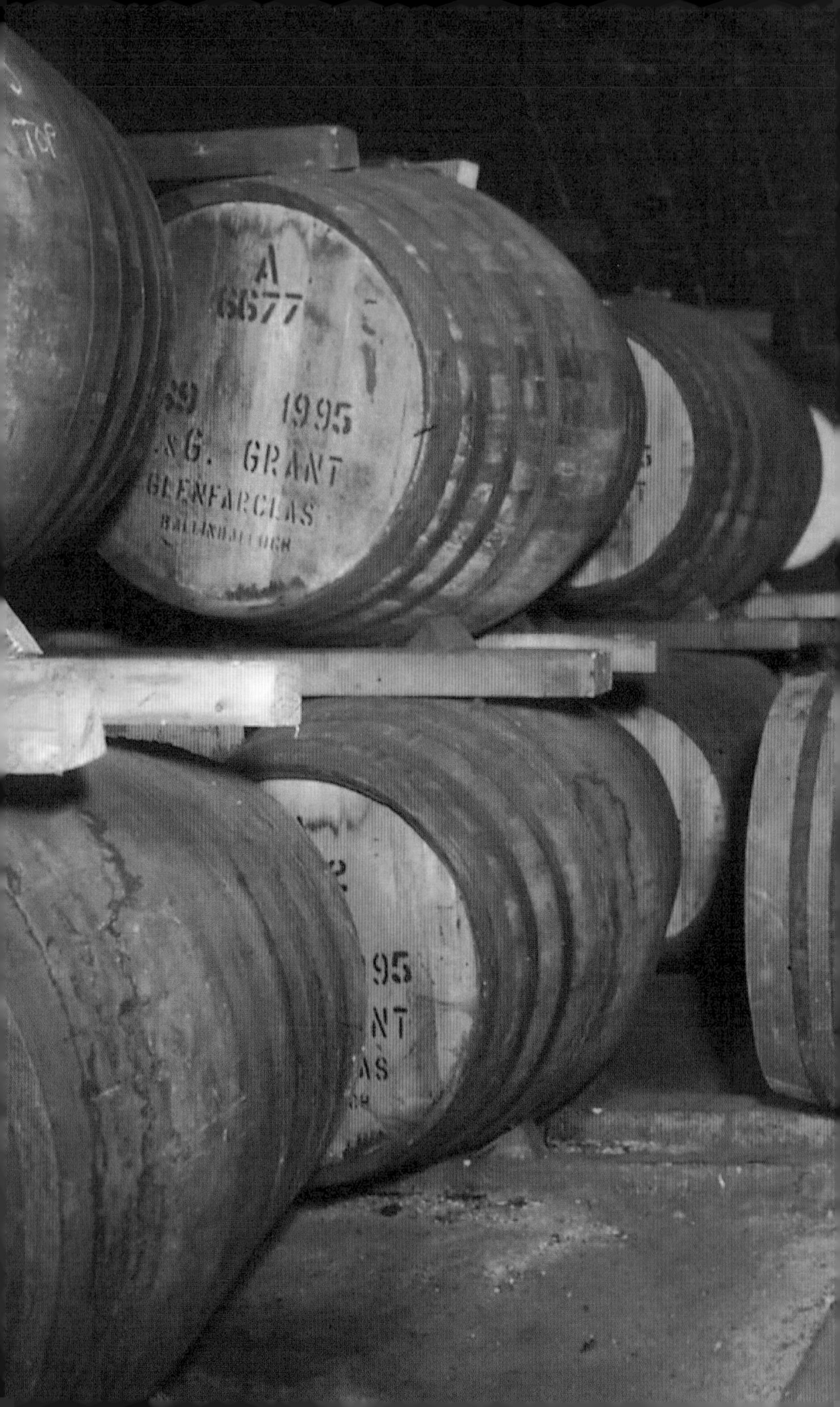
A
6677
1995
G. GRANT
GLENFARCLAS

本书词条的用法

(重要概念)

蒸馏厂

这里指蒸馏厂的名称，而不是单一麦芽／谷物威士忌的品牌名。

大多数情况下，两者是一致的；然而也有例外 [艾德拉多尔蒸馏厂（Edradour Distillery）的巴拉奇（Ballechin），云顶蒸馏厂（Springbank Distillery）的朗格罗（Longrow），富特尼蒸馏厂（Pulteney Distillery）的老富特尼（Old Pulteney）等]。

状态

所有列出的蒸馏厂目前都在运营，除非另有说明：

已拆卸——蒸馏厂建筑物仍然存在，不过设备已拆除；

已拆除——蒸馏厂建筑也一并拆除；

重新开发——蒸馏厂建筑现被挪作他用；

博物馆——改建成博物馆，只有一个 [达拉斯·杜赫（Dallas Dhu）]。

产区

文中根据 2009 年《苏格兰威士忌法》列出的产区有：低地、斯佩塞、高地（包括岛屿区）、坎贝尔镇、艾雷岛。

地址、电话、网站、游客中心

不言自明。

所有者

某些情况下，蒸馏厂的所有者或公司是更大的国际集团子公司。

产能

L. P. A.= 升纯酒精（年产）

m L. P. A.= 百万升纯酒精（年产）

今天许多蒸馏厂都在按照产能的计算方式运转，他们会根据库存水平调整生产水平。例如，在 2002 年，该行业的运转能力仅为 65.8%；截至 2008 年，这一比例上升至 91.1%；2013 年为 94.4%；2015 年为 85.4%（资料来源：《2015 年苏格兰威士忌行业报告》）。

苏格兰的麦芽和谷物蒸馏厂蒸馏出的酒精在熟成未满三年之前不能被称为"苏格兰威士忌"。年产量——通常在年初确定——切合客户的需求，主要是调和威士忌公司。目前大约 90% 的麦芽威士忌，以及几乎 100% 的谷物威士忌都是供给调和威士忌品牌使用的。

只有少量的麦芽威士忌蒸馏厂的产量（通常约为 10%，虽然现在有许多例外情况，甚至有全部产量都被用作单一麦芽威士忌的情况）被分配给单一麦芽威士忌装瓶。绝大部分的蒸馏厂产量是供给调和威士忌品牌使用的，这是他们的核心客户。

至于调和威士忌品牌这边，他们需要预测市场对其旗下每一个品牌的需求，以 5 年、8 年、10 年、12 年、18 年、25 年等为期。这是何等复杂的预测啊！

事实上，高年份单一麦芽威士忌目前供应还能保持，可能要归功于 20 世纪 70 年代和 80 年代对调和苏格兰威士忌的需求的下降。

历史事迹和趣闻

不言自明，适合与《历史概述》一起阅读。

风味从何而来？

没有人确切知道。这就是为什么苏格兰威士忌是如此有价值的研究课题，同时也是不同的蒸馏厂无法制作出风味完全一致的威士忌的原因。在过去的 25 年中，我们对影响风味因素的知识了解得更多了。

人们一直认为蒸馏厂（特别是麦芽威士忌蒸馏厂）的位置至关重要。苏格兰各地的麦芽威士忌风格之间存在"产区差异"。因此，许多（但不是全部）艾雷岛麦芽威士忌是烟熏风味的，斯佩塞麦芽威士忌往往很甜美，低地麦芽威士忌通常酒体较轻，等等。

事实上，你可以在任何地方制作一款烟熏味的麦芽威士忌（参见"麦芽"一节）—— 一些斯佩塞的蒸馏厂正在这样做。如果酒精收得快，新酒的甜味会更加明显；如果你鼓励酒精与铜在蒸馏器和冷凝器中接触，你将获得一种酒体更加轻盈的新酒（参见"蒸馏"一节）。依此类推。

说到这一点，宽泛的产区特征是可辨别的，不是因为蒸馏厂不能改变他们的蒸馏风格，而是因为他们不想，他们的顾客——调和威士忌公司——也不想。如果麦芽威士忌和谷物威士忌的配方经常变动，就难以调和成一款稳定的调和威士忌（参见《产区差异》）。

风味来源于三个方面：原料、生产过程和熟成。下面将逐一介绍。

原料

水

蒸馏需要大量的水。它用于生产（工艺用水），用于冷却冷凝器（冷却用水），用于在威士忌装桶之前降低酒精度（稀释用水），以及用于锅炉，产生的蒸汽可以暖化间接加热的蒸馏器内部的盘管（见下文）。

在大多数情况下，一个水源就可以满足所有这些需求；而在一些酒厂，工艺用水和冷却用水来源不同。

人们过去认为水的矿物质含量和酸度（即软水或硬水，以及它是否含有泥煤）对威士忌的风味起着至关重要的作用。今天我们认为情况并非如此。不过仍然有许多蒸馏厂坚持认为水对风味做出了一点点贡献，所以我会在每一家蒸馏厂的介绍中指出他们使用的是"软水"还是"硬水"。

冷凝器中的水温确实会带来不同的效果，一些蒸馏厂选择控制冷凝器中的水"热一些"或"冷一些"。过去，酒厂经营者可以判断一款酒是在夏季还是在冬季制作的（前者比后者酒体更加轻盈）。

麦芽

直到 20 世纪 60 年代，大多数蒸馏厂都在酒厂内制作他们需要的麦芽，我会在力所能及的范围内指出他们的发麦车间是什么时候关闭的。产量的增加使得蒸馏厂有必要从大型集中制麦公司购买发好的麦芽，这些发麦厂大多由独立麦芽制造商所拥有（帝亚吉欧拥有自己的发麦车间），这种做法延续至今。

今天，只有九家蒸馏厂还在自己发麦：格兰奥德（Glen Ord）拥有一个大型发麦车间；云顶可以自给自足；高原骑士、拉弗格、波摩（Bowmore）、齐侯门（Kilchoman）、艾德麦康（Ardnamurchan）、本利亚克和百富都还有老式的地板发麦，以满足他们的一部分需求。

用于制作麦芽的大麦品种不会影响风味（虽然有些人不同意！），但品种每隔几年就会发生变化，所以我没有特别介绍它们。

如果在发麦的干燥阶段使用泥煤进行烘烤，它会给威士忌带来一种烟熏风味。蒸馏厂会指定他们想要的泥煤程度，以"百万分之几酚值"（ppm）的泥煤酚值来衡量。酚类是赋予威士忌烟熏或消毒水味特性的化合物：轻泥煤 = 约 2ppm，中度泥煤 = 约 15ppm，重泥煤 = 25—35ppm，还有一些威士忌比这个数值更高，不过十分稀少。

设备

糖化槽

"麦芽浆"是麦芽粉和热水的混合物;"糖化槽"是一个带有穿孔底座(由铸铁、低碳钢或不锈钢制成,通常有盖,偶尔有敞开式的)的大桶。在这里麦芽中的淀粉通过酶的作用转化为糖。

经过这一步骤产生的液体通过谷物外壳形成的基床过滤,可能是"透明的"或"混浊的(即含有小颗粒的淀粉)",称为"麦芽汁"。混浊的麦芽汁可以让新酒含有更多的"麦芽香"或"坚果香"。

直到 20 世纪 70 年代,苏格兰蒸馏厂都在使用传统的被称为"犁耙式"或"齿轮犁耙式"的糖化槽。这样的糖化槽有一个旋转臂,配有几个可以上下旋转的耙子,用于搅拌和翻动糖化槽,也便于排水。

在 20 世纪六七十年代的扩张期,许多蒸馏厂转向德国酿酒商发明的"劳特糖化槽 / 滤桶式糖化槽"。在这些过滤桶中,耙子被小翅片或"刀"取代。在"半劳特糖化槽 / 半滤桶式糖化槽"的例子里,转臂、翅片只是旋转;在"劳特 / 过滤桶"中,翅片也可以上下翻动——考虑到糖化槽的深度。

我之所以会考量糖化槽的区别,是因为使用半劳特糖化槽 / 半滤桶式糖化槽是很难得到清澈的麦芽汁的,所以我会标明每一家蒸馏厂使用了哪种糖化槽,并告知糖化槽的体积,以及每一批次的麦芽吨数。

发酵槽

"发酵槽"是发酵时的容器。传统上它们是用木头制成的(主要是北美黄杉木 / 花旗松木);许多蒸馏厂现在使用不锈钢发酵槽。化学家认为这些材料对风味没有任何贡献,但那些坚持使用木质发酵槽的人认为潜伏在木材中的细菌有助于二次发酵(木质发酵槽不能像金属材质那样被彻底清洁干净),并且木质发酵槽在冬日里可以更好地起到保温的

SPIRIT STILLS, DUNDASHILL DISTILLERY.

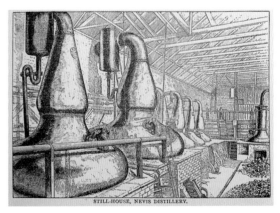

STILL-HOUSE, NEVIS DISTILLERY.

蒸馏器的设计自
19世纪以来没有
太大变化，但蒸馏
房变得更整洁了，
因为蒸馏器不再由
煤炭直接加热。

作用。

虽然我没有单独列出，但发酵时长对风味起到了非常重要的作用：短发酵（约48小时）会带来更多麦芽香气，长时间发酵（60—70小时）则会带来水果和花香味。

蒸馏器

麦芽威士忌通常是2次蒸馏——也有2.5次，还有3次的——所以在大多数蒸馏厂里，蒸馏器是成对排列的，称为"初次蒸馏器"（wash still）和"初酒蒸馏器"（low wines still）或"烈酒蒸馏器"（spirit still）。

蒸馏器有三种主要形状：普通型（或洋葱型）、球型（或鼓球型）和灯罩型。蒸馏器的尺寸、高矮千变万化——在文中我会标明每一次可以蒸馏的最大容量。蒸馏器通过林恩臂（或林恩管）连接到冷凝器。

蒸馏器必须由铜制成；这种金属在蒸馏过程中充当净化剂，用于去除不需要的硫化物。酒精蒸气与铜的接触越多，酒体就越轻盈，也越纯净（增加接触的方法有：把蒸馏器制作得很高，或者配有净化器装置，抑或是蒸馏过程非常缓慢）。

一些蒸馏器配有"后冷却器"（第二个冷凝器）或"净化器"（连着林恩臂的一个管道，允许冷凝的蒸汽返回到蒸馏器以进行再蒸馏）。

冷凝器

冷凝器是负责继续"净化"的。它有两种："虫管"冷凝器和"壳管式"冷凝器。

虫管是传统的冷凝器，直到20世纪60年代都是最流行的冷凝器模式。虫管是一种蛇形铜管，直径逐渐缩小。它盛放在一个"大缸"里——一个开放的冷水桶。虫管冷凝器中酒精与铜的接触是有限的，

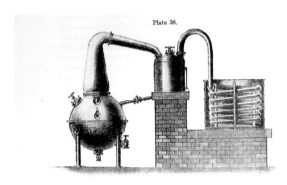

Plate 38.

COPPER STEAM-JACKETED STILL, WITH RETORT AND CONDENSING COILS. BLAIR, CAMPBELL, & M'LEAN, LTD., WOODVILLE STREET, GOVAN, GLASGOW.

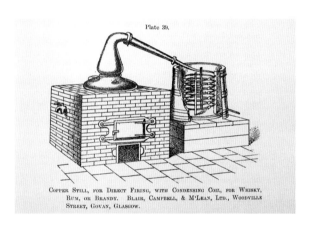

Plate 39.

COPPER STILL, FOR DIRECT FIRING, WITH CONDENSING COIL, FOR WHISKY, RUM, OR BRANDY. BLAIR, CAMPBELL, & M'LEAN, LTD., WOODVILLE STREET, GOVAN, GLASGOW.

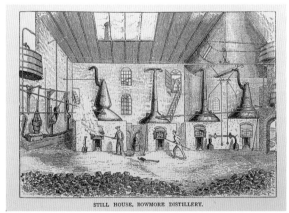

STILL HOUSE, BOWMORE DISTILLERY.

最上面一张图是洋葱型/普通型蒸馏器，由蒸汽间接加热。中间一张是灯罩型蒸馏器。最下面一张是前两者的结合体，在后墙上方伸出虫管冷凝器。

因此得到的酒体往往更厚重、更饱满。

壳管式冷凝器中的"壳"是铜制或不锈钢制的圆柱，其中安装有大约一百个流过冷水的小口径铜管（"管"）。酒精蒸汽进入塔顶并冷凝在冷管上，从底部排出。这种冷凝器增加了酒精与铜的接触，因此得到的酒体更加轻盈。

熟成
橡木桶

橡木桶熟成对于威士忌的风味至关重要：在极端情况下，超过80％的风味来源于橡木桶。

按照法律，苏格兰威士忌必须在橡木桶中陈年。大多数桶（约90％）的原料来自美国白橡木，其余来自欧洲橡木。

橡木品种的不同会影响威士忌的色泽、香气和味道。美国橡木会带来金黄色调和甜度，香草、椰子风味；欧洲橡木含有更多的单宁，酒体更加饱满，颜色更深，偏干的口感，通常带有干果、坚果和辛香料的味道，有时也会有硫味。

只有极少数的橡木桶从未使用过；绝大多数橡木桶在被灌入苏格兰威士忌之前会经过调味，无论是美国波本威士忌还是西班牙的雪利酒。波本桶向来由美国橡木制成，经过三年桶陈调味；雪利桶（通常是欧罗洛索雪利）可能是西班牙橡木或美国橡木，经历一到四年的调味。酒厂偶尔也会使用葡萄酒桶或经过葡萄酒处理的橡木桶（这些桶通常是欧洲橡木制作的）。

酒桶有各种尺寸。最常见的是"标准桶"（约200升，也称为"美国标准桶"或"A. S. B."），"猪头桶"（250升，它们通常由拼装美国标准桶的橡木条制作而成；四个标准桶可以制作三个猪头桶），"大桶"（500升，通常由欧洲橡木和雪利桶制成）和"邦穷桶"（也是500升，比大桶更矮胖一点，由欧洲或美国橡木制成)。

橡木桶一般会使用三到四次，第一次灌满苏格兰威士忌时被称为"首次（填充）桶"(first-fill casks)，之后再使用就变成"重装桶"(refill casks)。一旦风味物质消耗殆尽，酒厂员工可能会通过刨去内壁已经丧失活性的部分，加以烘烤或炭化来重新"激发活力"。

仓库

仓库有三种：传统式（或垫板式）、货架式和托盘式。

垫板式仓库高度偏低，潮湿而且凉爽。橡木桶一层压着一层，一般有 3 层高。

货架式仓库更高更干燥，一般配有金属框架，成排的桶机械地嵌入其中，可以高达 14 层左右。

托盘式仓库是最近的一项创新。橡木桶直立存放——不像另外两个那样平躺存放—— 一般一个木托盘上放 2—6 个橡木桶。仓库内有专门的机械将其升高就位，如同货架式仓库那样。

酒液在橡木桶中熟成的过程中会通过木桶的橡木条"呼吸"。粗粝的酒精会挥发——海关和税收部门允许每年 2% 的总量减少，即所谓"天使的分享"——同时水蒸气会渗入橡木桶内。

在凉爽潮湿的仓库中，橡木桶熟成过程中的酒液损失小于它在干燥温暖的仓库里的损失，但与此同时橡木桶中的酒精强度会降低（归因于进入的水蒸气导致的稀释）。在干燥、温暖的仓库里则会发生相反的情况。

大多数蒸馏厂都有自己的仓库，但很少有蒸馏厂有足够的空间容纳所有的桶。因此，酒液通常会被我们熟知的槽罐车通过公路运往苏格兰其他地方进行装桶熟成。想要被称为"苏格兰威士忌"，不论麦芽威士忌还是谷物威士忌都必须在苏格兰熟成，并且不得少于三年。

个别仓库的位置和微型气候会对威士忌的味道有所贡献，但与其他因素相比微不足道。

风格

条目中提到的"风格"指的是新酒的风格，而不是长年熟成后的威士忌。这里主要采用蒸馏厂老板的表达方式。正如我之前在"产区差异"中提到的，每个麦芽威士忌蒸馏厂都有自己的蒸馏风格。酒厂经理的主要职责是保持蒸馏厂所有者要求的酒厂酒液风格（次要职责是达到每年的产量目标）。

帝亚吉欧是最大的麦芽威士忌蒸馏者，拥有 28 家麦芽威士忌蒸馏厂。他们用 14 个简单词汇描述其酒液的风格，如青草、花香、肉味、泥煤等。每个蒸馏厂每周都需要寄送样品到位于埃尔金的公司实验室进行盲品分析。如果出现不"符合个性"的样品，经理就要有麻烦了……

熟成个性

我会尽可能基于蒸馏厂老板亲自灌装的 12 年左右的样品进行这项评估。显然，高年份（通常会更复杂、更深邃、更饱满）、单桶装瓶或是木桶收尾的产品，其风味个性各不相同（参见《如何读懂酒标》）。

欧摩
图片来源：百加得

Aberargie

阿伯拉吉

麦芽威士忌

产区：Lowland　　电话：01738 787044
地址：Kincardine House, Aberargie, Perth PH2 9LX
网址：www.morrisondistillers.com
所有权：Perth Distilling Company Limited
参观：无　　产能：750 000 L. P. A

原料：来自公司自有农场的黄金诺言大麦，由辛普森家负责发麦，主要是无泥煤麦芽，偶尔有含泥煤的批次。使用酒厂内的泉水提供软质水。

设备：不锈钢全劳特／滤桶式糖化槽（3 吨）。6 个不锈钢发酵槽。1 个普通型初次蒸馏器（1 万升），1 个鼓球型烈酒蒸馏器（7200 升），全部配有向下倾斜的林恩臂和壳管式冷凝器。

熟成：首次西班牙雪利大桶和邦穹桶，并从活福珍藏蒸馏厂（Woodford Reserve Distillery）购入首次填充美国木桶，加上少量重装桶。

风格：饱满、水果感，以及蜡质感／油脂感。

历史事迹
History ▶▶▶

　　杰米·莫里森，珀斯蒸馏有限公司（Perth Distilling Company）的董事长兼首席执行官，一位为威士忌贸易而生的人。莫里森的父亲布莱恩是莫里森·波摩蒸馏公司的老板；叔叔蒂姆最近在格拉斯哥建造了可莱塞蒸馏厂（Clydeside Distillery，详见该词条）；1951 年，他的祖父斯坦利·P. 莫里森创立了家族企业，最初是以威士忌经纪人的身份，后来于 1963 年收购了波摩蒸馏厂。1994 年，杰米·莫里森把波摩以及欧肯特轩和格兰盖瑞（Glengarioch）蒸馏厂打包出售给了三得利（Suntory）。

阿伯拉吉是泰湖（Tay）南岸的一个小村庄，位于珀斯郊外七英里处，低地产区的最北端，格兰法格（Glenfarg）的入口处。莫里森家族长年在他们 300 多英亩的农场上种植达到发麦标准的大麦，肥沃的冲积地如今可以供应他们的所求，由辛普森家提供发麦服务。其不同寻常或独一无二之处在于种植黄金诺言大麦——20 世纪 60 年代初推出的传奇品种，因其可以蒸馏出饱满且油脂感丰富的酒体备受蒸馏厂和酿酒商青睐。

继与施格兰公司在伦敦的合作后，杰米和他的父亲获得了位于珀斯郡班克富特的苏格兰利口酒中心（Scottish Liqueur Centre）的控股权。该公司由杰米的一位前同事肯尼·麦基建立，后来更名为莫里森和麦基（Morrison & Mackay），并涉足单桶威士忌生意（参见《业内领先的独立装瓶商》）。为实现快速扩张，需要在短时间内建成更大的仓库、调配车间和装瓶场所，而这些需求在阿伯拉吉蒸馏厂附近的建筑物中都可以得到满足。

2016 年 6 月，蒸馏厂开始运转，2017 年 11 月 1 日正式投产。珀斯蒸馏有限公司是一家家族企业，由杰米·莫里森以及其父母全资拥有。

Aberfeldy
艾柏迪

麦芽
威士忌

公司在过去的百年历史中只出过七位调配大师。

产区：Highland（South）　　电话：01887 822010
地址：Aberfeldy, Perthshire
网址：www.aberfeldy.com　　所有权：John Dewar & Sons Ltd（Bacardi）
参观："帝王的威士忌世界"游客中心　　产能：3.4m L. P. A.

原料：无泥煤麦芽来自特威德河畔贝里克的辛普森家，水来自守望者小溪（Pitilie Burn）。

设备：全劳特／滤桶式糖化槽（6.3吨）。8个西伯利亚落叶松发酵槽。2个不锈钢普通型初次蒸馏器（16 500升）。2个普通型烈酒蒸馏器（15 000升）。所有蒸馏器均为蒸汽盘管间接加热，配备壳管式冷凝器。

熟成：大致为90%重装美国猪头桶，10%重装欧洲橡木桶。所有"帝王"（Dewar）的酒液均在格拉斯哥填充和长年熟成。

风格：甜蜜且带有酯香；石楠花蜜和蜜瓜。

熟成个性：口感柔滑；蜂蜜香甜；梨、甜瓜和青涩的苹果；轻柔的麦芽香。口感清新，带有果香和蜡质感，非常甜美。中等酒体。

为供应其蒸蒸日上的调和威士忌，汤米·杜瓦和小约翰·杜瓦在艾柏迪村以东四分之一英里[1]处建立了艾柏迪蒸馏厂。他们选择的地点是前守望者酿酒厂，一度也是同名蒸馏厂，该酿酒厂的运营时间为1825 年至 1867 年。艾柏迪蒸馏厂创始人的父亲约翰·杜瓦出生于酒厂两英里外的一间小屋。新蒸馏厂于 1898 年开业，并按照"最现代化的原则"建造：麦芽从蒸馏厂的一端进入，威士忌则从另一端产出，酒厂甚至还有一条私人铁路线连接珀斯的帝王威士忌调和中心，铁路带来谷物和煤炭，带走一桶桶威士忌。这条线路在 20 世纪 60 年代关闭，它和蒸馏厂之间的联系只剩一台名叫"Puggie"（苏格兰语中的"猴子"）的旧"马鞍式"调车机车。

1925 年帝王威士忌连同艾柏迪蒸馏厂一起加入了 D. C. L.，随后由 S. M. D. 运营。1960 年政府放宽建筑规范后，S. M. D. 用一比一的方式替换了酒厂原先的两个蒸馏器，并改为机械燃煤加热；1972 年至 1973 年，酒厂用原来的老石头重建了蒸馏室和糖化车间，现共有 4 个间接加热蒸馏器。

1998 年，D. C. L. 的继承者 U. D. 与大都会（Grand Metropolitan）合并为 U. D. V.（后为帝亚吉欧）之后，不得不剥离一些烈酒品牌。"帝王"品牌和包括艾柏迪在内的四家蒸馏厂被百加得公司（Bacardi）收购。

从那时起，百加得公司投资超过 300 万英镑用于艾柏迪蒸馏厂的升级改造，包括建立一流的游客中心——"帝王的威士忌世界"。酒厂充分利用公司的海量档案来宣扬杜瓦兄弟和品牌扬名世界的传奇故事。一直以来，帝王都是美国威士忌市场的第一品牌。

游客中心于 2000 年开业，每年约接待 35 000 名游客。

1　1 英里约合 1.6 公里。——中文版编者注

趣闻 Curiosities

艾柏迪蒸馏厂所处的地方是布拉巴根侯爵的封地，侯爵保留了在那里开采金矿的权利。该权利于 2007 年被阿尔巴矿产资源公司（Alba Mineral Resources）获得，阿尔巴矿产资源公司目前正在研究泰湖周边 322.4 平方公里内的潜在黄金储备。

● 1902 年，当时帝王的调配大师是 A. J. 卡梅伦，他开创了将调配后的威士忌放回酒桶的方法，让酒液与橡木桶再熟成三到六个月。他的继任者斯蒂芬妮·麦克劳德在艾柏迪单一麦芽威士忌和帝王调和威士忌的熟成上沿用了卡梅伦的方法。（帝王品牌调和威士忌在调配后会继续熟成两年。）

● 2007 年，百加得公司在马瑟韦尔附近的波奈尔（Poneil）购买了土地，花费 1.2 亿英镑在那里建造了 9 个新的熟成仓库，还有 9 个待建。

Aberlour

亚伯乐

麦芽
威士忌

"亚伯乐"意为"鸣唱小溪的溪口"。

产区：Speyside　电话：01340 881249
地址：Aberlour, Moray
网址：www.aberlour.com　所有权：Chivas Brothers
参观：精致的新游客中心于 2002 年 8 月开业　产能：3.8m L. P. A.

原料：来自独立发麦厂的无泥煤麦芽，酒厂自有的地板发麦于 1960 年结束运行。使用泉水作为工艺用水及稀释用水，冷却水来自劳尔溪（Lour Burn）。

设备：半劳特／半滤桶式糖化槽 (12.12 吨)。有 6 个不锈钢发酵槽。2 个普通型初次蒸馏器（12 500 升）。2 个普通型烈酒蒸馏器（16 000 升，使用时需要 1 个初次蒸馏器搭配 1 个烈酒蒸馏器）。均为蒸汽间接加热。外部壳管式冷凝器。

熟成：大约有一半是首次和重装雪利大桶，其余的是重装猪头桶。单一麦芽威士忌在 6 个保税仓库中的 1 个进行长年熟成（容量为 27 000 桶），其余的橡木桶在位于高地和中部地带的仓库里长年熟成。

风格：甜美清新的果味，中等酒体。

熟成个性：含有某种水果和辛香料的麦芽香。绵密厚重的口感。蜂蜜，带有一丝肉豆蔻和一丝烟熏。中等酒体。

历史事迹
History ▸▸▸

1826 年，詹姆斯·高登和一个名叫彼得·威尔的男子在曾经的亚伯乐府的地基上成立了一家蒸馏厂。1833 年他们生意失败，蒸馏厂被约翰和詹姆斯·格兰特与沃克兄弟合作接管。1840 年租约结束时，格兰特家族搬到了罗西斯并建造了格兰冠蒸馏厂，彼得·威尔的儿子成了他们的商业推广者，而沃克兄弟则去了林可伍德蒸馏厂。

今天的亚伯乐蒸馏厂建于 1879 年至 1880 年，由詹姆斯·弗莱明[当地商人，租用大昀蒸馏厂（Dailuaine Distillery）直到 1879 年]建造。新酒厂距离老酒厂一英里，使用了托马斯·特尔福德在克莱嘉赫（Craigellachie）修建桥梁时所用的采石场的石头。酒厂于 1892 年扩产，并将所有权转交给了来自格里诺克（Greenock）的调和威士忌商索恩父子（R. Thorne & Sons）。1898 年蒸馏厂被大火摧毁并重建。

蒸馏厂的下一个所有者是一家英格兰公司霍尔特父子有限公司（W. H. Holt & Sons），他们在 1921 年收购了亚伯乐并运营了 20 年。1945 年，它被坎贝尔父子公司（S. Campbell & Son）买下并于 1973 年更新了设备，安装了 4 个蒸馏器，次年卖给了保乐力加。保乐力加保留了坎贝尔蒸馏公司（Campbell Distillers）作为其威士忌部门，直到 2001 年收购施格兰公司，其中包括芝华士兄弟公司，后者接管了所有蒸馏厂。

2000 年以来，亚伯乐单一麦芽威士忌销量大幅增加，特别是在法国。该品牌目前是全球第六大畅销品牌。

2002 年 8 月酒厂开设了一个全新的游客中心，为游客提供两小时的精彩导览项目。2022 年，芝华士兄弟宣布了一项蒸馏厂升级计划，预计将酒厂的产能翻一番。此项计划连同旗下的弥尔顿达夫蒸馏厂一起，总共耗资 8800 万英镑，将于 2025 年完工。

直到 19 世纪 90 年代，蒸馏厂完全是由水力驱动的。酒厂内有一座献给圣德罗斯坦的圣井，圣德罗斯坦是圣科伦巴的追随者，在公元 660 年左右访问了斯佩塞。据称，他用此井水给这些高地居民洗礼。后来他在阿伯丁郡的迪尔建了一座修道院，在那里撰写了著名的《鹿之书》(Book of Deer)。1931 年，罗斯专门建了一座小教堂献给这位圣徒。

● 1992 年去世的伊恩·米切尔在蒸馏厂工作了 48 年，在最后的 27 年中一直担任酒厂经理。他的祖父、父亲和兄弟也在酒厂工作。

● 亚伯乐府现在是著名的脆饼面包烘焙品牌"亚伯乐沃克"(Walkers of Aberlour) 的总部。

Abhainn Dearg
红河

麦芽
威士忌

产区：Island (Lewis)　　电话：01851 672429
地址：Carnish, Nr Uig, Isle of Lewis
网址：www.abhainndeargdistillery.co.uk　　所有权：Mark Tayburn
参观：开放　　产能：20 000 L. P. A.

原料：来自若纳斯盖尔（Raonasgail）湖，流经卡舍尔河和红河的富含矿物质的软水。目前使用来自苏格兰北部独立发麦厂的麦芽。计划设立自己的发麦车间并有朝一日使用当地种植的大麦。

设备：模仿以前的非法蒸馏厂，酒厂安装有 2 个糖化槽（每个 500 公斤）和 2 个花旗松发酵槽。初次蒸馏器（2112 升）和烈酒蒸馏器（2057 升）都有高锥形颈部和急剧下降的林恩臂，两者都配有装在木桶中的虫管冷凝器。

熟成：波本桶，计划使用一些雪利桶。

风格：饱满，泥煤。

历史事迹
History ▸▸▸

　　红河蒸馏厂（Abhainn Dearg 意为"红河"）是目前苏格兰规模最小也最靠西的蒸馏厂，位于路易斯岛大西洋沿岸的乌伊格（Uig）。

　　创始人是马克·泰伯恩，土生土长在勒维萨科，于 2008 年 9 月投入生产。蒸馏厂的一部分之前是鲑鱼孵化场 [一些孵化室仍在使用，用于养殖褐鳟鱼和红点鲑，之后会放入附近的斯卡拉瓦特湖（Schlavat）]，蒸馏室本身很新且功能齐备。

酒厂的蒸馏工艺堪称一绝。蒸馏器式样奇特，狂斜的有如巫婆帽子的蒸馏器头部，以及蜘蛛腿一般的林恩臂，这样的设计是基于 20 世纪 50 年代在岛上发现的非法蒸馏厂的蒸馏器（目前在红河展出）。马克的想法是，有朝一日，酒厂所需的所有大麦都能在当地采购并在酒厂内发芽——他那时已经在种植黄金诺言大麦，并用糖化后的糟粕喂肥他的高地牛。

趣闻 Curiosities

"红河"得名于一场一千多年前的血腥冲突，当时路易斯岛人击退了一群大肆劫掠的维京人，但也伤亡惨重，以至于卡舍尔河（Abhainn Caslabhat）的河水都被鲜血染红了。

● 马丁·马丁在 1703 年发表了他的《西部群岛采风》(*Description of the Western Isles*)，他在书中写道："这里玉米如此之多，当地人倾向于酿造几种酒类。除了常见的 Usquebaugh，另一种叫作 Trestarig，即 Aqua-vitae，经过 3 次蒸馏，口感强烈炽热。第三种蒸馏 4 次，被当地人称为 Usquebaugh-baul（字面意思是'危险的威士忌'），即 Usquebaugh。最后这种酒一口入魂，喝两勺刚刚好，如果超过两勺则会停止呼吸并危及生命。"

● "路易斯岛斯托诺韦的海关税收官告诉我，大约有 120 个家庭每年饮用 4000 英制加仑的此类酒精饮料（即 uisge beatha，爱尔兰语的'生命之水'）和白兰地。"（爱德华·伯特上尉，《苏格兰北部一位绅士的来信》，1754 年）

● 路易斯岛以前唯一有许可的蒸馏厂是斯托诺韦的修本蒸馏厂（Shoeburn，约 1830－1840 年）。酒厂关闭后不久，该岛被詹姆斯·马西森爵士买下，一个滴酒不沾的人（另见"Dalmore 大摩"）。他拆除了修本蒸馏厂的建筑物，并将该区域合并到了卢斯城堡（Lews Castle）。该区域的威士忌生产只得转到地下。

● 2011 年 9 月，红河的第一批装瓶在斯托诺韦举行的"皇家国家盖尔语文化节（Royal National Gaelic Mod）上发布，名为"路易斯之魂"。

● 2016 年 2 月首次发布无年份的泥煤产品。

Ailsa Bay

艾尔萨湾

麦芽
威士忌

艾尔萨湾是苏格兰第三大麦芽威士忌蒸馏厂。

产区：Lowland　　电话：01465 713091
地址：Girvan, Ayrshire
网址：www.ailsabay.com　　所有权：William Grant & Sons Ltd
参观：无　产能：12m L. P. A.

原料：来自独立发麦厂的无泥煤麦芽。来自彭瓦普勒湖（Penwhapple Loch）的软水。

设备：全劳特 / 滤桶式糖化槽（12 吨），12 个不锈钢发酵槽。蒸馏器是百富的仿制品，包括 4 个直边鼓球型初次蒸馏器（12 000 升），4 个鼓球型烈酒蒸馏器（12 000 升）。全部间接加热，配壳管式冷凝器。

熟成：首次和重装波本桶混合，少量的欧洲橡木桶。

风格：饱满，复杂，甜美。有些百富的风格。

历史事迹

History ▸▸▸

　　格兰父子公司宣布，有意于 2007 年 1 月在他们的格文（Girvan）谷物蒸馏厂内建造一个新的蒸馏厂。同年 12 月，酒液样品被送到潜在客户手中。该项目据称耗资超过 1000 万英镑。

趣闻 Curiosities

"该地区最出色的自然景观位于离海岸几英里的无人岛艾尔萨岩（Ailsa Craig）岛。它是一座古老火山的花岗岩礁。来自这个不同寻常、边缘陡峭的岛的花岗岩被称为'艾尔萨岩'，直到最近还是苏格兰国家冬季运动冰壶的唯一指定石源。"（菲利普·莫利斯，《苏格兰和爱尔兰威士忌蒸馏厂》，1987 年）

● 这是格兰父子的格文蒸馏厂内建造的第二个壶式蒸馏麦芽威士忌酒厂。第一个是雷迪朋（Ladyburn，详见相关条目），运营时间从 1966 年至 1975 年。新酒厂与旧酒厂的位置不完全相同，也不使用其任何设备。

● 该品牌的酒液被用于格兰调和威士忌，尚未作为单一麦芽威士忌发售。

Allt-a-Bhainne

阿尔特布海尼

从蒸馏厂向克利哈比望去，过去这里是许多非法蒸馏者的
出没地，他们的出品被称为勒普拉克，以相邻的山丘为名。

产区：Speyside　　电话：01542 783200
地址：Glenrinnes, by Dufftown, Moray
网址：无
所有权：Chivas Brothers
参观：无
产能：4.2m L. P. A.

原料：来自独立发麦厂的无泥煤麦芽。与众不同的是，蒸馏厂有 1 台布勒
（Buhler）五辊麦芽轧机。本林尼斯山（Ben Rinnes）两侧的 20 股泉水经过若温
特里河（Rowantree）与斯库兰河（Scurran），汇入蒸馏厂后面的水坝。

设备：传统的耙式糖化槽（9 吨），8 个不锈钢发酵槽。有 2 个普通型初次蒸馏
器（22 000 升），2 个高大的鼓球型烈酒蒸馏器（22 000 升）。原本的蒸馏器有
一个笔直的脖子，但是在 20 世纪 80 年代被改造了。所有蒸馏器都是蒸汽加热，
配壳管式冷凝器。

熟成：主要是美国重装猪头桶，在酒厂外熟成。

风格：甜美且有青草香。

历史事迹
History ▸▸▸

　　阿尔特布海尼蒸馏厂由施格兰于 1975 年建造，酒厂外观看起来像一座紧凑的堡垒，坐落在本林尼斯山的北坡上，这座山是斯佩塞北部的主要山脉。

　　蒸馏厂本身从里到外都很现代化，毫不妥协，但构成建筑物的六个区域巧妙地堆叠在一起，每个部分都有自己的屋顶线，位于最前面的区域用当地的石头包覆，整体效果令人赏心悦目。

　　酒厂刚开始生产时装有一对蒸馏器，1989 年又增加了一对。整个生产流程被设计为只需要一个人就能完成，即使在计算机普及之后亦如此。这里生产的威士忌都是用罐车运到基斯，然后装进桶里熟成。

趣闻 Curiosities

在阿尔特布海尼投建两年前，施格兰预计对苏格兰威士忌的巨大需求将持续下去，并依据这一判断建造了布拉佛－格兰威特（Braeval）蒸馏厂。然而，情况并非如此。两家蒸馏厂因此都经历了一段停产期。

● 2018 年发售了酒厂的第一款官方装瓶产品。

Annandale

安南达尔

麦芽
威士忌

产区：Lowland　　电话：01461 207817
地址：Northfield, Annan, Dumfriesshire
网址：www.annandaledistillery.co.uk
所有权：David Thomson and Teresa Church
参观：游客中心
产能：500 000 L. P. A.

原料：含泥煤和无泥煤的麦芽，以及小麦酵母和干酵母的组合。从蒸馏厂自己的钻井中抽取工艺用水。

设备：不锈钢半劳特／半滤桶式糖化槽（2.5吨），6个花旗松发酵槽（12 000升），1个鼓球型初次蒸馏器（12 000升）和2个烈酒蒸馏器（4000升）。外部隔热壳管式冷凝器。

熟成：在酒厂内使用首次和重装雪利桶以及美国威士忌桶进行熟成。

风格：将会有两种不同的风格，　一是具有独特的雪利桶风格的中度烟熏／泥煤款，另一个是注重水果味表达和极少波本桶风格的无泥煤款。几乎所有产品都将由蒸馏厂作为单一麦芽威士忌出售，但有一部分桶可供专业装瓶商和私人购买。

历史事迹
History ▸▸▸

第一个安南达尔蒸馏厂成立于 1835 年，后来归沃克父子公司（John Walker & Sons）所有，一直经营至 1920 年。该酒厂于 2007 年被大卫·汤姆森教授及其妻特蕾莎·丘奇收购，经过艰苦的考古调查，他们完成了大量的修复工作，并建成了一个"在其祖先之地感人崛起的现代化蒸馏厂"。

修复工程始于 2011 年 6 月，一开始是两个古老的砂岩仓库。酒厂在现有的发麦车间内建造了一个新的研磨室，内有 4 个 15 吨麦芽箱和 1 个波蒂厄斯（Porteous）磨麦机 [之前是卡普多尼克（Caperdonich）酒厂的]。酒厂根据原始图纸精确复制了之前的糖化车间，安装了糖化槽与 6 个发酵槽，并在前磨麦车间原址上建造了一个新的蒸馏室。一间独特的游客中心坐落在前发麦车间上，由手工家具制造商伊恩·卡梅隆 - 史密斯设计和建造。最初由查尔斯·多伊格设计的宝塔窑屋顶也被精心修复。蒸馏设备由罗西斯的福赛斯公司（Forsyth）制造。2020 年后，品牌发布了一系列名为"Man o'Words"的无泥煤风格和"Man o'Sword"的泥煤风格产品。

安南达尔与众不同的地方在于拥有 2 个低度酒与酒头酒尾收集器，使得酒厂可以在烟熏 / 泥煤和非烟熏 / 泥煤两种风格之间进行切换。1 个大型初次蒸馏器加 2 个烈酒蒸馏器的搭配也是很不寻常的。酒厂于 2014 年 11 月开始生产，出售有限的酒桶，但麦芽威士忌尚未被装瓶出售。

Arbikie

阿尔布吉

产区：Highland(East)　　电话：01241 830770
地址：Inverkeillor, Arbroath, Angus
网址：www.arbikie.com
所有权：The Stirling Brothers
参观：游客中心
产能：200 000 L. P. A.

原料：大麦在庄园里种植，由距离蒸馏厂不到十英里的英国布尔特莫尔特郡的希尔赛德负责发芽。水来自安格斯丘陵的泉水和溪水，水质偏软。

设备：不锈钢半劳特／半滤桶式糖化槽（0.75 吨）。4 个不锈钢发酵槽。1 个卡尔牌初次蒸馏器（4000 升），1 个卡尔牌烈酒蒸馏器（2400 升），后者连接到 1 个卡尔牌柱式（连续）蒸馏器，均为间接加热，配壳管式冷凝器。

熟成：多种橡木桶混合使用，包括波本桶、雪利桶和葡萄酒桶。

风格：高地海岸风格，具有浓郁的风味和蜂蜜口感。

历史事迹
History ▸▸▸

　　阿尔布古高地庄园是一个占地 2000 英亩[1]的农场，俯瞰卢南湾的白色沙滩，西面是安格斯山丘。斯特林家族拥有庄园已超过四代。安格斯富饶的红土是苏格兰最肥沃的土地之一，并且 1794 年这里就有过和蒸馏相关的记录。2013—2014 年间，斯特林家的三兄弟伊恩、约翰和

1　1 英亩约合 4047 平方米。——中文版编者注

大卫建造了一座手工蒸馏厂。壶式和柱式（连续）蒸馏器都是卡尔牌（德国最古老的蒸馏器制造商）的，用于生产麦芽威士忌、金酒和伏特加。所有烈酒最初都是在壶式蒸馏器中制作，随后伏特加（原料是马铃薯，也是金酒的基础原料）会在柱式蒸馏器中进行精馏。

这是一个"一条龙经营"的经典案例：大麦和土豆等原料在农场种植，水从西边的山丘流出并流入地下潟湖，装瓶和贴标签的工作可以在蒸馏楼内完成，后者安置在一座翻新的牛棚里。

柯斯蒂·布莱克和克里斯蒂安·佩雷斯都是赫瑞瓦特大学（Heriot-Watt）酿造和蒸馏专业的毕业生，二人负责蒸馏厂及其全部产品。阿尔布吉于 2014 年推出苏格兰第一款马铃薯伏特加，这是一种"超顺滑"的伏特加，由"马里斯吹笛者"（Maris Piper）、"爱德华国王"（King Edward）和"白土豆"（Cultra）三种土豆制成。随后，阿尔布吉推出了吉尔斯蒂（Kirsty's）金酒，采用当地的植物制作。2015 年底，酒厂推出了一款辣椒伏特加，将契普拉辣椒（Chipotle，产于法夫）添加到同种基酒中。

2018 年 1 月，该酒厂发布了第一批本地种植黑麦威士忌，含有 51％黑麦和 49％麦芽，总共发售 355 瓶，销售所得捐给慈善机构。2020 年及 2021 年，酒厂发布了新款高地黑麦（Highland Rye）产品，还有一款单一谷物威士忌产品。

趣闻 Curiosities

阿尔布吉决心继续种植生产酒精所用的全部原材料，期待能做出一些反映当地生长期的"季节限定"版。

● 酒厂蒸馏器上装有一个向下倾斜的林恩臂和一个可选择开关的净化器，两者的结合使酒厂可以制作一系列不同风格的酒液。

Ardbeg
雅伯[1]

麦芽
威士忌

一家成立于 2000 年的粉丝俱乐部雅伯委员会，
目前在 120 个国家拥有约 56 000 名会员。

产区：Islay　　电话：01496 302244
地址：Port Ellen, Isle of Islay, Argyll
网址：www.ardbeg.com　　所有权：The Glenmorangie Company
参观：游客中心，时尚商店，顶呱呱的餐厅 / 咖啡厅　　产能：2.1m L. P. A.

原料：带有泥煤的软质水，来自距离蒸馏厂三英里的阿瑞南贝斯特湖（Arinambeist）和乌伊加代尔湖（Uigeadail）。地板发麦一直沿用至 1977 年，之后使用从波特艾伦发麦厂订购的 55ppm 泥煤酚值的重泥煤麦芽。

设备：不锈钢半劳特 / 半滤桶式糖化槽（4.5 吨）。3 个落叶松发酵槽和 3 个花旗松发酵槽。装有 1 个灯罩型初次蒸馏器（11 775 升）和 1 个灯罩型烈酒蒸馏器（13 660 升），均由蒸汽间接加热，配壳管式冷凝器。

熟成：98% 波本桶（首次和二次填充）和 2% 雪利桶。罐装时会使用 50% 首次桶和 50% 二次桶。酒厂有 2 个传统式仓库和 3 个货架式仓库（容量 24 000 桶）。

风格：泥煤。

熟成个性：泥煤、消毒水、海盐，偏干的口感，但尝起来会有令人惊讶的甜美感，接着是一阵烟熏气息，伴随着一些甘草。厚重的酒体。

1　曾译作"阿贝"。——中文版编者注

历史事迹
History ▶▶▶

雅伯既拥有老派的、恒久如一的氛围，同时又具有雅致且现代的质感。1997 年，格兰杰以 700 万英镑的价格收购了这家蒸馏厂，使其起死回生——其中 600 多万英镑用于购买库存。当时，整个蒸馏厂的建筑物和设备都破旧不堪。

蒸馏厂的创始者是麦克杜格尔家族，一户生活在艾雷岛上这一地区附近的佃农。这个家族直到 20 世纪 70 年代仍与雅伯保持联系。酒厂的第一个蒸馏记录可以追溯到 18 世纪 90 年代，但最早的商业运作记录则是 1815 年。到了 1900 年，蒸馏厂周围的村庄里住着 40 名工人以及两名税务专员，学校里有 100 多名学生。然而，它在 20 世纪 20 年代末期走向没落，这个时期，雅伯只向那些有酒厂信用账户的私人客户提供单桶单一麦芽威士忌。

在 1959 年完成清算之前，亚历山大·麦克杜格尔公司（Alexander MacDougall & Company）一直拥有蒸馏厂，同年，雅伯蒸馏厂有限公司（Ardbeg Distillery Ltd）成立。1973 年，蒸馏厂被 D. C. L. 和加拿大蒸馏企业希拉姆·沃克合资接管后，成立了雅伯蒸馏厂信托基金。加拿大企业在 1976 年支付了 30 万英镑并获得完全控制权，但五年后蒸馏厂被封存，连同它一起消失的还有 18 个工作岗位。这就是雅伯村的结局。

希拉姆·沃克的蒸馏部门于 1987 年被同盟利昂 [Allied Lyons，后来的同盟蒸馏者（Allied Distillers）] 收购，并在 1989 年恢复小规模生产。但集团同时还拥有拉弗格蒸馏厂，这两家蒸馏厂就在同一条路上紧挨着，生产风格非常相似的烟熏口味麦芽威士忌，因此雅伯于 1996 年再次关闭，并谨慎地挂牌出售。1997 年，格兰杰收购并接管了蒸馏厂，花费了 140 万英镑用于修复工作，兴建新的设备和游客中心。在斯图尔特·汤姆森的管理下（他担任酒厂经理直到 2007 年），蒸馏厂于次年恢复生产，他的妻子杰基帮他打造了一个很棒的游客中心。2022 年，一桶 1971 年蒸馏的雅伯单桶以 1600 万英镑的价格售出，创造了新的世界纪录！

趣闻 Curiosities

阿尔弗雷德·巴纳德曾提到麦克杜格尔家的宗族忠诚。当掌管雅伯的亚历山大·麦克杜格尔发现一名亲属被判犯下某个轻罪时，他立即支付了罚款，并说："麦克杜格尔家的人不可能做错事。"

● 雅伯曾经是（并且至今仍是）以烟熏风闻名的威士忌。它一直使用自己的窑炉来烘烤麦芽，据说窑中的百叶窗可以调整，以使烟雾徘徊不散并赋予麦芽 50ppm 泥煤酚值的重泥煤风味。直到 1977 年，蒸馏厂开始转而从隔壁的波特艾伦发麦厂购买泥煤酚值固定的麦芽。尽管泥煤酚的含量很高，但酒厂生产的威士忌尝起来并没有像其他艾雷岛威士忌那样烟熏感十足，这可能是由于烈酒蒸馏器上的净化器管，它使林恩臂中凝结的酒液重新回到蒸馏器里二次蒸馏。

● 在 1968 年，前往艾雷岛的滚装渡轮服务推出之前，雅伯的大麦和煤炭都是通过海运送达的，装有威士忌的橡木桶也以同样的方式运出。这段航程并不总是一帆风顺的。1925 年 12 月，"赛博号"（Serb）在阿贝湾入口处撞上岩石沉没，船上装满了大麦和麦芽。幸好船员们都得救了。

● 1979 年之后的两年以及 1989 年至 1996 年期间，雅伯生产了一种用于调和威士忌的无泥煤麦芽威士忌，称为基尔达尔顿（Kildalton）——有点像卡尔里拉（Caol Ila）的高地风格无泥煤版本。2004 年发布过一款 1980 年蒸馏的无泥煤风格威士忌。

Ardmore

阿德莫尔

麦芽
威士忌

1913 年教师牌威士忌发布的"高地精华"是第一款使用软木压塞的威士忌。该公司在"埋葬开瓶器"的口号下宣传自家产品，而教师牌威士忌则被称为"自开瓶"（专利产品）。

产区：Highland (East)　　电话：01464 831213
地址：Kennethmont, Huntly, Aberdeenshire
网址：www.ardmorewhisky.com　　所有权：Beam Suntory
参观：需预约　　产能：4.725m L. P. A.

原料： 使用来自诺坎蒂山（Knockandy Hill）的 15 个泉眼的蒸馏用软质水。冷却用水来自当地。来自当地独立发麦公司的中度泥煤烘烤（12—14ppm 泥煤酚值）麦芽。

设备： 传统的铸铁糖化槽，半劳特 / 半滤桶式搅拌齿轮，配铜制穹顶（12.5 吨）。14 个花旗松发酵槽。4 个普通型初次蒸馏器（每个 15 000 升），4 个普通型烈酒蒸馏器，但比初次蒸馏器更加细高（每个 15 500 升）。自 2002 年以来，改用间接加热。带有后冷却器的壳管式冷凝器。

熟成： 教师牌调和威士忌所用的大部分酒液都是在欧洲橡木邦穹桶中进行陈年。单一麦芽威士忌则在来自金宾的波本桶中陈年，并在首次四分之一桶中收尾。

风格： 甜美，烟熏风，带有辛香料的收尾。

熟成个性： 奶油感，甜美，烟熏风的香气；醇厚的黄油口感，并带有麦芽的香甜；尝起来有明显烟熏味。酒体异常饱满。

阿德莫尔是教师牌调和威士忌的核心，由亚当·蒂彻（创始人的儿子，创始人在蒸馏厂建成前不久去世）于1897年到1898年间打造。这是该家族第一次展开蒸馏事业的冒险，目的是给1884年推出并获得成功的"高地精华"（Highland Cream）品牌持续供应合适的威士忌。该公司未来将收购格兰多纳蒸馏厂（1960）。

蒸馏厂位于阿伯丁郡的乡村深处，夹在历史悠久的斯派尼村（Spynie）和坎尼蒙特村（Kennethmont）中间，毗邻因弗内斯—阿伯丁铁路线，有条支线通往酒厂（已废弃）。1955年，酒厂的产能增加了一倍，达到4个蒸馏器，1974年增加到了8个。直到2002年，这里还在使用煤炭进行直火蒸馏。用于提供动力的原始蒸汽引擎仍在运行。直到1976年，蒸馏厂都在使用萨拉丁箱进行发麦工作。

1976年，蒂彻父子公司（William Teacher & Sons）被同盟酿酒者公司（Allied Breweries）收购。新主人从未将阿德莫尔单独装瓶作为单一麦芽威士忌出售，只有少量被卖给高登与麦克菲尔公司（Gordon & Macphail）和卡登汉（Cadenhead's）公司。2006年同盟公司被出售时，"教师"这个品牌连同阿德莫尔和拉弗格蒸馏厂被美国蒸馏企业宾全球公司［Beam Global，金宾波本威士忌（Jim Beam bourbon）的所有者和财富品牌（Fortune Brands）的子公司］纳入旗下。该公司的苏格兰威士忌总监道格拉斯·里德的父亲曾在阿德莫尔工作多年，道格拉斯就是在阿德莫尔蒸馏厂的宿舍里长大的。他们计划推行一项能够持续很多年、惠及几代人的帮扶政策，"可持续性，立足于当地代代相传的知识、技能和经验"。多么明智啊！

2014年3月，日本蒸馏企业三得利（波摩等公司的所有者）以98亿英镑收购了宾全球公司，其中包括教师牌、阿德莫尔和拉弗格、拿破仑干邑、金宾波本威士忌和美格波本威士忌（Maker's）以及加拿大俱乐部威士忌（Canadian Club）。

趣闻 Curiosities

阿德莫尔的高地威士忌带有不同寻常的约 12—14ppm 泥煤酚值的泥煤烟熏风味。泥煤来自巴肯的圣费格斯（Saint Fergus），风格与西海岸的泥煤不尽相同，更加偏向干燥泥土的风味。

● 在亚当·蒂彻的外甥威廉·马内拉·贝尔吉斯发明软木压塞之前，所有威士忌酒瓶都像今天的红酒酒瓶一样，需要开瓶器才能打开。

● 阿德莫尔是最后几家坚持使用煤炭加热直火蒸馏器的酒厂之一。直到 2002 年才放弃直火蒸馏，转向蒸汽间接加热。

● 阿德莫尔及其姐妹厂拉弗格率先在 100 升容积的美国橡木桶中进行陈年，也就是我们常说的四分之一桶。

Ardnahoe

阿德纳侯

产区：Islay　　电话：01496 840711
地址：Ardnahoe Distillery, Port Askaig, Isle of Islay PA46 7RN
网址：www.ardnahoedistillery.com　　所有权：Hunter Laing & Company
参观：开放　　产能：1m L. P. A.

原料：来自波特艾伦发麦厂（Port Ellen Maltings）的重泥煤、轻泥煤和无泥煤麦芽。水来自阿德纳侯湖（Loch Ardnahoe）。

设备：不锈钢半劳特／半滤桶式糖化槽（2.5 吨）。4 个花旗松发酵槽。1 个灯罩型初次蒸馏器（24 000 升），1 盏灯罩型烈酒蒸馏器（7000 升），都配有一根连接到虫管冷凝器的加长林恩臂。

熟成：主要用美国橡木波本桶熟成。酒厂仓库不大，只能存放 500 桶威士忌。大多数橡木桶将在亨特·梁位于基尔布赖德东的仓库进行陈年。

风格：重酒体，果香，甜美的烟熏味。传统的艾雷岛风格。

历史事迹
History ▸▸▸

　　2013 年，亨特·梁有限公司（Hunter Laing & Company Ltd，参见《业内领先的独立装瓶商》）成立了，紧接在历史悠久的家族企业道格拉斯·梁（Douglas Laing & Co.）解体之后，道格拉斯·梁是由同名的弗里德里克·道格拉斯·梁 [（Frederick Douglas Laing（FDL)] 于 1948 年创立的企业。亨特·梁有限公司由弗里德里克的儿子斯图尔特·亨特·梁与孙子史考特和安德鲁领导。

　　斯图尔特在苏格兰威士忌行业耕耘了将近 50 年——首先是作为调

配师，后来作为优质单桶威士忌的装瓶商。他在艾雷岛的布赫拉迪开始他的学徒生涯，然后加入他父亲的家族生意。除了调配威士忌和挑选单桶，斯图尔特的主要工作是代表公司在世界各地推广品牌——当时公司的主要产品是调和威士忌，道格拉斯·梁在亚洲和南美市场十分畅销。现在亨特·梁的核心产品是单一麦芽威士忌。

2016 年 1 月，该公司在艾雷岛东北海岸获得了一块很棒的土地，位于卡尔里拉蒸馏厂和布纳哈本蒸馏厂中间，申请在那里建造一家价值 800 万英镑的蒸馏厂。同年 9 月，项目获得批准并很快就开始了建设工作。阿德纳侯于 2019 年 4 月投入生产。

2017 年 2 月，威士忌界的传奇人物吉姆·麦克伊文被任命为生产总监。他与斯图尔特和蒸馏厂的建筑师伊恩·赫联手设计的酒厂将会打造出一种重磅古风的酒精风格。

吉姆·麦克伊文在布赫拉迪酒厂担任首席调配师 15 年，直到退休。在此之前，他在波摩蒸馏厂工作了 37 年，1963 年从学徒开始，然后坐上总经理的位置，之后担任波摩的全球品牌大使。他在威士忌世界如此声名远扬，以至于他的就任对阿德纳侯来说，称得上一次"政变"。

趣闻 Curiosities

除了常见的咖啡馆、品酒室和商店外，阿德纳侯的游客中心还将设有带照明的外部水墙。

● 2013 年，吉姆·麦克伊文在其威士忌行业从业 50 周年纪念日之际写道："我将继续逐梦，追逐单一麦芽威士忌的彩虹，寻觅那一口琼浆。"也许阿德纳侯可以帮他实现这个梦想。

Ardnamurchan
艾德麦康

麦芽威士忌

产区：Highland (West)　　电话：01972 500285
地址：Glenbeg, Ardnamurchan, Argyll
网址：www.adelphidistillery.com　　所有权：Adelphi Distillery Ltd
参观：游客中心　　产能：500 000 L. P. A.

原料：从蒸馏厂上方的泉眼处引来的工艺用水。冷却水来自格伦莫尔河。来自法夫郡布鲁姆霍尔庄园的大麦，40％为无泥煤麦芽，60％为在酒厂处理的重泥煤麦芽。

设备：不锈钢半劳特 / 半滤桶式糖化槽（2吨）。4个橡木发酵槽（独一无二；前干邑大桶），以及3个不锈钢发酵槽。1个普通型初次蒸馏器（10 000升），1个灯罩型烈酒蒸馏器（6000升），配外部壳管式冷凝器。

熟成：用首次或重装波本桶以及雪利桶就地熟成。

风格：酒厂主希望蒸馏出两种不同风格的酒液——无泥煤和重泥煤。这些酒液将分别熟成，然后混合，以制作"西部高地"风格的威士忌。偶尔会有一些重泥煤单桶威士忌在阿德菲的品牌名下销售。

历史事迹
History ▸▸▸

　　艾德麦康于2014年6月投入生产，可能是苏格兰最偏远的大陆蒸馏厂。它由备受推崇的独立装瓶商阿德菲（Adelphi）建造，并以英国大陆最西端的艾德麦康半岛的名字来命名，半岛的所有权属于阿德菲的一位董事唐纳德·休斯顿。

　　艾德麦康翻译过来的意思是"大海岬"。该蒸馏厂享有横跨苏纳特湖直达马尔岛的壮丽景色，是苏格兰唯一一家完全依靠水力能源和大型生物质锅炉提供动力，由艾德麦康庄园的木材提供燃料的蒸馏厂。这是休斯顿先生的心血结晶，他是一位技艺精湛且事业有成的工程师。锅炉还为蒸馏厂的地板发麦车间提供热量——另一个与众不同之处。

趣闻 Curiosities

原先的阿德菲蒸馏厂是查尔斯和大卫·格雷兄弟于 1826 年在如今格拉斯哥的中心克莱德河畔建造的。这个占地两英亩的酒厂曾是一个果园，面向码头，位于戈尔巴尔斯（Gorbals）北部克莱德维多利亚大桥的南面。

● 1880 年左右，蒸馏厂被利默里克（Limerick）和利物浦蒸馏厂的所有者 A. 沃克公司（Messrs A. Walker & Co.）接管，后者曾是英国最大的蒸馏厂。他们投入巨资扩大并改善业务直到它成为当时苏格兰最先进、最具生产力的蒸馏厂。

● 1993 年，杰米·沃克（阿奇博尔德·沃克的曾孙）重新使用阿德菲作为独立装瓶商的名字。他把公司卖给了唐纳德·休斯顿和他在阿盖尔的邻居洛伊德庄园的基斯·法尔康纳。该公司的常务董事亚历克斯·布鲁斯是埃尔金伯爵的儿子，他在法夫的庄园为蒸馏厂供应大麦。阿德菲的总部和装瓶设施也在这里。

● 2017 年 2 月，酒厂发布艾德麦康限量版（2500 瓶），并在几天内售罄。酒厂随后发布的一系列麦芽威士忌产品获得了极高的声誉。

Ardross

阿德罗斯

 麦芽
威士忌

产区：Highland (North)
地址：Ardross Mains, Un-named Road, Alness IV17 0YE, Ross-shire
网址：www.greenwooddistillers.com　　所有权：Greenwood Distillers Ltd
参观：带咖啡厅的游客中心、商店　产能：1m L. P. A.

原料：大麦在当地种植和发芽（包括重泥煤和无泥煤）。水来自杜湖（Loch Dhu）。

设备：半劳特／半滤桶式糖化槽（3吨）；6个木制发酵槽；1个普通型初次蒸馏器（10 500升），1个鼓球型烈酒蒸馏器（8000升），均为间接加热，配壳管式冷凝器。

熟成：来自何塞·米格尔·马丁桶厂（Bodegas José y Miguel Martín）的雪利桶，来自肯塔基州凯尔文制桶厂（Kelvin Cooperage）的波本桶，来自日本制桶厂的水楢木桶，以及多种葡萄酒浸润橡木桶（波特酒，马沙拉白葡萄酒，甜酒等）。在坎伯诺尔德的格林伍德邦德拥有一间货架式仓库。

风格：高地风。

历史事迹
History ▸▸

　　格林伍德蒸馏公司（Greenwood Distillers）是维维尔国际（Vevil International）的子公司。维维尔国际以修复与再利用历史古建方面而闻名，比如沃尔西（The Wolsey）酒店和内德（The Ned）酒店，后者曾是位于伦敦金融城的米特兰银行（Midland Bank），现在被改造为一家酒店和私人会员俱乐部，拥有八间餐厅。格林伍德蒸馏公司由法国企业家巴泰勒米·布罗索（Barthelemy Brosseau）于 2018 年创立，由莫里森·波摩蒸馏公司的前生产总监兼调酒大师安德鲁·兰金（Andrew Rankin）负责管理。拥有 30 多年从业经验的威利·多宾斯（Willie Dobbins）担任运营经理，同样拥有 43 年工作经验的桑迪·杰米森（Sandy Jamieson）担任酒厂经理，两人一起协助安德鲁的工作。

早在公司成立之前，阿德罗斯所在的土地就已被收购了——这是一片占地辽阔但破败不堪的 19 世纪农场，整个庄园占地 50 英亩（包括为酒厂提供水源的杜湖）。这片土地曾由亚历山大·马西森爵士（Sir Alexander Matheson）拥有，他创立了大摩蒸馏厂（详见大摩条目）。

农场的改造过程非常细致且有品位，许多 19 世纪的农场建筑、农舍和工人小屋得以修复，由石头和板岩砌成的废弃建筑被回收并在农场的其他地方得以再次利用，整个工程耗资 3000 万英镑。酒厂于 2019 年投入使用，第一款产品是西奥多皮克特金酒（Theodore Pictish Gin）。威士忌生产于次年开始，蒸馏出的第一批酒精被装入稀有的日本水楢木桶中，同时，酒厂还使用了波本桶，雅文邑桶和梅斯卡尔酒桶。阿德罗斯单桶协会（Ardross Single Cask Society）于 2021 年成立。

公司的标志是一只悬挂在蝴蝶下的乌龟，他们是这么解释的：

> 我们发现，世间万物的无穷变化来源于创造性张力。我们标志中博学的乌龟和敏捷的蝴蝶代表了新旧之间的这种张力；智慧和活力，经验的重量和青春的激情。
>
> 在阿德罗斯，我们也有类似的二分法：受过传统训练的酿酒师和调配师与未经训练的梦想家以及冲动的实干家组成的不安分的团队走到了一起。我们正在共同架起一座通往世界其他地方的桥梁。

我听说蝴蝶象征着巴泰勒米·布罗索，乌龟则象征安德鲁·兰金！

Isle of Arran

艾伦

麦芽
威士忌

飞翔的金鹰是蒸馏厂上空一道熟悉的风景，
蒸馏厂本身被艾伦北部的高山环抱。

产区：Highland (Island)　　电话：01770 830264
地址：Lochranza, Isle of Arran, North Ayrshire
网址：www.arranwhisky.com　　所有权：Isle of Arran Distillers Ltd
参观：游客中心，试听演示馆，餐厅　　产能：1.2m L. P. A.

原料：来自戴维湖（Loch na Davie）的水，经伊森·拜拉克小溪（Easan Biorach）汇集到蒸馏厂。来自贝尔德斯发麦厂 [Bairds，黑岛蒸馏厂（Black Isle ）] 的 90% 无泥煤苏格兰大麦。酒厂每年都会引进少量含泥煤的麦芽，用于泥煤风味产品。

设备：不锈钢全劳特 / 滤桶式糖化槽（2.5 吨）。4 个北美黄杉木发酵槽。1 个普通型初次蒸馏器（6500 升）和 1 个普通型烈酒蒸馏器（3695 升），均由蒸汽盘管间接加热，配壳管式冷凝器。

熟成：2 个现代的传统 / 垫板式仓库，1 个货架式仓库，可容纳 5000 个桶，占总产能的 80%。其余 20% 在英国大陆熟成。

风格：甜美和果味，白兰地风味。

熟成个性：斯佩塞风格，梨糖，柠檬，青苹果。味道甜美，含有一些麦芽香甜和柠檬酸。轻酒体。

艾伦蒸馏厂是哈罗德·库里的心血结晶，他先后担任芝华士兄弟公司和坎贝尔蒸馏厂的常务董事。1995 年，这家高踞罗克兰扎（Lochranza）风景如画的村落和湖海之上的蒸馏厂开业了。酒厂用新颖的"债券持有人"方案筹集资金，许诺一定数量的威士忌以吸引订户，1998 年为 5 件调和威士忌，2001 年为 5 件"创始人珍藏版"（Arran Founder's Reserve），总价 450 英镑。

酒厂刚开业时，人们猜测它会生产哪种风味的威士忌，是艾雷烟熏风、坎贝尔镇重酒体还是低地轻盈风？蒸馏厂站在十字路口。即使在 1995 年，风土的影响在很大程度上仍可以由化学控制。哈罗德·库里曾是一个斯佩塞酿酒师，他选择延续这种风格，所以艾伦的产区风格很难被界定。库里先生于 2016 年 3 月 15 日去世，享年 91 岁。一周后，公司宣布计划在该岛南部的拉格（Lagg）建造另一家蒸馏厂（详见相关条目）。

趣闻 Curiosities

艾伦岛的威士忌只有 19 世纪的格兰威特风威士忌可以媲美，尽管岛上当时只有一个合法经营的蒸馏厂（位于岛南部的拉格，1837 年关闭）。

● 后来获得苏格兰旅游局最高奖项的游客中心由女王在 1997 年揭幕，是岛上的主要旅游景点之一。2015 年总共接待了 88 000 名访客。

● 除了无泥煤的"艾伦麦芽"(Arran Malts) 和泥煤风的"麦克摩"(Machrie Moor) 麦芽威士忌之外，该酒厂还在国际彭斯俱乐部协会（International Burns Club）——酒厂为赞助商之一——授权的罗伯特·彭斯（Robert Burns）品牌名下销售一系列调和 / 麦芽威士忌。

Auchentoshan
欧肯特轩

麦芽
威士忌

1941 年，欧肯特轩遭到德军严重破坏，毁掉了 3 个仓库和近百万升熟成酒液。克莱德班克被夷为平地，1000 人被杀害，蒸馏厂却奇迹般幸免于难。生产于 1948 年恢复。今天，冷却用水是在蒸馏厂附近的弹坑收集的。

产区：Lowland　　电话：01389 878561
地址：Dalmuir, Dunbartonshire
网址：www.auchentoshan.com　　所有权：Beam Suntory
参观：游客中心，会议设施，商店　　产能：2.5m L. P. A.

原料：来自卡特琳湖（Loch Katrine）的软工艺用水。冷却水来自基尔帕特里克山，经战争中留下的弹坑蓄水，这里的蓄水被泉水盘活。来自独立发麦厂的无泥煤麦芽。

设备：带铜制穹顶的不锈钢半劳特 / 半滤桶式糖化槽（6.82 吨）。4 个花旗松发酵槽。蒸馏厂装有 1 个灯罩型初次蒸馏器（17 300 升），1 个灯罩型中间蒸馏器（8000 升），1 个灯罩型烈酒蒸馏器（11 000—12 000 升）。均为间接加热，配外部壳管式冷凝器，那些安装在初次蒸馏器上的冷凝器比一般的大很多。

熟成：波本桶，雪利桶，重新制作的猪头桶和大桶。酒厂的每一款威士忌都有自己的木桶 / 橡木陈年配方。酒厂有 3 个传统 / 垫板式仓库和 2 个货架式仓库，可容纳 20 000 只橡木桶。

风格：精致，果香十足。

熟成个性：花香，带有柠檬调和轻麦香。口感顺滑，甜美，然后是干杏仁，水果和一丝奶油糖。尾韵短。轻酒体。

　　三次蒸馏曾经在低地蒸馏厂中相当常见，其中很多在壶式蒸馏器里蒸馏发芽大麦之外的谷物，这种做法增添了威士忌的精致感和酒体强度。欧肯特轩和安南达尔是仅存的采用三次蒸馏的低地蒸馏厂，2014 年之前一直是低地仅存的四家麦芽蒸馏厂之一。

　　欧肯特轩是玉米商约翰·布洛克于 1817 年〔当时名为邓托彻（Duntocher）〕创立的，但他在 1822 年申请破产。他的儿子阿奇博尔德根据 1823 年的法案获得了蒸馏执照，但 1826 年时也难逃破产的命运。1834 年，邓托彻被卖给布洛克公司（Bulloch & Co.）的蒸馏师约翰·哈特和亚历山大·菲尔希——后者是当地农民，他的家族自 17 世纪以来一直居住在该地区——条件是允许约翰·布洛克继续住在蒸馏厂（他于 1846 年去世，享年 87 岁）。

　　约翰·哈特和亚历山大·菲尔希将酒厂更名为 Auchintoshan（误），意思是"田野一角"。菲尔希家族拥有蒸馏厂 44 年。他们于 1875 年重建了酒厂，但 1877 年时遭遇了一个灾难性的谷物收获季，之后把酒厂卖给了格陵诺克的威士忌商 C. H. 柯提斯公司（C. H. Curtis & Company）。

　　C. H. 柯提斯公司经营欧肯特轩直到 1900 年，在接下来的三年中酒厂两度易手，第二次被卖给一家集酿酒者、蒸馏者和葡萄酒/烈酒商于一体的约翰和乔治·麦克拉克兰有限公司（John and George McLachlan Ltd），1960年被酿酒商坦南特（Tennent）收购。坦南特于1964年并入查林顿 [Charrington，后来成为巴斯·查林顿公司（Bass Charrington）]，1969年蒸馏厂被卖给了伊迪·凯恩斯（大约10万英镑）。他们翻新了厂房，安装了新的设备，于1984年将其出售给现在的所有者三得利。日本酿酒企业三得利于1994年收购了莫里森·波摩（Morrison Bowmore），2015年三得利与金宾合并。

趣闻 Curiosities

欧肯特轩位处格拉斯哥以西20分钟的地方，优越的地理位置使其成为一个受欢迎的旅游目的地，酒厂在2004年和2008年对一些设施进行了翻新以优化体验（苏格兰旅游局五星景点认证）。它的全部产出都被灌成一瓶瓶单一麦芽威士忌，并以"格拉斯哥的威士忌"之名宣传推广。

● 布洛克家族在威士忌行业中持续发挥重要作用。1830年布洛克公司成立，之后不久就卖出了邓托彻。1855年，约翰·布洛克的孙子主导与成功的格拉斯哥威士忌商 A. 拉德公司（A. Lade & Company）合并成为布洛克·拉德公司（Bulloch Lade & Company），且一路并购，1856年是卡拉奇（Camlachie）/卡特琳湖酒厂，1863年是卡尔里拉，1868年是坎贝尔镇的本摩尔（Benmore）。该公司还在"B. L."的通用名下发售了一系列知名的调和威士忌，并且直到1893年，该公司都是麦卡伦 - 格兰威特蒸馏厂的独家代理商。1898年，布洛克·拉德进一步公司化，并于1920年加了 D. C. L.。

● 酒厂的三次蒸馏流程如下：将麦酒汁加入初次蒸馏器，从中提取的低度酒送到一号废酒收集器，在那里与中间蒸馏器中提取的酒尾相混合（酒精强度约为18% - 19%）。一号废酒收集器的酒液加入较小的中间蒸馏器进行蒸馏，得到的酒头送往二号废酒收集器，在那里与从烈酒蒸馏器得到的酒尾相混合（酒精强度约为 55%）。二号废酒收集器的酒液再加入烈酒蒸馏器，并以惯常的方式蒸馏，得到的酒头和酒尾送回到二号废酒收集器，酒心则被保存在酒精收集器中，整体酒精强度非常高，达到 82%。

- 2008 年酒厂对包装和酒液进行了重大改造。自 2003 年开赛以来，三桶（Three Wood）每年都进入古巴威士忌和雪茄挑战赛决赛，并于 2005 年获胜［搭配玻利瓦尔巨大雪茄（Bolivar Imensas）］。

Auchroisk
奥赫鲁斯克

麦芽
威士忌

采用"苏格登"的品牌名是因为"奥赫鲁斯克"
这名字太拗口！

产区：Speyside　　电话：01542 885000
地址：Mulben, Moray
网址：www.malts.com　　所有权：Diageo plc
参观：需预约　　产能：5.9m L. P. A.

原料：来自伯格黑德的无泥煤麦芽。来自
多丽丝泉（Dorie's Well）的软质工艺用水。
来自马尔本溪（Mulben Burn）的冷却用
水。

设备：半劳特/半滤桶式糖化槽（11.5
吨）。8个不锈钢发酵槽。4个灯罩型初次
蒸馏器（12 700升）。4个灯罩型烈酒蒸
馏器（7900升）。间接加热，配壳管式冷
凝器。

熟成：主要用重装猪头桶在地熟成，那里
存放了约265 000只橡木桶。

风格：草木香。

熟成个性：甜美，略带蜂蜜香，有糖泡芙
早餐麦片味。煮熟的苹果，带着一丝丝烟
熏气息，轻至中等的酒体。

受 J. & B.珍宝委托，1972 年，奥赫鲁斯克在基斯以西的一个小镇上破土动工，之所以选择这里，是因为酒厂可从多丽丝泉获取优质水源。"奥赫鲁斯克"这个名字来自附近的一个农场，意思是"红色溪流的浅滩"。该蒸馏厂由威斯敏斯特设计事务所（Westminster Design Associates）设计，乔治·文佩公司（George Wimpey & Co.）建造，1974 年完工。

酒厂建筑曾获得"钓鱼基金会"（Angling Foundation）颁发的奖项，获奖理由是不会干扰鲑鱼在繁殖期沿着马尔本溪溯流而上。

蒸馏厂开工前一年，一车车的水被运到格兰斯佩（Glen Spey）蒸馏厂进行为期一周的试制——当时委托者希望这里能够生产出与格兰斯佩相似的轻柔风格的麦芽威士忌，用于调制他们主打的调和品牌珍宝特选（J. & B. Rare）。自 1962 年以来，J. & B.珍宝一直是 I. D. V. 的成员 [连同吉尔比父子公司（W. & A. Gilbey & Sons）]。到了 1972 年，I. D. V. 被沃特尼·曼恩收购，当时奥赫鲁斯克仍在建设中，紧接着两家公司在同一年被大都会接管。大都会于 1997 年与健力士（Guinness）合并成立 U. D. V.，也就是后来的帝亚吉欧。

奥赫鲁斯克面积很人，来自蒸馏厂的桶装威士忌也会在这里进行熟成。与此同时，它还是帝亚吉欧在苏格兰北部的集散中心：熟成好的威士忌连同橡木桶被运到这里，倾倒、调和、装车，然后运往位于中部地带的调制中心。

趣闻 Curiosities

1984 年，珍宝威士忌的首席酿酒师吉姆·米尔恩采取了不同寻常的步骤，他将已在重装波本桶中熟成十年的苏格登（The Singleton）再放入重装雪利桶中熟成两年。这可能是"木桶收尾"的第一个实例，尽管酒标上并没有明确标出。这些早期瓶装酒最终在国际大奖评选中斩获无数奖项。

- 2001 年，"苏格登"这个品牌名称被注销，不再出现在奥赫鲁斯克酒厂的产品线中，直到 2006 年被格兰奥德、格兰杜兰和达夫镇三家酒厂联合启用（参见三家蒸馏厂的相关章节）。

Aultmore
欧摩

 麦芽威士忌

雾苔的非法私酿在基斯、福哈伯斯和波特戈登一带的旅店老板当中很受欢迎。

其中一位供应商是简·米尔恩。那时，女性私酿者非常罕见。

产区：Speyside　电话：01542 881800
地址：Aultmore, Keith, Moray
网址：www.aultmore.com　所有权：John Dewar and Sons (Bacardi)
参观：需预约　产能：3.2m L. P. A.

原料：来自奥金德兰河（Auchinderran Burn）的工艺用水。来自雷利格斯河（Burn of Ryeriggs）的冷却用水。来自伯格黑德的无泥煤麦芽。

设备：不锈钢糖化槽（10 吨）。6 个松木发酵槽。2 个普通型初次蒸馏器（16 400 升）和 2 个灯罩型烈酒蒸馏器（15 000 升），所有蒸馏器均为间接加热，配壳管式冷凝器。

熟成：90 % 的美国橡木桶，10 % 的欧洲橡木桶，老库存中有不少使用雪利桶熟成。所有蒸馏厂的仓库都在 1996 年被拆除，现在酒液都被装车送去格拉斯哥熟成。

风格：轻盈的酯香 / 果味。

熟成个性：清淡，芬芳，刚修剪过的草坪和青苹果味。味道甜美而富有花香。简单易饮，酒体轻盈。

欧摩
图片来源：百加得

历史事迹
History ▸▸▸

1896 年，来自弗里斯的亚历山大·爱德华——他不仅从他父亲那里继承了班凌斯蒸馏厂（Benrinnes Distillery），他领导的集团还建立了克莱嘉赫蒸馏厂——在基斯北面五英里的地方建造了欧摩蒸馏厂。这个名叫"雾苔"（Foggie Moss）的地方拥有充沛的泉水和丰富的泥煤，在 19 世纪初期，这里是私酿者的最爱。欧摩于 1897 年投入生产；尤其为人称道的是，它的产能在一年之内翻了一倍（达到每年 10 万加仑），并安装了电灯，尽管这里所有机器都是由蒸汽机或水轮驱动的。这些一直工作到 20 世纪 60 年代的水轮和阿贝纳西牌（Abernethy）10 马力蒸汽机至今还在，尽管早已退役。

爱德华于 1898 年购买了欧本蒸馏厂，发行股份，成立欧本和欧摩－格兰威特蒸馏有限公司（The Oban and Aultmore-Glenlivet Distilleries Ltd），结果超额认购。

不幸的是，公司一位总监与利斯的帕蒂森——一个调和威士忌品牌——过从甚密，后者在 1900 年戏剧性地破产。蒸馏厂被削减产量，但欧摩幸存了下来，1923 年挂牌出售，最后被杜瓦父子公司（John Dewar & Sons）收购。

1925 年，帝王加入 D. C. L.（帝亚吉欧的前身），从那时起直到 1998 年（在这一年帝王品牌及其相关的蒸馏厂被出售给了百加得），一直由 S. M. D.（同为帝亚吉欧的前身）及其后继者管理。1967 年，他们将蒸馏器改用蒸汽加热，1968 年关闭欧摩的发麦厂，拆除蒸馏厂，重建为"滑铁卢街"风格，还在 1971 年增加了两个蒸馏器。1996 年之前，其产品从未被其所有者当作单一麦芽威士忌装瓶售卖，尽管许多装瓶商从一开始就将其奉为顶级威士忌。

1998 年，在百加得收购杜瓦父子公司之后，欧摩（连同其他四家蒸馏厂一起）并入百加得。酒厂在 2014 年发布了 12 年、21 年和 25 年三款全新产品，并于 2015 年发布了 18 年常规款。

趣闻 Curiosities

Aultmore 在盖尔语中意为"大河"。

图片来源：布赫拉迪

Balblair
巴布莱尔

麦芽
威士忌

"在过去的日子里，整个街区到处都是私酿者的茅屋，税收官员和私
酿者之间爆发冲突的场面屡见不鲜。"

——阿尔弗雷德·巴纳德，1887 年

产区：Highland (North)　　电话：01862 821273
地址：Edderton, Tain, Ross-shire　　网址：www.balblair.com
所有权：Inver House Distillers　　参观：需预约　　产能：1.8m L. P. A.

原料：用五英里长的水管从丝蕾山（Struie Hills）的蒂尔格溪（Allt Dearg Burn）引来工艺用水和冷却用水。直到 20 世纪 70 年代初酒厂仍在使用地板发麦，现在使用的是来自波特戈登发麦厂（Portgordon Maltings）的无泥煤麦芽。

设备：半劳特 / 半滤桶式糖化槽（4.6 吨）。6 个花旗松发酵槽。1 个矮胖的普通型初次蒸馏器（19 600 升）和 1 个普通型烈酒蒸馏器（11 800 升），均由蒸汽间接加热。2006 年安装了用于预热初次蒸馏器的热转换器系统。该蒸馏车间还有第三个小蒸馏器，在另外 2 个蒸馏器被改造为间接加热并得到扩大后，被当作模型。配壳管式冷凝器。

熟成：8 个传统 / 垫板式仓库（其中 1 个在第二次世界大战期间由挪威军队铺设混凝土地板，用作食堂），可容纳 28 500 只橡木桶。主要是美国波本猪头桶，有一些欧洲橡木桶。所有单一麦芽威士忌均在酒厂长年熟成。

风格：浓郁，蜡质油腻，坚果，皮革，还有青苹果、花和天然香料的味道。

熟成个性：坚果香气，甜美，带有一丝烟熏和难以捉摸的海风气息。中等甜度，带有果香、坚果和辛香料的味道，口感诱人。中等至厚重的酒体。

历史事迹
History ▶▶

　　巴布莱尔是苏格兰最古老也是最美的蒸馏厂之一。建于 1790 年，创始人是约翰·罗斯。和许多单一麦芽威士忌一样，直到相对晚近的

时候才被当地农民以外的人所知，但现在已得到品牌的全力孵育和推广——虽晚未迟，因为它的确值得他们这么做。

蒸馏厂的现址与原址有段距离，现址在泰恩镇外 6 英里的地方，背靠多诺赫湾。它大约建于1872 年，并在 1894 年扩建（虽然它仍然是一个小体量的酒厂），利用了因弗内斯和威克之间新建的铁路线。

巴布莱尔由罗斯家族成员管理了一个多世纪。他们还从萨瑟兰公爵那里租用了布朗拉（Brora）和波罗（Pollo）蒸馏厂，后者是安德鲁·罗斯于1896 年迁至此处的（蒸馏厂位于泰恩镇以南，于1903 年关闭）。

巴布莱尔停产之后改建成庄园。亚历山大·考恩成为其租客，迫于义务将其重建。他于 1911 年破产，蒸馏厂也随之关闭，直至 1947年一位来自班夫的律师罗伯特·卡明（人们称他为伯蒂，他同时拥有富特尼蒸馏厂）将酒厂买了下来。1964 年卡明扩建了蒸馏厂，建造了更多仓库，并从直火蒸馏改为间接加热。1970年，他将酒厂卖给了加拿大的希拉姆·沃克 - 古德勒姆和沃特公司（Hiram Walker-Gooderham & Worts）并退休。巴布莱尔于是转归同盟公司所有（1988 年）。后者又在 1996 年将其卖给了现在的所有者因弗豪斯（Inver House）。

因弗豪斯于 2001 年被东南亚最大的酒精饮料公司泰饮料股份有限公司（ThaiBev plc）的子公司收购，并于 2006 年并入该公司的国际饮料控股有限公司（InterBev）。

趣闻 Curiosities

埃德顿据说拥有苏格兰最干净的空气，因此品牌有一款名为"元素"（Elements）的产品。

新包装采用的意象充分利用了附近一带被称为 Clach Biorach（"尖锐的石头"）的皮克特石碑，位于 Eadar Dun（"埃德顿"的盖尔语读法）。这是当地社区的"聚会所"——该词已被巴布莱尔的粉丝俱乐部"巴布莱尔之友"采用。

● 由罗斯家族建立并管理多年，目前蒸馏厂每 9 名员工中有 4 名拥有这个姓氏。

● 通常沉默寡言的查尔斯·克雷格在他的《苏格兰威士忌行业记录》中将巴布莱尔描述为"现存最具吸引力的小酒厂"之一。

● 2007 年 3 月，格拉斯哥的"好奇心俱乐部"（Curious Group）为巴布莱尔重新设计了精美的包装。

● 在肯·洛奇拍摄的获奖电影《天使的一份》中出镜：拍卖"麦芽磨坊"（Malt Mill）麦芽威士忌的场景（详见"Lagavulin 乐加维林"）。

Ballindalloch
巴林达洛赫

 麦芽威士忌

产区：Speyside　　　电话：01807 500331
地址：Ballindalloch Estate, Banffshire
网址：www.ballindallochdistillery.com　　　所有权：Ballindalloch Distillery LLP
参观：需预约　　产能：100 000 L. P. A.

原料：来自巴林达洛赫庄园的本地大麦，由因弗内斯的贝尔德斯负责发麦，不含泥煤。使用来自蒸馏厂附近嘉林木（Garline Woods）七处泉水的软质水。

设备：不锈钢半劳特／半滤桶式糖化槽（1吨）。4个落叶松发酵槽。1个灯罩型初次蒸馏器（5000升）和1个鼓球型烈酒蒸馏器（3600升），间接加热，配虫管冷凝器。外部水轮帮助冷却水降温。

熟成：主要是波本桶（ASB美国标准橡木桶和猪头桶，首次桶或重装桶），少量雪利桶。在庄园内以及附近的玛丽公园（Marypark）农场长年熟成。

风格：浓郁的斯佩塞风。

历史事迹
History ▸▸

　　自1546年以来，巴林达洛赫城堡一直是麦克弗森 - 格兰特家族的祖宅。克拉格摩尔蒸馏厂位于庄园内，从1923年至1965年期间部分归格兰特家族所有。

　　得益于苏格兰政府120万英镑拨款，该家族在艰难修复后的农场中建设了一个小型传统蒸馏厂，靠近他们最近创建的高尔夫球俱乐部。该酒厂的设备由罗西斯的福赛斯公司制造，包括虫管冷凝器，所有修复和更新工作均由当地人完成。经验丰富的蒸馏师查理·史密斯

（之前在格兰昆奇、泰斯卡等蒸馏厂工作过）担任顾问，布兰·罗宾逊（格兰菲迪和格兰威特的前游客中心经理）负责接待访客。蒸馏厂于2014年9月投入生产。

趣闻 Curiosities

建造这家蒸馏厂的想法来自附近巴林达洛赫高尔夫球场举办的一场比赛后的对话，参与者有庄园主奥利弗·罗素、罗西斯著名蒸馏器制造商福赛斯公司的总监理查德·福赛斯、芝华士兄弟公司生产总监道格拉斯·克鲁克香克。

● 这不是巴林达洛赫庄园的第一家合法蒸馏厂。1823年《消费税法案》颁布的同一年——这项法案奠定了现代威士忌产业的根基——戴尔纳什豪蒸馏厂（Delnashaugh Distillery）获得了蒸馏许可，这是当时斯佩塞地区唯一获得许可证的一家。接下来，巴曼纳克（Balmenach）、卡杜、格兰威特、麦卡伦、弥尔顿达夫和慕赫（Mortlach）相继取得蒸馏许可。

● 酒厂使用的酒精保险箱可追溯至1863年，由克拉格摩尔蒸馏厂赠予，后者也建在庄园境内，由乔治·麦克弗森－格兰特爵士协助创办（详见"Cragganmore 克拉格摩尔"）。

● 游客设施包括"长廊"和"俱乐部室"，设计成作为府邸的巴林达洛赫城堡的延伸，内设肖像画、定制家具和燃木壁炉。大麦在庄园里种植，威士忌也在庄园内长年熟成，麦克弗森－格兰特将巴林达洛赫蒸馏厂描述为唯一的"单一庄园"蒸馏厂（与此相反的意见另见"Arbikie 阿尔布吉"）。

Balmenach

巴曼纳克

麦芽
威士忌

1879 年，摧毁了泰桥的暴风雨吹倒了蒸馏厂的烟囱，整个酒厂差点
化为灰烬。

产区：Speyside　　电话：01479 872569
地址：Cromdale, Moray
网址：www.inverhouse.com　　所有权：Inver House Distillers
参观：需预约　　产能：2.9m L. P. A.

原料：来自私人供应的克罗姆代尔溪（Cromdale Burn）的软质水。萨拉丁箱于
1964 年安装并一直使用到 20 世纪 80 年代，使用独立发麦商的无泥煤麦芽。

设备：带铜制穹顶的大型铸铁半劳特 / 半滤桶式糖化槽（8.25 吨）。3 个花旗松
发酵槽。3 个鼓球型初次蒸馏器（10 000 升），3 个鼓球型烈酒蒸馏器（10 000 升）。
所有蒸馏器均由蒸汽间接加热，配虫管冷凝器，每个都有 85 米长的管道。传统 /
垫板式仓库储存有 8000 只橡木桶。

熟成：主要是美国重装猪头桶；一些西班牙橡木桶。

风格：肉香，植物风格，油脂感，浓郁，有些人会觉得略带硫味。

熟成个性：巴曼纳克浓郁风格使其非常适合使用欧洲橡木桶陈年，最好的装瓶
有干果、雪利桶的香气，带有烟熏气息。中等甜度，丰富和偏干的收尾。厚重
的酒体。

历史事迹
History ▸▸▸

　　最早书写苏格兰威士忌的现代作家之一是罗伯特·布鲁斯·洛克
哈特爵士（《苏格兰威士忌》*Scotch* 的作者，1951 年）。他的曾祖父詹

姆斯·麦格雷戈曾在巴曼纳克种植大麦，非法蒸馏，直到 1823 年收到当地税收官员的警告，才取得了斯佩塞地区第一批蒸馏许可证。詹姆斯 1878 年去世之后，他的兄弟约翰继承了蒸馏厂（他为此放弃了在新西兰的美好职业生涯）。

阿尔弗雷德·巴纳德于 19 世纪 80 年代中期参观时如此描述巴曼纳克："它属于最古老的风格……使用画片里那种老式壶式蒸馏器和橡木桶。"此情此景是刻意设计的结果：约翰·麦格雷戈拒绝任何改变，因为他担心任何改变都会导致威士忌的风格和质量遭到破坏。

1897 年，他的儿子，另一个詹姆斯接管了酒厂。詹姆斯成立了一家有限公司巴曼纳克 – 格兰威特有限公司（Balmenach-Glenlivet Ltd），并进行了一些改进，包括一条带蒸汽火车头的铁路支线，这条线路于 1968 年 10 月废止，就在斯佩塞线本身关闭前没几天。1922 年，麦格雷戈家族将酒厂卖给了一家调和威士忌公司，后者在 1925 年成为 D. C. L.（帝亚吉欧的前身）的一部分。

在 S. M. D.（同为帝亚吉欧的前身）的管理下，1960 年，巴曼纳克从 4 个蒸馏器扩产到 6 个蒸馏器（出品质量高的标志，许多调和酒商将其列为一等品）。1964 年，地板发麦被更换为萨拉丁箱。糖化车间于 1968 年重建，十年后安装了一个深酒槽设备。所有这一切都服务于标准"滑铁卢街"计划，不同之处在于巴曼纳克被设想为完全依靠重力驱动，从初次蒸馏器充灌到装桶之间的每一个阶段都无须泵压（详见"Caol Ila 卡尔里拉"）。

巴曼纳克于 1993 年被封存，并于 1997 年被出售给因弗豪斯蒸馏厂，出售之后的第二年，蒸馏厂就恢复了生产。新老板当时并没有买下之前的库存，这也是为什么如今这款优质的单一麦芽威士忌不太容易找到的原因。

2001 年，因弗豪斯被泰饮料股份有限公司的子公司收购，并于

2006 年并入该公司的国际部门国际饮料控股有限公司。

Balvenie

百富 麦芽威士忌

据说是第一代法夫公爵侄女的女幽灵经常被人看到在酒厂的仓库里游荡。

产区：Speyside　　电话：01340 820373
地址：Dufftown, Moray
网址：www.thebalvenie.com　　所有权：William Grant & Sons
参观：VIP 导览（必须提前预约），与格兰菲迪共享的私人装瓶服务设施
产能：7m L. P. A.

原料：来自康瓦尔山（Conval Hills）上泉眼的软质水。一些来自百富庄园的大麦，其余来自独立的发麦公司。泥煤来自托明多（Tomintoul）。

设备：半劳特／半滤桶式糖化槽（11.8 吨）。9 个北美黄杉发酵槽。5 个初次蒸馏器（3 个12 729 升，2 个9092 升）；4 个烈酒蒸馏器（每个 12 729 升），皆为间接加热。配有管壳式冷凝器。

熟成：有 44 个在地仓库。美国和欧洲的橡木桶，配有一些波特桶。就其基本款 10 年单一麦芽威士忌而言，雪利桶占 10%，波本桶占90%。

风格：果味浓郁，带有蜂蜜的香甜。

熟成个性：闻起来丰富且复杂，带有蜂蜜感，一些干果（包括橙皮）和一些麦芽香。口感偏甜，偏干，酸度适中。中等至厚重的酒体。

威廉·格兰特于 1887 年开设格兰菲迪蒸馏厂，在之后的十年，斯佩塞的蒸馏厂建设达到了一个前所未有的高度。开发商立刻试图购买或租用格兰菲迪附近的土地，为防止开发商抢占，格兰特家族购买了周边 12 英亩的土地，包括新百富城堡和百富农场的一些主干道。百富老城堡是一个巨大的中世纪遗存，紧挨着这一片土地，被掩蔽在树木组成的围墙里。

新蒸馏厂 —— 最开始几个月被称为"格兰高登"（Glen Gordon）—— 于 1893 年 5 月 1 日投产，空置了 80 多年的旧宅邸被改造成发麦车间。1929 年，房子的上层部分被拆除，下层部分变成了第24 号仓库。1956 年，整个百富庄园被格兰特家族收购。

第二年，蒸馏厂扩产到了 4 个蒸馏器；1965 年增加了 2 个，1971年又增加了 2 个，1991 年增加了 1 个，2008 年又加了 3 个。

趣闻 Curiosities

百富宅邸实际上是一座新古典主义豪宅，1724 年由后来的第一代法夫伯爵威廉·达夫委托著名建筑师詹姆斯·古布斯建造。古布斯在设计建造这座庄园之前，刚刚完成了位于特拉法加广场的圣马丁教堂。据说，达夫是为"一位美丽的伯爵夫人"（不是他的妻子）建造了这座宅邸，她在当地的一位崇拜者曾经送了她一只灵缇犬。后来发现这条狗是疯犬。它咬了这位夫人，后者很快死于狂犬病，从此，这座宅邸便被主人抛弃了。他们只在这里住了 8 年，在那之后荒废了整整 80 年，最后被威廉·格兰特买下。

● 1895 年，这座建筑为格兰特的曾侄孙亚历山大所有，1900 年他与维多利亚女王的女儿路易斯公主成婚，成为第一代法夫公爵。

● 参观格兰菲迪 / 百富的游客经常会错过老百富城堡，但这里其实很值得一游。它的起源笼罩在皮克特人的迷雾中。公元 1010 年，马尔科姆·坎莫尔在慕赫战役（Battle of Mortlach）中击败丹麦军队时，这里可能就存在过一个防御工事，但可以肯定的是，1296 年英格兰国王爱德华一世（"苏格兰之锤"）曾以这里作为基地，指挥征服马里省。到了 14 世纪中期，城堡由布坎伯爵亚历山大·斯图尔特控制，他是罗伯特二世的儿子，被称为"恶棍偏执狂"，因其贪婪无耻而被称为"巴尔多诺之狼"（The Wolf of Badenoch），尤其是他在与马里主教结盟之后，烧毁了埃尔金大教堂（Elgin Cathedral）。

● 百富以"所有环节都在地完成"为豪。蒸馏厂自己种植大麦（虽然只是一小部分）并有自己的地板发麦车间（供应约 10% 的需求）、铜匠车间和装瓶设施。百富首次作为单一麦芽威士忌装瓶是在 20 世纪 20 年代，然后在 70 年代早期推出了经典的三角形瓶装（详见"Glenfiddich 格兰菲迪"），随后于 1982 年使用一款引人注目的复古香槟式酒瓶发售"创始人珍藏"版本。同年，"百富经典版"（Balvenie Classic）发布，这款用的酒瓶同样不同寻常且十分时尚。尽管标签上并没有注明，但它绝对有资格被称为第一个"双桶熟成"的单一麦芽威士忌。

● 2007 年，格兰特推出了"灌一支属于你的百富"计划，酒桶来自第 24 号仓库。有三种不同的橡木桶可供选择：雪利大桶、重装桶和波本桶，都是 1994 年蒸馏的威士忌。你可以用"狗"汲取威士忌，"狗"是一端用硬币密封，连在一段绳子上的铜管。这类自制设备在过去的日子里被有创意的工人用来偷威士忌喝。根据百富的铜匠丹尼斯·麦克贝恩的说法，起这个名字是因为它是"人类最好的朋友"。"它通常被藏在裤腿下面，绑在皮带上，这样就不会滑落穿帮了，如果被发现了，可是会被立即解雇的。"他是这样告诉我的。

● 在过去的十年中，百富的销售量增长了 85%，每年将近 300 万瓶，在世界单一麦芽威士忌畅销榜上排名第八。

Banff

班夫（已拆毁）

麦芽
威士忌

在当地人心中它永远都是"因弗博因迪"。

产区：Highland (East)
地址：Inverboyndie by Banff, Moray
最后的所有权：D. C. L./S. M. D.
关停年份：1983

历史事迹
History ▸▸▸

　　1324 年，苏格兰国王罗伯特一世（Robert the Bruce）授予优雅的小镇班夫皇家自治镇的特权。在 17 和 18 世纪，当地的许多乡绅在那里拥有田庄，直到今日，城镇还保留着某种褪色的绅士氛围。

　　1824 年，班夫镇的第一家蒸馏厂建在镇里的一个磨坊中，但于 1863 年被关闭。当时的老板为了充分利用新开通的铁路线，把蒸馏厂搬到了镇以西一英里处可以俯瞰博因迪湾（Boyndie Bay）的因弗博因迪（Inverboyndie）。原有的大部分建筑在 1877 年被大火烧毁，但又在"电光石火间"（6 个月）得到重建。

　　所有者詹姆斯·辛普森有限公司（James Simpson & Company Ltd）在 1932 年大萧条期间自愿清盘，蒸馏厂被 S. M. D. 收购后暂时关停。

　　外观保持不变的前提下，酒厂于 20 世纪 60 年代进行了一番改造。1983 年 5 月 S. M. D. 彻底关停了班夫蒸馏厂。

趣闻 Curiosities

在第二次世界大战期间，蒸馏厂的建筑被征用为国王私人苏格兰边民团的兵营，导致酒厂暂停生产。1941 年 8 月 16 日下午，一架敌机轰炸了酒厂，一间仓库被烧毁，所幸没有人受伤。有人看到半空中被炸飞的威士忌酒桶，剩下的那些橡木桶则被砸毁，以防止火势蔓延。《班夫郡日报》报道说："爆炸的威力如此之大，就连附近放牧的动物都酩酊大醉。"

● 据说博因迪湾中那些戏水的鸭子后来被发现在海边，有些死了，有些喝醉了，奶牛醉得站不住，挤不出奶。

● 除了 1877 年的火灾和 1941 年的袭击，班夫蒸馏厂还在 1959 年因为一个蒸馏器爆炸遭了严重的破坏。关停之后，酒厂被分段拆除。1991 年，在另一场大火之后，蒸馏厂的最后一部分也被拆除了。

Ben Nevis
班尼富 [1]

麦芽
威士忌

"长脚约翰"麦克唐纳最出名的事迹是他为解救兄弟勇斗公牛。他抓住公牛的角，奋力将其摔到地上，扭断了它的脖子。

产区：Highland (West)　　电话：01397 702476
地址：Lochy Bridge, Fort William
网址：www.bennevisdistillery.com
所有权：Ben Nevis Distillery Ltd (Nikka, Asahi Breweries)
参观：游客中心，博物馆，展览馆，咖啡馆　　产能：2m L. P. A.

原料：来自米尔小溪（Allt a'Mhuilinn，Mill Burn）的水，米尔小溪的水来自靠近本尼维斯山顶的科雷利（Coire Leis）和科雷纳西斯特（Coire na'Ciste）。来自独立发麦厂的无泥煤麦芽。啤酒酵母。

设备：不锈钢全劳特/滤桶式糖化槽（8.5 吨）。6 个不锈钢发酵槽，2 个北美黄杉木发酵槽。2 个普通型初次蒸馏器（21 000 升），两个普通型烈酒蒸馏器（12 500 升）。间接加热，配壳管式冷凝器。

熟成：重装波本桶和重装雪利桶混用，有 5 个传统/垫板式仓库和 1 个货架式仓库。

风格：麦芽香，扎实的酒体，带有一丝烟熏感。

熟成个性：芳香，果味（煮熟的水果），麦芽香，带有黑巧克力风味。口感偏奶油的丝滑。甜美，香草和焦糖味，一丝硫味和烟熏感。中等到厚重的酒体。

1　曾译作"本尼维斯"。——中文版编者注

历史事迹
History ▸▸▸

　　蒸馏厂的创始人"长脚约翰"麦克唐纳是一个身材魁梧、傲慢自大的家伙。也许就是因为这个，1825 年，他被洛哈伯（Lochaber）的领主选中，在威廉堡（Fort William）附近建造一个合法的蒸馏厂。那年他 27 岁。最初蒸馏厂每周只生产 200 加仑威士忌，但其出品的威士忌声名远播，甚至传到了白金汉宫。1848 年，白金汉宫收下一桶酒，准备在威尔士亲王 21 岁生日宴上开启。在这位"老盖尔人"去世后，酒厂被交到他的儿子唐纳德·彼得·麦克唐纳手里。虽然不像他父亲那样招摇，但彼得实实在在地为蒸馏厂日后的成功奠定了基础。

　　彼得扩建和翻新了酒厂，有几座建筑现在依然矗立在酒厂里。到 1864 年，酒厂的威士忌产量已经是他父亲掌舵时的 10.5 倍。1877 年，酒厂雇了 51 名工人，并将产品以"长脚约翰的精华——班尼富纯高地麦芽威士忌"之名推向市场。第二年，他在一英里外设计并建造了另一个更大的"模拟蒸馏厂"，位于尼维斯河口（River Nevis），并与其姐妹酒厂联合运作。

　　班尼富蒸馏厂拥有"苏格兰北部最大单一发麦车间"（麦芽车间是如此宽敞，可以轻松容纳 3000 人）以及一个巨大的木匠店、一整条街的"工人小屋"、一个连接到蒸馏厂自有港口和码头的"仓库和商店"。该酒厂总共雇了 200 名工人。

　　1891 年彼得·麦克唐纳去世，企业被传给了他的儿子，但"威士忌热潮"很快成了泡沫。班尼富蒸馏厂于 1908 年停产，再也没有恢复。但酒厂的仓库直到 20 世纪 90 年代中期才被拆除，并改建成避难住房。

　　班尼富蒸馏厂继续经营，时停时开。1941 年出售给加拿大企业家约瑟夫·霍布斯，后者为此花费 2 万英镑，并在同一天以同样的价格把蒸馏厂的库存卖给了特雷恩和麦金太尔公司（Train & McIntyre，见下文）！他只是在 1955 年恢复了酒厂的生产，在壶式蒸馏器旁安装了一个连续蒸馏器、混凝土发酵槽和一个新的麦芽处理系统。

生产一直持续到 1978 年。1981 年，霍布斯的儿子将它卖给了惠特布雷德股份有限公司（Whitbread plc）的烈酒部门长脚约翰国际。惠特布雷德公司对酒厂实施了现代化改造，并于 1984 年完成。在 20 世纪 80 年代末威士忌贸易普遍下滑的形势下，长脚约翰于 1989 年被迫出售，惠特布雷德本身也于同年被同盟利昂接管，并合并为同盟蒸馏者公司。酒厂的新主人是有着"日本蒸馏之父"美名的竹鹤政孝（Masataka Taketsuru）创立的日果威士忌蒸馏公司（Nikka Whisky Distilling Company）。第一次世界大战后，竹鹤政孝在苏格兰接受过威士忌相关培训。

趣闻 Curiosities

"长脚约翰"麦克唐纳是个有故事的男人。有一次，他仅用一根很粗的曲柄就击溃了一帮企图伏击他的私酿者，后者对麦克唐纳支持"酿酒合法化"恨之入骨。

● 1884 年至 1885 年间，当两个班尼富蒸馏厂总计生产了 260 000 加仑威士忌时，麦卡伦蒸馏厂只生产了大约 40 000 加仑，格兰冠生产 140 000 加仑，格兰威特则不到 200 000 加仑。1889 年，一篇报纸文章将班尼富描述为"规模几乎是最接近它的竞争对手的两倍"。

● 约瑟夫·霍布斯在禁酒令期间，靠从加拿大偷运苏格兰威士忌到美国赚了一大票。他的主要供应商之一是教师牌威士忌，通过安特卫普向旧金山湾区给教师牌威士忌送了 137 927 箱"高地精华"，运输工具是一艘改装后的加拿大皇家海军舰艇"斯塔达可纳号"（HMCS Stadacona）。他的另一艘蒸汽船"海洋薄雾号"现在是一家乏善可陈的水上夜总会，永久停泊在利斯的岸边（另见"Glenlochy 格兰洛奇"）。

● 第二次世界大战结束后不久，约瑟夫·霍布斯从第六代阿宾杰勋爵那里买下了因弗洛西城堡，初衷是将其改建成一个蒸馏厂（城堡当时已被改建成兵营并且破烂不堪）。勋爵的妻子是玛格丽特·斯坦海尔，她曾是法国总统菲利·福尔的情妇。1899 年，福尔死的时候正是躺在玛格丽特的臂弯里。1908 年，她卷入了一件更加戏剧性的丑闻，被发现时，她被绑在床上（不太稳固地），在她旁边的是被勒死的丈夫和被假牙呛至窒息而死的继母。她被宣判无罪，用约翰·朱利叶斯·诺维奇的话来说（《泰晤士报》2014 年 1 月）："她太美了，不能被判有罪……她在 1917 年与阿宾杰勋爵结婚，从那之后过上了无可指摘的生活。"因弗洛西城堡现在是苏格兰最好的酒店之一。

● 约瑟夫·霍布斯率先推出了"新酒调和"这一方式，即将麦芽新酒和谷物新酒混合在一起，再进行熟成。据说当他被问到使用了哪种麦芽新酒时，回答是："噢，手头有啥就用啥！"到了 20 世纪 50 年代，"班尼富之露"（Dew of Ben Nevis）已成了廉价调和威士忌。

● 尽管班尼富蒸馏厂的故事令人着迷，但酒厂本身却被忽视了。《威士忌杂志》将其描述为"衰落的西伯利亚拖拉机公社"！

BenRiach
本利亚克

麦芽
威士忌

2007 年，本利亚克被"麦芽威士忌代言人奖"评为"年度蒸馏厂"。

产区：Speyside　　电话：01343 862888
地址：Longmorn, Elgin, Moray
网址：www.benriachdistillery.co.uk
所有权：The BenRiach Distillery Company Ltd (Brown-Forman)
参观：游客中心于 2021 年 5 月开放　　产能：2.8m L. P. A.

原料：工艺用水使用大约半英里外被称为"伯恩塞德"（Burnside）的深层泉水，与朗摩共用。来自格兰溪（Glen Burn）的冷却水［同时也供应格兰爱琴（Glen Elgin）、朗摩和林可伍德蒸馏厂］。目前使用来自独立发麦厂的含泥煤麦芽（约 35ppm 泥煤酚值）和无泥煤麦芽。

设备：带有凸起顶篷的传统不锈钢糖化槽（5.8 吨）。8 个不锈钢发酵槽。2 个普通型初次蒸馏器（15 000 升），2 个普通型烈酒蒸馏器（9600 升）。间接加热，配壳管式冷凝器。

熟成：现在所有新酒都会被装进全新的波本桶中熟成 5—6 年，然后再灌入重装猪头桶或大桶。

风格：甜美富有果香，斯佩塞风格。带一丝烟熏味。

熟成个性：（就不含泥煤、不经过木桶收尾的麦芽威士忌而言）果味和酯香，苹果和绿色香蕉味，一些谷物的味道。尝起来很甜美，带有奶油、香草和焦糖味。轻至中等的酒体。

本利亚克
图片来源：百富门

历史事迹
History ▶▶▶

本利亚克始终与比它规模更大、更有名的邻居朗摩休戚与共。本利亚克在1897年由约翰·达夫建造，他同时也是朗摩的奠基人，设计师是当时第一流的蒸馏厂建筑师查尔斯·多伊格。不过达夫后来陷入财务困境，两年后将本利亚克卖给了朗摩蒸馏公司。1900年，酒厂被封存（虽然它继续通过两者之间四分之一英里长的铁路支线，向其邻居朗摩蒸馏厂提供麦芽），直到1965年才再次开工。当时的所有者是格兰威特蒸馏有限公司（Glenlivet Distillers Ltd），也是它重建了酒厂。施格兰公司于1977年收购了格兰威特集团（The Glenlivet Group），并将许可证转让给子公司芝华士兄弟公司。

2001年，施格兰的威士忌部门被保乐力加收购，而本利亚克则被再次封存至2004年，直到被以800万英镑的价格出售给由三位企业家组成的财团。该财团由资深酿酒师比利·沃克领导，并有南非基础交易公司（Infra Trading）做后盾。酒厂在那年9月重新投入生产。

2016年4月，本利亚克及其姐妹酒厂格兰多纳和格兰格拉索（Glenglassaugh，详见相关条目）被美国大型酿酒商百富门[Brown-Forman，杰克·丹尼（Jack Daniels）的所有者]以2.85亿英镑的价格收购。

比利·沃克是当今最资深的威士忌商之一。凭借有机化学专业背景，他于
1971 年加入百龄坛（Ballantine），然后作为调配师去了因弗豪斯，接着去
了巴恩·斯图尔特蒸馏公司（Burn Stewart Distillers）。他所在的并购团队
于 1988 年收购了巴恩·斯图尔特（详见"Deanston 汀思图"），他本人成
为后者的生产总监。2008 年 7 月，他从芝华士兄弟公司手中购买了格兰
多纳蒸馏厂（详见"Glendronach 格兰多纳"），2013 年从斯坎特（Scaent）
集团购买了格兰格拉索蒸馏厂。

● 尽管本利亚克大部分时间都处于封存状态，但它的地板发麦车间
几乎连续不断地使用到了 1999 年，并在托明多附近的费马萨克沼地
（Faemussach Moor）拥有泥煤权益。即使在归属施格兰期间，朗摩酒厂
的麦芽也是在这里进行发麦的，不过本利亚克本身也依赖外部提供的麦
芽。1980 年以后，随着两个蒸馏厂之间的铁路线被废除，本利亚克就完
全使用自产的麦芽了。2012 年 11 月试运转后，新的所有者在 2013 年重
开了发麦车间。

● 1965 年以前，本利亚克有 1 个初次蒸馏器，1 个烈酒蒸馏器。后来产
能加倍，过了段时间又安装了第三个烈酒蒸馏器。这导致了一种不平衡，
所以不得不拆掉这台多出来的烈酒蒸馏器（最终被出售给了加拿大企
业）。

● 从 1983 年开始，本利亚克每年除了生产无泥煤麦芽威士忌，还会生产
一定量的泥煤风格威士忌，这在当时的斯佩塞产区中可谓独树一帜。不
过这样一来，酒厂的新主人就可以在产品线中添上陈年斯佩塞泥煤风威
士忌了。

Benrinnes

班凌斯

麦芽
威士忌

班凌斯被调配大师们评为顶级，并广泛用于帝亚吉欧的调和威士忌中。

产区：Speyside　　电话：01340 872600
地址：Aberlour, Moray
网址：www.malts.com　　所有权：Diageo plc
参观：需预约　　产能：3.5m L. P. A.

原料：地板发麦用到了 1964 年，然后改用萨拉丁箱一直到 1984 年。来自伯格黑德和茹瑟勒（Roseisle）的无泥煤麦芽。工艺用水来自班凌斯山的斯库兰河和若温特里河。

设备：三臂半劳特／半滤桶式糖化槽（8.7吨）。8 个落叶松发酵槽。2 个普通型初次蒸馏器（20 000 升），2 个普通型中间蒸馏器（5243 升），2 个普通型烈酒蒸馏器（7000 升）。均由蒸汽间接加热，配虫管冷凝器。

熟成：主要使用欧洲橡木桶，在酒厂外熟成。

风格：厚重，肉质感。

熟成个性：班凌斯以大酒风范和浓烈的风格著称。闻起来富含焦糖干果和雪利酒的风味。入口强劲、饱满，天鹅绒般绵密顺滑。口感甜美，然后变干，余味悠长。酒体厚重。

1826 年，彼得·麦肯齐在本林尼斯山北坡海拔 700 英尺 [1] 的怀特豪斯农场（Whitehouse Farm）建了一家蒸馏厂。两年后它被大洪水摧毁。在离卢瑟里莱恩（Lyne of Ruthrie）有段距离的地方又建了另一家蒸馏厂，创始人是约翰·英尼斯。

1834 年，英尼斯破产。30 年后，他的继任者威廉·史密斯也失败了（还被送进了监狱），蒸馏厂的租约被转给一位农夫大卫·爱德华。爱德华的儿子亚历山大继承了酒厂，后来成为一名著名的酿酒师，是欧摩、达拉斯·杜赫和克莱嘉赫蒸馏厂创立者，欧本和约克的蒸馏厂部分权益拥有者，以及本诺曼克酒厂的扶持者。本诺曼克就建在他在福里斯附近的庄园上。

该蒸馏厂在 1896 年遭遇了《北方苏格兰人报》所说的"几乎毁灭性的火灾"，但更致命的打击是，蒸馏厂代理人 F. W. & O. 布里克曼在 1899 年"帕蒂森破产"（the Pattison crash）事件中遭受的惨败，以及随之而来的威士忌行业的普遍衰退。

1922 年，亚历山大·爱德华酒厂被帝王收购，酒厂所有权则在 1925 年转交给了 D. C. L.，并从 1930 年开始由 S. M. D. 管理。它于 1955 年和 1956 年重建，十年后产能增加了一倍，达到了 6 个蒸馏器。"新旧"两半各自独立，填充到桶中之前再将两者进行调配。萨拉丁箱于 1964 年取代了地板发麦，维持了二十年。1970 年，蒸汽加热取代了直火蒸馏。

1　1 英尺约合 0.3 米。——中文版编者注

趣闻 Curiosities

自 1956 年以来，班凌斯一直采用一种不同寻常的"部分三次蒸馏"形式，其 6 个蒸馏器被分为两组，每组 3 个，这样一些酒液被蒸馏 3 次，另一些则蒸馏两次。

● 每个初次蒸馏器对应一个发酵槽。蒸馏的产物被分为酒头和酒尾，较强的头部被收集到强低度酒收集器里，较弱的尾部则被收集到弱低度酒收集器里。弱低度酒收集器的酒液被送到中间烈酒蒸馏器蒸馏，得到的酒液被再次分离：酒头进入强低度酒收集器，酒尾进入弱低度酒收集器。强低度酒收集器的酒液被送到烈酒蒸馏器，酒头被送回强低度酒收集器，酒尾或废酒被再次分离，较强的酒尾被送到强低度酒收集器，较弱的酒尾被送到弱低度酒收集器。有人可能会想，这样蒸馏出来的酒，酒体会很轻，但事实恰恰相反，三次蒸馏的效果会被蒸馏器的大小、形状以及虫管冷凝器抵消。

Benromach

本诺曼克

麦芽威士忌

"配上 17 世纪苏格兰民间风格的高耸山墙和带竖框的玻璃窗，（它）让人眼前一亮，很是悦目。"——布兰·斯皮勒

产区：Speyside　　电话：01309 675968
地址：Forres, Moray
网址：www.benromach.com　　所有权：Gordon & MacPhail
参观：麦芽威士忌中心（苏格兰旅游局认证四星景点）；"DIY 威士忌"馆。
产能：700 000 L. P. A.

原料：来自苏格兰独立发麦厂的麦芽，经过或高或低泥煤含量的试验性蒸馏，含有大约 10ppm 的泥煤酚值。工艺用水来自查珀尔顿泉（Chapelton Spring）。冷却用水来自莫赛河（Burn of Mosset）。本诺曼克可能在苏格兰也是独一无二的同时使用啤酒酵母和酿酒酵母进行发酵的酒厂。

设备：半劳特 / 半滤桶式糖化槽（1.5 吨）。4 个苏格兰落叶松发酵槽。1 个普通型初次蒸馏器（7500 升），1 个鼓球型烈酒蒸馏器（5000 升）。均为间接加热，配外部壳管式冷凝器。酒精保险箱来自米尔本（Millburn）蒸馏厂。

熟成：主要使用重装美国猪头桶，一些重装欧洲橡木桶。在酒厂就地熟成与在埃尔金异地熟成结合。

风格：果味，酒体适中。

熟成个性：轻斯佩塞风，相比其他斯佩塞酒厂的酒体更丰满。清新果香 / 花香，奶油味，整体甜美，带有一些谷物的甜味。轻至中等的酒体。

历史事迹

本诺曼克的历程十分坎坷，起起伏伏，但愿它现在站稳了跟脚。

本诺曼克蒸馏公司（Benromach Distillery Company）成立于 1898 年，创始人是邓肯·麦卡勒姆［坎贝尔镇格兰尼维斯酒厂（Glen Nevis Distillery）］和 F. W. 布里克曼（利斯的烈酒经销商），并有亚历山大·爱德华扶持，后者将自己位于福里斯的桑克尔庄园的北边租给他们作为酒厂用地（详见"Aultmore 欧摩"）。

在蒸馏厂即将完工之际，新酒最大的买家之一，利斯的帕蒂森停止了付款。布里克曼的公司与帕蒂森联系紧密，不得不停止交易，交易失败导致创始人负债超过 70 000 英镑，相当于今天的 770 万英镑。这使得本诺曼克直到 1909 年才投入生产。

1911 年，酒厂出售给一家伦敦公司，在 1914 年至 1919 年间关闭，然后被阿洛厄的酿酒商约翰·约瑟夫·考尔德收购，他立即将其出售给本诺曼克蒸馏有限公司［一家由麦克唐纳、利斯的格林利斯和威廉姆斯公司（Greenlees & Williams of Leith）以及 6 位英格兰酿酒师所组成的公司］。

酒厂在 20 世纪 20 年代中期曾短暂运营，不过到 1937 年的时候，它已经"沉寂很多年"了。这一年，它被传奇的约瑟夫·霍布斯（Joseph Hobbs，详见"Ben Nevis 班尼富""Glenesk 格兰埃斯克"等）组建的"苏格兰联合蒸馏厂有限公司"（Associated Scottish Distillers）收购。次年又被卖给美国国家蒸馏者公司（National Distillers of America）。在 1953 年，本诺曼克又被卖了给 D. C. L.，之后交给 S. M. D. 来运营。

本诺曼克于 1966 年进行了翻新，蒸馏器被改为间接加热，地板发麦在 1968 年停止运行。1983 年酒厂被封存，设备被拆除。十年后它被卖给了高登与麦克菲尔（参见《业内领先的独立装瓶商》《事实与数据》），精心地加以翻新。除烈酒收集器，所有设备都得到更换。1998年10月14日，新的蒸馏厂由查尔斯王子、罗撒西公爵揭幕，游客中心于次年开放。

趣闻 Curiosities

本诺曼克过去的规模比现在大得多，但在高登与麦克菲尔收购它之前，除了1台酒精收集器，几乎什么都没留下。从买下酒厂到重新运转的五年间，新所有者在确定他们想要的风格之前做了许多次试验性蒸馏。在他们投入生产之后，酒厂前老板帝亚吉欧给了高登一箱1993年以前的新酒样品。酒液的风格特征几乎一模一样，但蒸馏厂其实已经面目全非了，唯一没变的只有位置和水源……

● 1925年，酒厂配有罕见的（也许是独一无二的）木制糖化槽。

● 在 S. M. D. 接管酒厂后，有人评论说，本诺曼克外观尤其精美，花园在富有冒险精神的约瑟夫·霍布斯布置下更增一分姿色。如今酒厂的标识是它时髦的红砖烟囱，与蒸馏厂洁白的粉刷墙壁相互辉映。

● 自从收购了蒸馏厂以来，高登与麦克菲尔已经发布了大量不同酒龄、不同木桶收尾的产品。

Ben Wyvis
本威维斯（已拆除）

 麦芽
威士忌

产区：Highland (North)
地址：Invergordon, Ross & Cromarty
最后所有权：Invergordon Distillers
关停年份：1977

历史事迹
History ▸▸▸

历史上曾经有两个本威维斯酒厂。第一个建于 1879 年，位于丁沃尔的郊区。酒厂的一些建筑仍然存在，并被改建成了公寓。1893 年，它的名字被改为"费林托什"（Ferintosh），于 1927 年关闭，尽管其仓库一直使用到 1980 年。

第二个位于附近的因弗高登（Invergordon）谷物威士忌蒸馏厂内。这家麦芽酒厂建立于 1965 年，有两个蒸馏器，产能为 75 万升纯酒精。酒厂 1977 年关停，现已被拆除。

只有少量因弗高登版本威维斯被装瓶售卖，存世数量极其有限。

趣闻 Curiosities

本威维斯是由因弗高登在 1966 年建造的另一家蒸馏厂——塔木岭蒸馏厂——的模板（详见"Glenwyvis 格兰威维斯"）。

● 只有两瓶可以追溯到 19 世纪 90 年代的初代本威维斯（还有一个半瓶）曾在拍卖会上出现过。

Bladnoch
磐火

麦芽
威士忌

1792 年，一艘纵帆船在索尔韦湾因走私违禁品被扣留。
管事的税务官员中有罗伯特·伯恩斯[1]。

产区：Lowland　　电话：01988 402605
地址：Bladnoch, Wigtown, Wigtownshire
网址：www.bladnoch.com　所有权：Bladnoch Distiller Pty (Australia)
参观：游客中心于 2018 年升级开放　产能：1.5m L. P. A.

原料：来自布拉德诺赫河的工艺用水和冷却用水，水质偏软，流经泥煤田。来自独立发麦厂的无泥煤大麦。只有在极少数情况下才会有的中度泥煤麦芽（18ppm 泥煤酚值），通常一年一批次。

设备：半劳特/半滤桶式不锈钢糖化槽（5 吨）。6 个北美黄杉木发酵槽。1 个鼓球型初次蒸馏器（13 500 升），1 个配有观察镜（曾用作初次蒸馏器）的鼓球型烈酒蒸馏器（10 000 升）。采用蒸汽间接加热。配壳管式冷凝器。

熟成：现场有 13 个垫板式仓库。80% 的首次波本桶［来自四玫瑰（Four roses）和爱汶山（Heaven Hill）］，其余是雪利大桶和猪头桶，偶尔会使用葡萄酒桶。异常高的蒸发水平。

风格：甜，草本香，麦芽香，醇厚。

熟成个性：田园花香，让人联想到树篱、柠檬/柑橘香调和一些麦片。尝起来的味道与嗅香类似。整体印象轻盈且令人着迷。尾韵偏短。

---

1 《苏格兰酒》（*Scotch Drink*）的作者。——中文版编者注

图片来源：磐火

历史事迹
History ▸▸▸

磐火于 1817 年由托马斯·麦克莱兰和约翰·麦克莱兰（Thomas and John McClelland）兄弟建立，最开始是一家农场蒸馏厂，由约翰的儿子查理经营，直到 1905 年停产。1911 年，酒厂被出售给爱尔兰酿酒商达威公司（Dunville & Company），从那时起一直到 1937 年（达威公司进入停业清算），它只是维持了间断性运作。格拉斯哥的罗斯和库尔特公司（Ross & Coulter）后来买下了酒厂，并在 1941 年将其拆除，以低于其价值的价格出售了酒厂的 89 000 加仑威士忌库存——这导致被国内税务局征收了 100％的"超额利润税"，接着他们将酒厂的设备卖去了瑞典（有一台蒸馏器目前在一家博物馆里）。蒸馏厂的建筑物被 A. B. 格兰特收入囊中。他将酒厂主体变更为磐火蒸馏公司，并于 1956 年安装了两个新的蒸馏器。10 年后，他将其卖给了格拉斯哥的调和威士忌商麦高文和卡梅隆，后者将蒸馏厂的产能翻了一番，达到了 4 个蒸馏器。

从 1973 年起，酒厂归因弗豪斯所有，之后卖给了贝尔父子公司（Arthur Bell & Sons），因此在 1985 年成为健力士公司及 U. D. 的一部分。他们通过断开一对蒸馏器的方式减少产能。酒厂在 1993 年 6 月关闭。地方当局将一部分建筑物作为"遗产中心"并继续管理。

磐火威士忌本该在此画上句号。然而，在 1994 年，它被北爱尔兰班布里奇（Banbridge）的房地产开发商收购，这是一家由雷蒙德·阿姆斯特朗、他的兄弟科林和他们的妻子管理的家族企业。最初的计划是将厂址开发为度假别墅，但新所有者很快意识到酒厂在当地经济中扮演的重要角色。此外，酒厂的游客中心也很成功，但如果没有蒸馏厂，游客中心也将变得毫无意义。U. D. 当初将磐火卖出就是因为认为它永远不会重新投入生产，但经过协商，他们准备（在某种程度上）放弃这个想法，并着手帮助磐火的新主人盘活酒厂。磐火于 2000 年 12 月重新投入生产，但在 2009 年再次停产。

该公司于 2014 年进入自愿清算阶段，并于 2015 年 7 月被一位澳大利亚企业家大卫·普廖尔收购，后者最近以 8000 万美元的价格出售了他非常成功的酸奶公司。他对酒厂进行了大规模整修，并将产能从 25 万升纯酒精提高到了 150 万升纯酒精。经验丰富的调配大师伊恩·麦克米伦被任命为酒厂经理。

趣闻 Curiosities

威格敦位于苏格兰南端的索尔韦湾，而磐火则是苏格兰最南端的蒸馏厂，此处人迹罕至，尽管历史上该地区有过 11 家蒸馏厂。

● 大卫·普廖尔目前仍然拥有磐火蒸馏厂，他对游客中心进行了大规模的整修和升级，在 2019 年重开了游客中心，并任命前麦卡伦蒸馏大师尼克·萨维奇博士出任酒厂蒸馏大师。

Blair Athol

布勒尔阿索

麦芽
威士忌

布勒尔阿索是贝尔调和威士忌的核心基酒。

产区：Highland (South)　　电话：01796 482003
地址：Perth Road, Pitlochry
网址：www.malts.com　　所有权：Diageo plc
参观：游客中心建于 1987 年　　产能：2.8m L. P. A.

原料：直到 20 世纪 60 年代仍使用地板发麦，现在使用来自格兰奥德的无泥煤麦芽。来自由本弗拉基山雪线以上的泉水汇集到水獭小溪（Allt Dour）的水。

设备：半劳特／半滤桶糖化槽（8 吨）。4 个不锈钢发酵槽，4 个来自慕赫的 20 世纪 80 年代的北美黄杉木发酵槽。2 个普通型初次蒸馏器（13 000 升），2 个普通烈酒蒸馏器（11 500 升）。配壳管式冷凝器，热运行，带后冷却器。

熟成：主要是重装波本桶，一些雪利桶用于单一麦芽专卖品装瓶。主要在中部地带陈年。

风格：浓郁，坚果香和谷类香。

熟成个性：闻起来有坚果和焦糖味，麦芽感十足，一丝丝皮革和烟草味。这是一款酒体丰满的威士忌，它很好地吸收了欧洲橡木的风味，增加了丰富度，外加一些水果蛋糕、葡萄酒和硫味。甜味和偏干风格的奇妙组合，尾韵不像嗅香那么悠长。中等酒体。

蒸馏厂的乡村风石头建筑旁长着一簇簇浓密的弗吉尼亚攀缘植物，水獭小溪流经酒厂，也成为此处 1798 年建立的第一座酒厂的名字。酒厂于 1825 年重建并扩产，更名为"布勒尔阿索"。

1882 年，爱丁堡调和威士忌品牌彼得·麦肯齐公司（Peter Mackenzie & Company，后来成立了达夫镇蒸馏厂）买下并再次扩建了酒厂。1932 年至 1949 年间，酒厂被封存，然后在贝尔父子公司手中得到了精心的修复，贝尔父子公司还在 1933 年收购了彼得·麦肯齐公司。麦克道尔教授在 20 世纪 60 年代将其描述为"几乎是蒸馏厂样板"。

1994 年，贝尔对酒厂的第一次翻新耗资 75 000 英镑。1970 年，他们将酒厂的产能翻了一番，从 2 个蒸馏器扩大到了 4 个，并结束了地板发麦。贝尔的特级调和苏格兰威士忌（Bell's Extra Special blended Scotch）是当时英国最畅销的品牌。贝尔旗下三家蒸馏厂的产量在 1960 年到 1970 年间增加了五倍。

但贝尔父子公司最终成为自身成功的受害者。1985 年，它被健力士国际公司敌意收购，并在之后不久成为 U. D. 的一部分，即现在的帝亚吉欧的一部分。

2017 年，布勒尔阿索的游客中心——1987 年首次开放——经过了大幅改造，如今它的一大亮点是将克里尼利基蒸馏厂（Clynelish Distillery）原来的铜制糖化槽改造成了一个酒吧。布勒尔阿索如今是苏格兰最受游客欢迎的五家蒸馏厂之一。

趣闻 Curiosities

在卡洛登战役之后，一个地方上的地主——曾是雅各比派军队的一名上尉——在回到家乡后被人悬赏追命。他躲在水獭小溪的农舍里，然后顺着小溪溜了出去，在蒸馏厂附近的一棵老橡树上躲着，直到穿着红色外套的敌人离开，才逃出生天，并最终跑到了法国。

● 由于 1933 年通过收购彼得·麦肯齐公司而得到布勒尔阿索，贝尔父子公司从一家当地小型调和品牌转变为一家中型蒸馏企业，并获得了成为行业大玩家的机会。

Bonnington
博宁顿

麦芽威士忌

产区：Lowland　　电话：01514 808800
地址：21 Graham Street, Leith, Edinburgh EH6 7QN
网址：www.thebordersdistillery.com
所有权：Halewood Artisan Spirits(John Crabbie & Co. Ltd.)
参观：需要预约的品鉴室　产能：500 000 L. P. A.

原料：水来自古老的含水层，并通过钻井流入蒸馏厂内，这可能也是之前蒸馏厂的用水来源。主要使用来自独立制麦厂的无泥煤麦芽，每年会有大约 6 周的时间使用泥煤麦芽，约占产能的 10%。

设备：不锈钢半劳特 / 半滤桶式糖化槽（2 吨），6 个不锈钢发酵槽；1 个普通型初次蒸馏器（10 500 升），1 个普通型烈酒蒸馏器（8000 升），均为间接加热。

熟成：位于利斯的垫板式仓库，以及位于格兰顿的货架式仓库。前期优先使用首次填充波本桶，也会使用雪利桶，马沙拉葡萄酒桶，波特桶，朗姆桶和甜酒桶。

风格："我们的目标是打造一种约翰·克莱比时代风格的威士忌——比典型的低地麦芽威士忌更为强劲——每年我们都会蒸馏两个月重泥煤风格的烈酒。"（杰米·洛克哈特，蒸馏厂经理）

历史事迹
History ▸▸▸

　　博宁顿蒸馏厂起初也被称为利斯蒸馏厂（Leith Distillery），成立于 1798 年。1804 年，蒸馏厂被卖给了约翰·黑格（John Haig），后者对其进行了扩建 [黑格还于 1824 年在法夫（Fife）建立了卡梅隆桥蒸馏厂（Cameronbridge Distillery，详见相关条目）]。

　　博宁顿 / 利斯蒸馏厂一直由黑格家族所有，直到 1853 年前后关闭。蒸馏厂曾于1835年被改建为谷物蒸馏厂，配备了苏格兰最早的科菲蒸馏器中的一座，用于制造"生命之水"。三年前，埃涅阿斯·科菲（Aeneas Coffey）的连续蒸馏器在都柏林的多克蒸馏厂（Dock Distillery）和罗伯特·黑格（Robert Haig）拥有的多德班克蒸馏厂（Dodderbank Distillery）进行了试验，并被海关允许进口使用。罗伯特是威廉·黑格（William Haig）的儿子，威廉于1821年接替兄长约翰成为博宁顿蒸馏厂的老板。

2007年，"全球手工烈酒蒸馏与分销商"亨利武得国际（Halewood International）从麦克唐纳和缪尔手中收购了约翰·克莱比品牌有限公司（John Crabbie & Co.），在利斯以西3英里的格兰顿（Granton）建立了一个小型试点工厂，即钱恩码头蒸馏厂（Chain Pier Distillery）。

亨利武得一直打算在靠近克莱比原址的地方建造一座完整的蒸馏厂。2018年，该公司买下了这片场地。结果建造工作刚开始不久，就在场地内找到了几项重要的考古发现，这将工程的进度推迟了近一年。约翰克莱比品牌有限公司的董事总经理大卫·布朗（David Brown）告诉苏格兰麦芽威士忌协会（SMWS）：

> 第一个发现是，这里曾有过一家蒸馏厂，其历史可追溯至18世纪晚期……在挖掘过程中，他们发现了酒桶碎片，虽然已经腐烂，但因为土壤类型的缘故，它们保存得比想象的要好。更重要的是发现了博宁顿故居的遗迹……当考古学家检查这些发现时，他们找到了来自青铜铸造厂的原始熔炉以及"利斯之围"（Siege of Leith，1548—1560年）的一些遗迹，那段时期，法国军队协助苏格兰人加强了利斯港的防御，以抵抗英格兰人。

第一批新酒于 2020 年 3 月从博宁顿全新的蒸馏器中流出。2022 年 1 月，公司以钱恩码头蒸馏厂的名义发布了限量版产品。亨利武得也在等待博宁顿的麦芽威士忌熟成上市之前，以约翰·克莱比的品牌名发布了一些不公开酒厂名的高年份装瓶。

趣闻 Curiosities

- 威廉·黑格的儿子约翰娶了有着"苏格兰最美丽的女人之一"称号的瑞秋·麦克拉斯·维奇（Rachel Mackerras Veitch），她的家族在博宁顿蒸馏厂附近拥有地产。他们的五个儿子中最小的是陆军元帅黑格伯爵，他在第一次世界大战期间担任英国陆军总司令。

- 约翰·克莱比是"调配之父"安德鲁·厄舍（Andrew Usher）的密友。《苏格兰厄舍家族》（*The Usher Family in Scotland*）一书中指出，安德鲁从他的妻子玛格丽特·巴尔默（Margaret Balmer）那里学到了蒸馏技术，她作为甜酒调配师的技艺众所周知。克莱比的绿姜酒（Crabbie's Green Ginger Wine）就是她发明的。

- 克莱比对大象很着迷，他的所有产品都带有"名人大象品牌"（Celebrated Elephant Brand）标识。这一主题也被品牌现在的拥有者沿用。

- 约翰·克莱比在 1885 年被任命为爱丁堡的北不列颠蒸馏厂（North British Distillery，详见相关条目）的董事长。北不列颠蒸馏厂是越来越有影响力的 D. C. L. 的谷物烈酒的重要替代来源。1963 年，约翰·克莱比品牌有限公司被 D. C. L. 收购。

Borders
博德斯

麦芽
威士忌

产区： Lowland　　**电话：** 01450 374330
地址： Commercial Road, Hawick TD9 7AQ
网址： www.thebordersdistillery.com　　**所有权：** The Three Stills Company Ltd
参观： 开放，需预约　**产能：** 1.6m L. P. A.

原料： 采用当地种植的大麦。无泥煤麦芽来自特威德河畔贝里克的辛普森家。工艺用水来自酒厂内的钻井。冷却用水从特维尔特河（Teviot）抽取。

设备： 不锈钢半劳特／半滤桶式糖化槽（5 吨）。8 个不锈钢发酵槽（每个 25 000 升）。2 个普通型初次蒸馏器（12 500 升），2 个鼓球型烈酒蒸馏器（7500 升），均带有壳管式冷凝器。另外还有 1 个卡特尔金酒（Carterhead gin）蒸馏器（2000 升）。

熟成： 主要是波本桶，首次填充和重装的都有，以及一些雪利桶和葡萄酒桶。最初在附近的场地陈年，目前正在霍伊克建造新的熟成仓库。

风格： 酒厂计划生产口味饱满且富含"芳香"感的威士忌。

历史事迹
History ▸▸▸

　　三巨头蒸馏公司（The Three Stills Company）由约翰·福代斯、托尼·罗伯茨、乔治·泰特和蒂姆·卡尔顿于 2013 年创立，他们之前曾为格兰父子公司工作（详见"Glenfiddich 格兰菲迪"）。四位创始人都参与了公司的经营，资本来自苏格兰投资基金以及法国和拉丁美洲的私募资金。不同寻常的是，该公司在申请规划许可之前就筹集到了1000 万英镑，而许可要到 2015 年底才被批准。

　　霍伊克（Hawick）是不二之选：该镇的财源来自粗花呢和羊绒制

造，羊毛纺织厂需要大量的水和良好的交通，和蒸馏厂一样。

蒸馏厂的候选建筑位于小镇中心。它于 19 世纪 80 年代后期由霍伊克电力（Hawick Electric）公司建造，后来成为著名工程公司特恩布尔与斯科特（Turnbull & Scott）的总部。建筑本身被纳入具有历史意义的建筑清单，并且有点神秘地被描述为"伊丽莎白风格"。根据公司首席执行官蒂姆·卡尔顿的说法，当三巨头蒸馏公司搬进来时，建筑已经被遗弃了许多年，他们花了些时间来保留所有历史特征，这样一来，"建筑的过去将永远成为其未来的一部分"。

2016 年 8 月酒厂开始建设，希望能在 2017 年中期投产，但由于许可法的改变而推迟到了 2018 年。这次延迟投产让所有者有机会再增投 300 万英镑，用来安装厌氧消化生物装置，将生产过程中的副产品转化为沼气，为酒厂运转提供动力。

趣闻 Curiosities

1818—1819 年在霍伊克有一家持照运营的蒸馏厂。博德斯地区的最后一家蒸馏厂于 1837 年关闭。

● 2013 年，三巨头蒸馏公司推出了一款标准苏格兰威士忌品牌克兰·弗雷泽（Clan Fraser），在海外市场热销，特别是中东、南非、拉丁美洲和加勒比海地区。之所以选择这个名字，是为了纪念弗雷泽与博德斯家族的联系，博德斯家族的成员在 12 世纪和 13 世纪一直生活在这里，后来向北迁移到因弗内斯和阿伯丁郡。

● 除了调和苏格兰威上忌，博德斯蒸馏厂还基于当地植物生产了一款博德斯金酒（Borders Gin）。

● 霍伊克本地人被称为"Teries"，因为他们在弗洛登战役中的口号是"teribus ye teri odin"，或者是"teribus an teriodin"。根据维基百科，这可能是一串没有意义的音节。当地方言被称为"teri talk"，保留了古英语的许多元素以及特定的词汇、语法和发音。

Bowmore
波摩

麦芽
威士忌

波摩威士忌必须收藏。一瓶印有"W. & J. Mutter 1890"字样的
波摩在 2001 年被卖到了 13 000 英镑；据称，另一瓶印有"Mutter"
字样的 1851 年威士忌在 2007 年以 25 000 英镑售出。

原料：距离酒厂 7 英里的拉根河的泥煤软水，作为工艺用水和冷却用水。三
个地板发麦区域满足约 30% 的麦芽需求，其余来自贝里克的辛普森家，含有
25ppm 泥煤酚值。100% 苏格兰麦芽。

设备：带铜制穹顶的不锈钢半劳特 / 半滤桶式糖化槽（8 吨）。老铆接的"铜管"
连接糖化槽，曾经有段时间替换成不锈钢，后来又换了回来。6 个花旗松发酵槽。
不锈钢麦酒汁收集器，可以用 5—6 个小时放空 1 个发酵槽，静置麦酒汁再将其注
入初次蒸馏器。2 个普通型初次蒸馏器（每个 20 000 升）。2 个普通型烈酒蒸馏器
（每个 14 637 升），配有观察窗。均为间接加热。外部壳管式冷凝器，运转的时候
温度非常高，以此来为热回收系统供热（见下文）。内部后冷却器完成冷凝。

熟成：首次波本桶和猪头桶，首次雪利大桶和邦穹桶的集成，每个产品线都有
自己的桶类型组合。1 个三层的垫板式仓库，其底层是古老的波摩仓库，部分位
于海平面以下，还有另外 2 个仓库（1 个垫板式，1 个货架式）位于波摩村外的
低路（Low Road）。总共存有 27 000 桶。

风格：烟熏和花香。

熟成个性：盲品时，我对波摩的标记是"薰衣草"。个性变化很大，取决于酒厂
对木桶的选择（每个版本都不尽相同）。在薰衣草 / 空气清新剂的香型背后，是
甜的、丰富的、果味的（杧果、百香果等热带水果的组合，还有干果），麦芽
香，闻起来还有烟熏味。尝起来很有层次，带着一丝烟熏的甜味（特别是在年
轻的版本中），还有种挥之不去的香水感。中等酒体。

波摩是艾雷岛最古老的蒸馏厂，也是苏格兰最古老的蒸馏厂之一。一般公认的建厂时间是 1779 年，但实际时间可能还要早十年，当时，来自邵菲尔德（Shawfield）的丹尼尔·坎贝尔建立了波摩镇的雏形。大卫·辛普森从布里真德来到这里建造蒸馏厂，并由他的亲戚赫克托·辛普森继承。赫克托于 1837 年将酒厂卖给了格拉斯哥的拥有德国血统的商人詹姆斯·穆特和威廉姆·穆特。他们扩建了蒸馏厂，其子孙直到 1892 年仍是其所有者。

从那时起，蒸馏厂所有权几经易手，一直到 1925 年。当时，来自斯凯岛的邓肯·麦克劳德以 J. B. 谢里夫公司（J. B. Sherriff & Company）的名义买下了酒厂 [他们在 1920 年停业清算之前曾短暂拥

有波摩酒厂，此外还在坎贝尔镇拥有洛克海德蒸馏厂（Lochhead Distillery）以及在艾雷岛拥有波夏蒸馏厂（Port Charlotte Distillery）]。谢里夫公司后来被卖给来自因弗内斯的格里戈尔父子公司（William Grigor & Son），他们曾在 1884 年重建格兰艾尔宾蒸馏厂（Glen Albyn Distillery）。

第二次世界大战期间，波摩被空军部门征用，协助海岸司令部保护大西洋护航队。

1963 年，格拉斯哥威士忌经纪人斯坦利·P. 莫里森以 117 000 英镑的价格买下了蒸馏厂并开始对酒厂进行一系列现代化改造和扩建，其中包括创新的废热回收系统，1983 年安装系统时预估每年可节省超过 10 万英镑。来自冷凝器的热水为麦酒汁预热，除此之外还为麦芽干

波摩
图片来源：宾三得利

燥窑和当地的公共游泳池加热。游泳池位于一个前保税仓库内，1983年由莫里森·波摩捐赠给当地社区。

1989 年，三得利购买了该公司 35% 的股份，并于 1994 年获得了全部所有权。

趣闻 Curiosities

波摩是少数几家保留地板发麦的蒸馏厂之一，可以满足约 30% 的麦芽需求量。1886 年成为首批安装壳管式冷凝器的蒸馏厂之一。

● 这里酿制的威士忌长期以来享有很高的声誉。早在 1841 年，艾雷岛的领主沃尔特·弗雷德里克·坎贝尔就曾接到来自温莎堡的订单，为皇室家族提供"一桶你们最好的艾雷高山珍酿"。桶的大小和价格无关紧要，"但必须是最好的那一桶"。两年后续订。穆特兄弟拥有一艘蒸汽轮船，将木桶运到格拉斯哥，并把酒桶绑在中央火车站的拱门下面。

● 2012 年 9 月，波摩宣布推出 12 瓶于 1957 年蒸馏的 54 年珍稀佳酿，并于当年 10 月在纽约拍卖，所得款项捐给苏格兰慈善机构，底价为 100 000 英镑。当时这是一瓶麦芽威士忌能卖到的最高价格。

● 2018 年 1 月，一瓶传奇的 1964 年产黑波摩（Black Bowmore，第二版）以 11 900 英镑的价格在网上被拍下。它在 20 世纪 90 年代中期首次发布时，零售价仅为 80 英镑！

● 2014 年 4 月，三得利以约 160 亿美元的价格买下了美国金宾波本以及爱尔兰库利蒸馏厂（Cooley Distillery）的母公司宾全球公司成为世界第三大蒸馏企业，并更名为宾三得利。该公司的总部于 2016 年 3 月迁至芝加哥。

产区：Islay　　电话：01496 810441
地址：School Street, Bowmore, Isle of Islay, Argyll
网址：www.bowmore.com　　所有权：Beam Suntory
参观：新的游客中心于 2007 年开业，可租用小屋　　产能：2.15m L. P. A.

Braeval
布拉佛-格兰威特

麦芽
威士忌

布拉佛－格兰威特是苏格兰海拔最高的蒸馏厂。

产区：Speyside　　电话：01542 783042
地址：Chapeltown, Ballindalloch, Moray
网址：无　　所有权：Chivas Brothers
参观：无　　产能：4.2m L. P. A.

原料：来自独立发麦厂的无泥煤麦芽。来自普列尼（Preenie）和圣凯瑟琳之井小溪（Kate's Well Burns）的水以及拉德山脚（Ladderfoot, 曾经很受私酿者欢迎）的溪水。

设备：带铜盖的传统耙式糖化槽（9 吨），15 个不锈钢糖化槽。2 个矮胖的普通型初次蒸馏器（每个 22 000 升）。2 个鼓球型烈酒蒸馏器（每个 7500 升）。初次蒸馏器一次蒸馏的产出供应 2 个烈酒蒸馏器。均为间接蒸汽加热。配壳管式冷凝器。

熟成：主要采用重装美国猪头桶，在基斯附近的马尔本长年熟成。

风格：甜蜜，草本气息。

熟成个性：布拉佛－格兰威特大多数独立装瓶都来自前雪利大桶，它们涵盖了酒厂的特色。闻起来很甜，有水果蛋糕、巧克力和雪利酒的风味，口感浓郁饱满，带有辛香料的味道。来自重装波本桶的瓶装酒保留了蒸馏厂的特色，酒体更轻盈、更干燥，具有斯佩塞特色和甜美、清新的果味。中等酒体。

历史事迹
History ▸▸▸

曾经有 36 家蒸馏厂的厂名中有"格兰威特"（Glenlivet[1]）后缀——例如麦卡伦 - 格兰威特、亚伯乐 - 格兰威特（Aberlour-Glenlivet）——尽管只有 3 家蒸馏厂真正位于这个名字对应的山谷中：格兰威特本身、塔木岭和布拉佛 - 格兰威特。

布拉佛 - 格兰威特是苏格兰海拔位置最高的蒸馏厂。

酒厂最初的名字是格兰威特的布拉斯（Braes of Glenlivet），它由施格兰公司于 1973 年建造，用于生产芝华士的基酒。和它的姐妹厂阿尔特布海尼一样，它在毫不妥协地现代化的同时保留了一定的传统元素，比如宝塔屋顶。酒厂高度自动化运行，可以单人操作。酒厂拥有 3 个蒸馏器，每个蒸馏器的脖颈处都有一个独特的凸起，称为"米尔顿球"（Milton Ball），1975年新增了 2 个蒸馏器，1978年又添了 1 个。酒厂内没有仓库，所有酒液都被罐车运到基斯·邦德（Keith Bond）再进行装桶，然后运到其他地方熟成。酒糟过去会运到格兰威特酒厂

1　本意为"利威山谷"。——中文版编者注

进一步加工成为酒糟糖浆，糟粕会被出售给商人。

保乐力加于 2001 年收购了施格兰，布拉佛－格兰威特在第二年被封存。它于 2008 年 7 月重新开放。

这里的威士忌从未被酒厂单独装瓶，偶尔才由独立装瓶商装瓶发售。

趣闻 Curiosities

蒸馏厂所在的产区被称为 Eskemulloch，字面意思是"源头"。它位于苏格兰古老的罗马天主教神学院以北一英里处，是宗教改革后苏格兰为数不多的牧师可以受训的地方。它于 1717 年由峡谷的所有者高登公爵（天主教徒）建立，但在 1746 年被汉诺威军队摧毁。

● 拉德丘陵是布拉佛－格兰威特的水源地，"威士忌之路"（Whisky Road）从此处穿过，过去私酿者利用这条路线将他们的货物从利威山谷运到低地。

BrewDog

酿酒狗

麦芽
威士忌

公司在酒厂的网站上宣示："我们创立独狼任其自由行动，逆水行舟。必须差异化，让我们的酒液与众不同……挑战一切成规。"

产区：Highland (East)　　电话：01358 724924
地址：Balmacassie Business Park, Ellon, Aberdeen- shire AB41 8BX
网址：www.brewdog.com　　所有权：BrewDog plc
参观：需预约　　产能：450 000 L. P. A.

原料：从相邻酿酒厂买来的麦酒汁。

设备：不锈钢全劳特／滤桶式糖化槽（1吨）。4个不锈钢发酵槽。1个灯罩型初次蒸馏器（5000升），1个灯罩型烈酒蒸馏器（3500升），均配有水平的林恩臂和壳管式冷凝器。

熟成：酒厂上方的2个温控垫板式仓库。主要是波本桶和红酒桶，还有一些雪利桶。

风格：清淡，果香和酯味。

历史事迹
History ▸▸▸

　　自2007年在弗雷泽堡成立以来，酿酒狗已成为英国最大的独立酿酒厂，它是由詹姆斯·瓦特和马丁·迪基这两位昔日同窗创立的，他们在2010年将公司搬到位于阿伯丁附近的埃隆。其产品如今广销全球，除了酿造啤酒，该公司还拥有连锁酒吧。

　　2014年，公司决定在他们的埃隆酿酒厂附近建造一个手工蒸馏厂，并从帝亚吉欧招募史蒂文·科尔斯利进行监督。从一开始，团队就打算制作一系列从头到尾在一个屋檐下酿造的烈酒——有别于许多购买中性酒精再进行加工的金酒蒸馏厂。为了与酿酒狗的反叛形象保持一致，酒厂具有高度的创新性，强调手工艺，并准备"将烈酒推向一个新的高度……一种艺术与科学的完美结合"。

除了麦芽威士忌外，该蒸馏厂还能生产美式玉米和黑麦威士忌、金酒、朗姆酒、伏特加以及水果白兰地。

它具有高度的试验性，可以通过其独特的蒸馏器布置实现：一个3000升的带有8个隔板整流柱的灯罩型初次蒸馏器，另一个3000升的烈酒蒸馏器带有60个隔板（"世界上唯一的三重泡沫蒸馏器，可以让酒液与铜充分接触，能使酒精浓度达到91.5% vol。"），一个600升的壶式蒸馏器，用于金酒蒸馏和白兰地蒸馏，还有一个50升的壶式蒸馏器，用于试验和研究。

研究和创新将超越蒸馏本身。例如，酿酒狗正在研究用樱桃和苹果果木来烘干麦芽，以及在橡木之外的橡木桶中熟成非威士忌酒的效果。

2017年发布的第一批瓶装酒是金酒和伏特加。2019年，公司宣布与指南针、邓肯·泰勒（参见《业内领先的独立装瓶商》）和荷兰祖丹蒸馏厂合作，打造一系列与其旗下啤酒搭配的威士忌。

趣闻 Curiosities

酿酒狗蒸馏厂在 2019 年 4 月之前叫"独狼"（LoneWolf），因为"独狼"既可以描述动物也可以描述人，他们的特点是孤立于群体之外，更喜欢独自行动。"酿酒狗"这一命名完美地总结了公司的定位和形象。

● 2010 年，酿酒狗推出了一款名为"击沉'俾斯麦'号！"（Sink the Bismarck！），装瓶度数为 41％ A. B. V. 的啤酒，从肖尔施布吕乌（Schorschbräu）那里夺回"世界最烈啤酒"称号，后者生产度数为 40％ A. B. V. 的肖尔施博克（Schorschbock）啤酒。同年，该公司又推出了一款酒瓶被毛茸茸的小动物标本（7 只白鼬和 4 只灰松鼠）包裹的 55％ A. B. V. 的啤酒，名为"历史的终结"，价格分别为 500 英镑和 700 英镑，只生产了 11 瓶。酿酒狗声称，这不仅创造了啤酒中酒精浓度的新记录，也创造了售价的新纪录。动物保护主义者认为此噱头"太变态"。

● 尽管具有挑衅的定位，酿酒狗还是取得了非凡的成功，其产品赢得了无数的奖项。2017 年 4 月，一家私募股权公司以约 2.13 亿英镑的价格收购了该公司 22％的股份。

Brora

布朗拉（再开发）

麦芽
威士忌

产区：Highland (North)　　地址：Brora, Sutherland　　产能：800 000 L. P. A.
所有权：Diageo　　网址：www.brora.com
重开年份：2021　　参观：需要预约

原料：使用来自茹瑟勒发麦厂的无泥煤和泥煤麦芽。用水来自克里尼弥尔顿小溪。

设备：传统犁耙式糖化槽（6吨）。6个北美黄杉发酵槽。1个普通型初次蒸馏器（13 500升），1个普通型烈酒蒸馏器（13 500升），均为间接加热，配壳管式冷凝器。

熟成：主要使用美国橡木再填猪头桶。

风格：蜡质感

熟成个性：现在只能尝到那些高年份的珍稀酒款。

155

历史事迹

在其存在的大部分时间里，布朗拉蒸馏厂一直被称为"克里尼利基"，但在 1967 年，它的隔壁建了一个新的蒸馏厂并起了相同的名字。原厂被封存了一年，然后作为克里尼利基二号厂（Clynelish No. 2）重开，直到 1975 年更名为"布朗拉"。酒厂于 1983 年 5 月关闭。优雅的古老建筑依然屹立，仓库被克里尼利基占用。

1819 年，克里尼利基 / 布朗拉由斯塔福德侯爵（后来的第一代萨瑟兰公爵）创立，作为他对妻子庞大的北方庄园的改良计划的一部分。为了给羊圈腾地方，这项计划还要求从土地上清理大约 15 000 名租户，其中一些人被迫迁移到像布朗拉这样的新沿海城镇。

前 70 年酒厂举步维艰，个别所有者被迫申请破产。然后，在 1896 年，它由格拉斯哥的调和威士忌商詹姆斯·安斯理公司（James Ainslie & Company）与约翰·里斯克 [福尔柯克附近的班基尔蒸馏厂（Bankier Distillery）的所有者] 联合购买并重建。1912 年，后者与 D. C. L. 合作获得了全部所有权。1916 年后又与沃克父子公司合作。1925 年沃克父子（连同克里尼利基 / 布朗拉）与 D. C. L. 合并，风险被平摊了。

此后，该品牌的威士忌被用于沃克父子的调和威士忌之中。1961 年，酒厂的 2 个蒸馏器从燃煤直接加热转换为内部蒸汽加热，蒸汽机和水轮在 1965 年被电力取代，同年地板发麦停止使用。

1972 年至 1981 年期间，布朗拉 / 克里尼利基生产了一种用于调和威士忌的重泥煤麦芽威士忌。2017 年 11 月，帝亚吉欧突然宣布，他们计划在 2020 年之前将布朗拉和波特艾伦（Port Ellen）蒸馏厂重新投入运营，投资额约为 3500 万英镑。计划是复制之前蒸馏厂的设备和工艺，同时让布朗拉的产能达到 80 万升纯酒精。

《酒窖笔记》（*Notes from a Cellar Book*）的作者，伟大的维多利亚时代鉴赏家，乔治·圣茨伯里教授对布朗拉／克里尼利基评价甚高。

● 蒸馏厂及其仓库是登录入册的名胜古迹，大部分原始设备——蒸馏器、发酵槽、糖化槽——仍在原地。

● 确实，行业杂志《哈珀》周刊于 1896 年评论说："在单一苏格兰威士忌中，该蒸馏厂的酒总是能卖到最高的价钱。它被寄给——支付税金后——全英国各地的私人客户；它还是非常有价值的出口贸易品，出口的需求如此之大，以至于所有者……多年来一直不得不拒绝贸易订单。"

● 2002 年，帝亚吉欧开始推出布朗拉限量年份装瓶，最开始是 30 年，2008 年后变成 25 年，并于 2014 年 1 月推出布朗拉 40 年（专供旅游零售渠道，限量 260 瓶，建议零售价 6995 英镑）。

● 2017 年 5 月，一瓶 1972 年布朗拉在香港拍卖会上被拍到 147 000 港元，约合 13 900 英镑。

● 修复后的蒸馏厂在每个细节上都力求复制原先蒸馏厂的细节（除了没有安装生物质锅炉），布朗拉丁 2021 年 5 月 19 日重新投产。

Bruichladdich

布赫拉迪

麦芽
威士忌

Octomore（曾用中文名：泥煤怪兽）8.3 版含有 309ppm 的泥煤酚值，号称世界上泥煤味道最重的酒！

产区：Islay　　电话：01496 850221
地址：Bruichladdich, Isle of Islay, Argyll
网址：www.bruichladdich.com　　所有权：Rémy Cointreau
参观：游客中心，咖啡馆，商店和威士忌学校　　产能：2m L. P. A.

原料：工艺用水取自布赫拉迪水库（软性、酸性 / 含泥煤），冷却用水取自布赫拉迪小溪，稀释用水取自奥克特莫（Octomore）的詹姆斯·布朗（James Brown）泉水。地板发麦于 1961 年停止运行，后来使用来自波特艾伦的麦芽，现在使用来自大陆发麦厂的麦芽。

设备：铸铁耙式糖化槽（6.2 吨）。6 个北美黄杉木发酵槽。2 个高大的普通型初次蒸馏器（每个 12 000 升）。2 个高大的普通型烈酒蒸馏器（每个 7100 升）。均为间接蒸汽加热。配壳管式冷凝器。

熟成：25％ 的首次填充和重装雪利桶，65％ 的首次填充波本桶以及其他类型的桶（朗姆桶和葡萄酒桶）。现地有 8 个保税仓库，另外 4 个位于夏洛特港。大多数是垫板式仓库，还有 2 个货架式仓库，共计 35 000 个桶。装瓶大厅以哈维兄弟的名字命名，于 2003 年 5 月开业。制桶工厂于 2004 年 5 月开业。

风格：麦芽香，有泥煤的变化。

熟成个性："传统"即无泥煤的布赫拉迪是清新的，草本和麦芽的香气，带有野花的香调。尝起来口感甜美，带有谷物和柠檬香调，结尾偏干且短。轻酒体。

自 2000 年以 650 万英镑的价格被由伦敦葡萄酒商马克·雷尼尔领头、当地投资者扶持的私人事务部门收购以来，布赫拉迪便享受着复兴的喜悦。在过去的十年中，酒厂只在怀特马凯（J. B. B. 大欧洲公司控股期间——怀特马凯在 1993 年接管因弗高登蒸馏公司时收购了布赫拉迪——短暂经营了一段时间，其他很长时间处在关闭状态。

布赫拉迪于 1881 年由哈维兄弟 [格拉斯哥的邓达谢尔（Dundashill）和约克蒸馏厂的所有者] 从零开始建造，使用了当时的新材料，混凝土加海滩鹅卵石。1937 年威廉·哈维过世后，酒厂被卖给约瑟夫·霍布斯，后者通过他的公司苏格兰联合蒸馏厂有限公司接管经营，直到 1952 年将它以 205 000 英镑（股票价值）卖给了罗斯和库尔特公司——格拉斯哥的威士忌经纪人和磐火蒸馏厂的所有者。罗斯和库尔特公司此前已经将费特肯蒸馏厂（Fettercairn Distillery）出售给 A. S. D.。公司 1954 年被 D. C. L. 合并，并于 1960 年结束运营，同年，布赫拉迪被出售给 A. B. 格兰特公司（A. B. Grant & Co.），后者从罗斯和库尔特手中购得磐火。

1968 年，格兰特（Grant）于 1968 年以 40 万英镑的价格将布赫拉迪卖给了因弗高登蒸馏公司。1975 年，酒厂产能翻了一番（达到 4 个蒸馏器），然后在 80 年代中期的艰苦岁月中被封存，

并且在1995年至1998年间——怀特马凯1993年收购因弗高登之后——再度被封存。

1998年至1999年间产量很小，在其新所有者的支持下，布赫拉迪于2001年7月全面恢复运作。在接下来的11年里，他们不知疲倦地打造这个品牌，推出了上百个版本。他们在2012年7月成功地以5800万英镑的价格将酒厂卖给了法国大型蒸馏企业人头马君度（Rémy Cointreau）。

现存的五家仍在酒厂内完成装瓶的蒸馏厂之一，拥有全世界唯一一台皮带驱动式磨麦机，还配有铸铁糖化槽和一个靠铆钉钉牢的蒸馏器，并保留了维多利亚风格的装饰。正如蒸馏厂的维基百科条目所说："你可以这么说，这是一家还在运作的蒸馏厂博物馆。"它有些古怪，傲然独立。

● 布赫拉迪的前任生产总监詹姆斯·麦克伊温是威士忌贸易的传奇人物。1963 年起，他先在波摩蒸馏厂接受修桶匠的培训，并在那里运营仓库直到 1977 年搬去格拉斯哥，在那里以威士忌调酒师身份生活了七年。他于 1984 年回到波摩担任酒厂经理，并很快开始把大部分时间花在世界旅行、举办宣讲和品鉴活动上，以此传播威士忌文化，尤其是推广艾雷岛和苏格兰的威士忌。他被说服在 2000 年接管布赫拉迪的团队，并于 2015 年退休。

● 布赫拉迪一度成为（美国）国防威胁降低局的情报行动的重点对象，他们认为酒厂的蒸馏设备可用于制造化学武器。直到一位乐于助人的美国代理人告诉他们用来监控蒸馏室的网络摄像头已经损坏，酒厂老板才知道还有这么一回事！借此机会，布赫拉迪发布了一款数量有限的纪念版装瓶！

● 除了传统的轻泥煤麦芽威士忌，布赫拉迪还生产重泥煤的威士忌，包括泥煤怪兽和波夏。根据马丁·马丁在《西部群岛采风》里的说法，2006 年，酒厂还制作了有史以来（至少在现代）酒精度最高的麦芽威士忌，三次蒸馏的 Trestarig 和四次蒸馏的 Usquebaugh-baul。后者被译为"危险的威士忌"，入桶酒精度高达 88% vol。

● 2010 年，酒厂安装了来自敦巴顿（Dumbarton）因弗列文蒸馏厂（Inverleven Distillery）的罗蒙德蒸馏器，经过蒸馏大师詹姆斯·麦克伊温的调整，2011 年开始蒸馏"植物学家"（The Botanist）艾雷岛干型金酒。

● 2019 年 4 月，在购买了与蒸馏厂相邻的 30 英亩大麦种植地之后，公司宣布了在酒厂安装（带萨拉丁箱的）发麦设备的计划。

图片来源：布赫拉迪

Bunnahabhain

麦芽
威士忌

布纳哈本

超过 250 艘船在艾雷岛沿岸沉没，其中 4 艘就在布纳哈本酒厂附近。

产区：Islay　　电话：01496 840646
地址：Near Port Askaig, Islay, Argyll
网址：www.bunnahabhain.com　　所有权：Distell Group Ltd
参观：游客中心，度假小屋　产能：2.7m L. P. A.

原料：工艺用水源自玛格达莱群山（Margadale Hills）的一口泉眼，含有非常轻微的泥煤，水质异乎寻常地硬，利用管道将水从源头输送到酒厂，以保持较低的泥煤含量。冷却用水来自斯太翁莎湖。10％的麦芽来自波特艾伦发麦厂，其余来自贝里克的辛普森家。绝大多数麦芽不含泥煤，一少部分麦芽含 38ppm 泥煤酚值。

设备：大型不锈钢耙式糖化槽（15 吨）。6 个北美黄杉木发酵槽。2 个普通梨形初次蒸馏器（每个 16 625 升）和 2 个普通型酒蒸馏器（每个 9000—9600 升）。均为间接蒸汽加热。配壳管式冷凝器。

熟成：主要是重装波本猪头桶，以及飞速增长的首次或二次雪利桶。

风格：甜美，果香，每年会出一款烟熏风格小批量产品，含 35—40ppm 泥煤酚值（1997 年首次尝试，2003 年恢复发行）。

熟成个性："传统"无泥煤版的布纳哈本是甜美的，轻微的果香，闻起来有微弱的海洋气息，有时带着一股泥煤烟熏味。口感顺滑，温和，略带甜味，然后变干，带有一丝烟熏味。轻至中等酒体。

1881 年，格拉斯哥的威士忌调配商兼经纪人罗伯森巴克斯特公司的威廉·罗伯逊创建了布纳哈本蒸馏厂，他们与坎贝尔镇的格林里斯兄弟 [Greenlees Brothers，格林里斯兄弟是非常成功的洛恩（Lorne）、欧伯（Old Parr）和剑威（Claymore）调和威士忌以及哈索本蒸馏厂（Hazelburn Distillery）的所有者] 合伙，成立了"艾雷蒸馏有限公司"（Islay Distillers Company Ltd）。公司于 1887 年更名为"高地蒸馏有限公司"（Highland Distilleries Company Ltd），并与格兰路思 – 格兰威特（Glenrothes-Glenlivet）合并。

蒸馏厂坐落在苏格兰最偏远的地区，在那里修建酒厂并非没有困难：建造酒厂的第一个冬天，两个大型锅炉等待安装时被大风吹下了海。之所以选在这里，是因为罗伯森巴克斯特公司与布洛克·拉德公

司（Bulloch Lade & Company）关系密切，后者当时正在附近重建卡尔里拉酒厂。选址时还考虑到斯太翁沙湖（Staoinsha）充沛的水源及附近良好的海上通道。1883 年 1 月初闻酒香。

原来的酒厂有一对蒸馏器。1963 年产能增加了一倍，和酒厂的地板发麦结束运行是同一时间。虽然据报道，其 1987 年的产能为每年 340 万升，但 1982 年至 1984 年酒厂其实是关闭的，到 2002 年产量已降至 75 万升。

高地蒸馏有限公司于 1998 年更名为高地蒸馏者，然后在 1999 年以其母公司爱丁顿集

团（The Edrington Group）为名。有点令人惊讶的是，该公司于 2003 年 4 月，以 1000 万英镑的价格将布纳哈本卖给了巴恩·斯图尔特蒸馏公司。2013 年 4 月，巴恩·斯图尔特的控股公司 CL 世界品牌（CL World Brands）被南非迪斯特集团（Distell）以 1.6 亿英镑收购。

2019 至 2022 年期间，迪斯特集团投资了 1050 万英镑建造了一个"世界级游客中心"（取代了两个岸边的半废弃仓库）和一个以木材为燃料的生物质锅炉，这将大幅减少蒸馏厂的碳足迹，并替换了许多原先的设备。工作人员也从 8 名增加到 10 名，蒸馏时间从每周 5 天变为 7 天。

趣闻 Curiosities

除了蒸馏厂本身，酒厂还需要在陡峭的悬崖上修建一条一英里长的道路，以便将酒厂连接到阿斯凯克港（Port Askaig），这是一个建在艾雷岛海峡湍急海域中的码头，酒厂还为工人建造了房屋。总花费估计为 30 000 英镑。

● 酒厂建成后备受推崇。阿尔弗雷德·巴纳德在开业五年后拜访过酒厂，称其为"一排四四方方的精致建筑，颇为封闭。穿过一个华丽的大门进入酒厂，立刻就能感受到建筑构造的紧凑和对称性"。时至今日几乎没有什么改变。

● 布纳哈本是艾雷岛最偏远且最偏北的酒厂。酒厂的出品通常被描述为最温和的艾雷岛麦芽威士忌。这种轻盈的风格被用来提供调和威士忌，尤其是顺风（Cutty Sark）和老黑樽（Black Bottle，也卖给了巴恩·斯图尔特）。

● 布纳哈本传统上是轻度泥煤（2—3ppm 泥煤酚值），但在 1997 年进行了重泥煤麦芽（35—40ppm 泥煤酚值）的试验，并在巴恩·斯图尔特拥有酒厂期间生产了几个批次的烟熏风味产品。第一款名为 Moine（盖尔语"泥煤"的意思），于 2004 年在艾雷岛节期间以 6 年的年份发售。

● 自 1979 年酒厂首次发售单一麦芽威士忌以来，布纳哈本的酒标上就有一位站在船舱后面的水手，并印有"Westering Home"的座右铭。这句话来自著名的苏格兰歌曲：

Westering Home, with a song in the air,
Light in the eye and it's goodbye to care;
Laughter o' love and a welcoming there,
Isle of my heart my own one.
（西行归去，荡漾在空中的歌声，
眼里泛着光芒，对告别的抚慰；
欢笑吧，爱人，你将受到欢迎，
我的岛，我的心中只有你。）

Burnbrae
伯恩布雷

麦芽
威士忌

产区：Lowland　　*电话*：01355 247180
地址：3 Peel Park Place, East Kilbride, Glasgow G74 5LW
网址：www.burnbraedistillery.com　　*所有权*：Burnbrae Distillery Company Ltd
参观：无　　*产能*：1.5m L. P. A.

原料：麦芽主要来自独立发麦厂。来自钻井的工艺用水和冷却用水。

设备：不锈钢全劳特/滤桶式糖化槽（5吨）。6个不锈钢发酵槽。1个普通型初次蒸馏器（16 500升），配有朝下的林恩臂。1个普通型烈酒蒸馏器（17 100升）。配壳管式冷凝器。

熟成：主要是重装波本初次桶。美国橡木桶，美国黑麦橡木桶，还有一些法国葡萄酒橡木桶。现地熟成。

风格：酒体轻盈，甜美。

历史事迹
History ▸▸▸

　　www.scotchwhisky.com网站的资深编辑理查德·伍达德写道："并非所有新酒厂项目在宣发时都采用生动的新闻稿和宣传视频。而有些，例如，东基尔布赖德（East Kilbride）的伯恩布雷，选择放弃大张旗鼓的宣传，而是专注于生产。"的确如此。

　　在过去的几年里，从事经纪、调配和装瓶的坎贝尔·迈耶有限公司——销售一些调和苏格兰品牌，如巴克莱（Barclays）、麦克维尔（McIvor）和邦妮·克莱德（Bonnie & Clyde），并拥有成熟的独立装瓶商品牌哈特兄弟（Hart Brothers）—— 一直悄悄在东基尔布赖德翻新和扩建其保税和装瓶仓库。

装修工程包括将酒厂主楼（150 000 平方英尺）的一部分改造成一个大型麦芽威士忌蒸馏厂。工程于 2017 年 11 月启动，并已在 2018 年6 月投入运营。除了德国产的糖化槽外，所有设备均由普雷斯顿潘斯的麦克米伦（McMillan）生产。不同寻常的是，该工厂配有一台湿磨机，而不是更常见的波蒂厄斯或博比牌（Bobby）的干磨机，生产出的麦粒大小均匀，有利于得到清澈的麦芽汁。酒厂还安装了一个麦芽醪转化容器（参见"Teaninich 第林可""Inchdairnie 英志戴妮"），若有需要，这台设备可以允许酒厂用谷物取代麦芽进行酿造。

伯恩布雷的产品将被用于调和威士忌，该公司尚无计划以单一麦芽威士忌的形式装瓶，因此酒厂也对访客开放，尽管路过的人通过建筑物的玻璃落地窗就可以瞥见蒸馏器。

Bunr O' Bennie

伯恩奥本尼

麦芽
威士忌

产区：Highland　电话：01330 202172
地址：Burn O' Bennie Road, Banchory, Royal Deeside, AB31 5NN
网址：www.burnobennie.com　　　所有权：Ardent Spirit Holdings ltd
参观：**需要预约，没有游客设施**　产能：690 000 L. P. A.

原料：50% 使用蒸馏厂自己种植的可再生大麦，包括毕尔（Bere）大麦等传统品种，希望到 2024 年能够在核心大麦品种的供应上达到 100% 自给自足。特种麦芽的使用包括淡色麦芽、水晶麦芽和巧克力麦芽。

设备：全劳特 / 滤桶式糖化槽（1.75 吨）。13 个不锈钢发酵槽。1 个初次蒸馏器（5000 升），1 个烈酒蒸馏器（3600 升）。

熟成：主要是欧洲橡木桶，雪利润桶，也有一些其他类型的橡木桶用于探索风味。酒厂内设有货架式仓库。

风格：饱满，带有巧克力风格的油脂感。

历史事迹
History ▸▸▸

　　伯恩奥本尼蒸馏厂由迈克·贝恩（Mike Bain）和利亚姆·彭尼库克（Liam Pennycook）创立，于 2021 年投产。2017 至 2019 年期间，他们曾在一个由牛棚改造而成的，位于班科里 (Banchory) 旁边，莱斯洛克顿（Lochton of Leys）的迪赛德蒸馏厂（Deeside Distillery）进行生产和熟成实验。迪赛德蒸馏厂只生产了 100 桶酒液——但我可以向你保证它们的质量。

伯恩奥本尼具有高度的创新性。蒸馏厂采用先进的酿造工艺以及践行可持续发展的做法，由于使用高浓度酒汁，减少了 50% 的热量和电力消耗。蒸馏厂还探索使用不同的原料配比，包括使用淡色和水晶麦芽，并且通过加入巧克力麦芽，为酒体增添厚重感和丰富度。

伯恩奥本尼还生产黑麦威士忌、玉米威士忌和朗姆酒。蒸馏团队将特种麦芽、长时间发酵和酿造技术相结合，使得酒汁的酒精度达到了行业平均标准的两倍（接近 14%），得到的酒汁丰富、复杂、风味饱满。为此，伯恩奥本尼投入巨资购买了最先进的酿造设备。伯恩奥本尼的糖化槽结合了传统糖化槽和全劳特糖化槽，并添加了用于分步加热的蒸汽夹套。该系统经过专门设计，能够适应威士忌蒸馏以及制作啤酒酒汁和黑麦酒汁。这使得该系统成为业内最先进的酿造设备之一。

由于这套酿造设备安装了独一无二的重力系统（Gravity Systems），伯恩奥本尼酿造出了风味最浓郁的啤酒酒汁，并可将其高效且可持续地蒸馏成复杂的烈酒。蒸馏厂也与业内一些最知名的人物合作，以确保其品质。这其中包括前比弗敦（Beavertown）的首席酿酒师詹·梅里克（Jenn Merrick）、奥克伍德制桶厂（Oakwood Cooperage）创始人布伦特·鲍伊（Brent Bowie）以及前麦卡伦酿酒大师和荷里路德蒸馏厂（Holyrood Distillery）创始人大卫·罗伯逊（David Robertson）。

伯恩奥本尼计划与一些世界领先的酿酒商合作，以展示酒厂的核心卖点——大麦的重要性。第一次尝试是与阿伯丁的凶猛啤酒厂（Fierce Brewery）合作，以生产基于"苏格兰艾尔"（scotch ale）风格的高酒精度酒汁（14%ABV）配方。这种酒汁一旦被用于蒸馏，就会为酒体带来非常强劲集中的风味。该啤酒厂的帝国世涛巨大麋鹿（Very Big Moose）在 2021 年苏格兰啤酒大奖（Scottish Beer Awards）中被评为冠军。蒸馏厂预留了 30 只由雪利酒润桶的 250 升橡木桶来熟成这批独特的酒液，并以迪河信托（River Dee Trust）的名义出售，该信托公司正在迪河两岸种植超过 100 万棵树，为鲑鱼和其他当地动植物群提供庇护之所。一旦这批酒液在与购买者商定的日期熟成完毕，将被装在标有迪河之木大师（*Wood Masters of the River Dee*）的酒瓶中限量发布。

除了整桶销售，伯恩奥本尼还将推出特殊装瓶的艾柏迪 30 年、麦卡伦 30 年和另一款尚未确定的酒款。其中，第一瓶限量艾柏迪 30 年（与用于酒标设计的原创艺术品《世界着火了》*The World is on Fire* 系列第五幅一起出售）在拍卖会上筹得了 7320 英镑的款项，并捐给了信托基金。随后，这一限量系列推出，先是限量 200 瓶的艾柏迪 30 年，每一瓶的瓶身上都印有由大英帝国勋章获得者彼得·豪森（Peter Howson）签名的，主题为《世界着火了》的限量版版画，以唤起大家对于生态项目的认知，并为其筹措更多资金。

The CAIRN
凯恩

麦芽
威士忌

产区：Speyside　　地址：Craggan,Grantown-on-Spey, Moray
网址：www.thecairndistillery.com　　所有权：Gordon & MacPhail
参观：最先进的游客体验　产能：2m L. P. A

原料：来自独立发麦厂的无泥煤麦芽，使用本地种植大麦。用水来自酒厂内的钻井。

设备：全劳特／滤桶式糖化槽（4 吨）。6 个带有冷却夹套的不锈钢发酵槽。2 个普通型初次蒸馏器（13 500 升），4 个普通型烈酒蒸馏器（5000 升），均为间接加热，配壳管式冷凝器。

熟成：主要是欧洲橡木雪利润桶，在福里斯（Forres）拥有货架式仓库。

风格：强劲的斯佩塞风。

历史事迹
History ▸▸▸

　　凯恩蒸馏厂由家族拥有的位于埃尔金（Elgin）的独立装瓶商和蒸馏企业高登与麦克菲尔建造（详见《业内领先的独立装瓶商》和本诺曼克条目）。

　　蒸馏厂选址就在斯佩河畔格兰敦（Grantown-on-Spey）外，蒸馏厂建筑由爱丁堡的"Studio MB"事务所设计，他们的座右铭是"创造令人惊叹的体验"，事务所被告知"要将客户置于体验的中心……创造一座不仅仅是蒸馏厂的建筑，灵感要来自'我们是谁？''我们在哪里？''以及我们在这里做什么？'"相应的，高登与麦克菲尔的座右铭是"未来由我们今天的所作所为塑造"。

　　规划许可于 2019 年 11 月获得批准，因为新冠肺炎疫情蒸馏厂不得不将试运营推迟到 2022 年初，蒸馏厂已于 2022 年 10 月 18 日开放。

凯恩蒸馏厂位于凯恩戈姆国家公园（Cairngorm National Park）内，这座引人注目的现代软管鞋形建筑俯瞰着令人印象深刻的凯恩戈姆山脉。蒸馏厂的名字是在 2020 年 11 月与格拉斯哥的一家机构、高登与麦克菲尔的股东和员工们一起选定的（一共收到了 300 多份提案），最终"The Cairn"得到了最多的选票。很显然它是苏格兰语，易于发音和拼写（尤其是针对海外市场），还代表了蒸馏厂的所在地。

蒸馏厂的设计旨在融入周围的景观——草皮屋顶、当地开采的凯斯内斯石铺就的小路、染色的木材、当地农场的外观——深度还原并尊重了周围的自然形状和颜色。正如蒸馏厂网站所述："这是一个好客、探索未知、分享我们的知识并鼓励人们更深入地了解威士忌和这座国家公园的、已成为我们归宿的地方。"

高登与麦克菲尔的市场总监伊恩·查普曼（Ian Chapman）写道："虽然我们的建筑是现代的，并且是为我们的游客提供最佳体验而设计的，但它也与蒸馏厂周围，凯恩戈姆的自然美景相得益彰。就像我们的威士忌一样，我们的家园将在下个世纪，甚至更远的将来——与自然景观融为一体。"

趣闻 Curiosities

苏格兰民间传说中，据说"大灰人"（The Big Grey Man，盖尔语写作"Am Fear Liath Mor"）就潜伏在凯恩戈姆的最高峰本麦克杜伊山（Ben MacDui）的高处，这里也是继本尼维斯之后不列颠群岛的第二高峰。第一次有记录的目击事件发生在 1925 年，皇家地理学会会员诺曼·科利尔（Norman Collier）教授做了记录，当他意识到有紧随其后的嘎吱作响的脚步声时，便逃离进了迷雾覆盖的山顶。诺曼写道："不管你怎么看，我不知道，但本麦克杜伊山山顶有一些非常奇怪的地方，我是不会再回到那里了。"

● 凯恩戈姆半宝石是官方认证的苏格兰宝石。它是一种特殊的烟晶，仅存于凯恩戈姆山脉中。广泛用于胸针，特别适合装饰高地短剑的剑柄。

Caledonian
加勒多尼亚（再开发）

谷物
威士忌

加勒多尼亚能够在一天内生产出相当于小型麦芽蒸馏厂一年产能的酒精。
加勒多尼亚在很长的时间里都是世界上最大的蒸馏厂——1897年至
1930年间无疑如此。

地址：Haymarket, Edinburgh　　产能：未知
最后的所有权：D. C. L./S. G. D.　　关停年份：1988

历史事迹
History ▸▸▸

　　加勒多尼亚蒸馏厂——曾有一年被称为爱丁堡蒸馏厂（The Edinburgh Distillery）——由格拉汉姆·孟席斯公司 [Graham Menzies & Company，爱丁堡森伯里酒厂（Sunbury）的所有者，森伯里酒厂在加勒多尼亚酒厂满负荷运转后关闭] 于1855年在干草市火车站（Haymarket）附近建成。如今酒厂的位置离市中心只有几分钟路程，但是在19世纪50年代落成时可是远在城市边界之外，虽然它离喀里多尼亚到爱丁堡和格拉斯哥的铁路都很近（这两条铁路都通过蒸馏厂）。据信，它是第一批利用铁路优势的蒸馏厂之一。工艺用水来自城市的主供水，冷却用水则来自附近的福斯和克莱德运河。它被评为"欧洲模范蒸馏厂"。

　　加勒多尼亚在第二年加入了第一次低地酒厂的贸易协议（详见"Carsebridge 卡斯桥"）。为了控制价格，交易在6家蒸馏公司之间分配，在这6家公司之中，孟席斯公司拥有最大的威士忌库存，并获得了41.5%的贸易额 [第二大公司是卡西布里奇的约翰·巴德（John Bald），占15%]。然而，1877年格拉汉姆·孟席斯对是否加入新生的D. C. L.犹豫不决：他的儿子刚刚成为家族企业的合伙人，希望保留家族对酒厂

的所有权。最终他们在 1884 年加入 D. C. L.。

与其他谷物蒸馏厂一样，加勒多尼亚同时运转壶式蒸馏器和连续蒸馏器。19 世纪 80 年代中期，酒厂有三个大壶式蒸馏器（其中两个用于生产"爱尔兰"威士忌的蒸馏器在 1900 年被移除了）。它的科菲蒸馏器曾是全欧洲第一大。

1966 年，酒厂归到 D. C. L. 名下的生产子公司 S. G. D.。当时公司员工近 400 人。蒸馏厂于 1988 年关闭，并在 1997 年出售和部分拆除。其余的建筑，"从 19 世纪 80 年代到现在，外部变化不大"（莫利斯），已经改建成公寓。

趣闻 Curiosities

1887 年，阿尔弗雷德·巴纳德称加勒多尼亚为"欧洲模范蒸馏厂"，因为酒厂将"每次机械改进和每项专利"都无私地向全行业公开。

● 詹姆斯·格兰特在 1882 年撰写的《新旧爱丁堡》一书中写道："加勒多尼亚蒸馏厂拥有全苏格兰最宏伟的蒸馏器。为满足不断增长的对统称为'爱尔兰'的各种威士忌的需求，约在 1867 年加勒多尼亚的所有者安装了两个旧式大型蒸馏器，用它们蒸馏出的威士忌与都柏林生产的威士忌几乎一样。"

● 1897 年，威廉·达真·格拉汉姆·孟席斯成为 D. C. L. 的总裁。同一时期，传奇的 W. H. 罗斯任总经理和秘书。他们组建了一支强大团队，孟席斯为 D. C. L. 服务了 28 年，1925 年将总裁职务移交给罗斯，但继续在董事会中保有了 20 年的席位。"孟席斯和罗斯携手建立了 D. C. L.。"查尔斯·克雷格说。孟席斯留下了 140 万英镑的个人财富，约合今天的 4050 万英镑。

● "加勒多尼亚一直仅有一个科菲蒸馏器，但蒸馏器的直径为四又八分之三英尺，高度为 45 英尺，每小时生产 4000 升酒精。"（莫利斯）

● 1986 年，为纪念在爱丁堡举行的英联邦运动会，酒厂唯一一次以自己的名义进行装瓶。

Cambus
坎伯斯（已拆除）

 谷物威士忌

曾在酒厂担任税务专员的菲利普·斯诺登后来成为 1947 年第一届工党政府的财政大臣。

地址：Tullibody, by Alloa, Clackmannanshire　产能：20m L. P. A.
最后的所有权：United Distilleries　关停年份：1993

历史事迹
History ▸▸▸

　　阿洛厄成为酿造蒸馏、玻璃制造和纺织品的中心已有 200 多年。坎伯斯蒸馏厂建于 1806 年，由约翰·穆布雷（John Moubray）创立，位于德文河畔，靠近福斯。酒厂名字来自盖尔语 camas，意为"小溪"或"小海湾"。这个地方以前是面粉厂。

　　约翰的事业由其子孙继承，壶式蒸馏器在 1826 年被斯坦因蒸馏器替代，1851 年又替换成科菲蒸馏器。约翰的孙子罗伯特·穆布雷将坎伯斯蒸馏厂带入了 D. C. L.，后者在 1877 年成立（详见"Cameronbridge 卡梅隆桥"和"Carsebridge 卡斯桥"），并于 1882 年通过收购坎伯斯老酿酒厂（Cambus Old Brewery）扩建了酒厂。唉，1914 年 9 月的一场大火烧毁了酒厂大部分建筑物，在接下来的 24 年里，酒厂仅作为保税仓库和附近的卡斯桥蒸馏厂的发麦厂运营。

　　1937 年，除了一小部分蒸馏车间，原始建筑的废墟都被拆除，被纳入一座新建筑。第二次世界大战爆发后，生产立即中断，但在 1945 年得到恢复。1964 年坎伯斯首当其冲地安装了所有谷物威士忌蒸馏厂必备的副产品回收设备，并于 1982 年将其改建为深酒糟设备。

1993 年，酒厂被 U. D. 关闭，设备被拆除，建筑改造成装桶车间和熟成车间。2011 年 11 月，帝亚吉欧在坎伯斯酒厂内开设了一家艺术级的制桶厂。"由桶匠专为桶匠设计"，运用了汽车行业相关技术和机器人技术，尽可能减少桶匠的体力劳动。该工厂是苏格兰最大的工厂，拥有约 100 名员工（包括 40 名桶匠和 10 名学徒），每年可以翻新和活化 25 万个橡木桶。工厂的规模反映在了现实中：随着茹瑟勒蒸馏厂的开业和其他几家酒厂的扩建，帝亚吉欧产能增加了 4000 万升。

趣闻 Curiosities

1905 年，英国一家法院裁定无论麦芽、谷物还是调和，"威士忌"都必须在壶式蒸馏器中制作。第二年上诉时，法院同样存在分歧。宣布结果的那一天，也就是 1906 年 6 月 25 日，D. C. L. 厚脸皮地推出了"坎伯斯：连续蒸馏纯威士忌品牌。喝完一加仑也不头疼"的广告宣传活动。"什么是威士忌？"的问题只能通过在 1908 年成立皇家委员会来解决，委员会认定连续蒸馏的烈酒也可被称为威士忌。

- 酒厂有自己的火车用于运输谷物，以及一个酵母屋用于制作"德国"酵母。酒桶从酒厂自己的码头出海。二氧化碳处理装置建于 1953 年，1964 年增加了 1 个糟粕干燥装置，1982 年造了 1 个深酒糟装置。1952 年，坎伯斯安装了 1 个精馏装置，用来生产金酒，并将 D. C. L. 的旺兹沃思蒸馏厂（Wandsworth Distillery）的产能转移了过来。这标示了后来发生的事。今天，大约 70% 的英格兰金酒都是在苏格兰生产的，主要是卡梅隆桥蒸馏厂。

- 坎伯斯从三个水源获取水：工艺用水来自罗斯伯恩（Lossburn）水库，水库位于酒厂后面峻拔挺立的奥希尔丘深处，冷却用水来自德文河，稀释用水来自塔湖（Loch Turret）。

- 1957 年和 1958 年，隔壁的福斯酿酒厂转型为使用连续蒸馏器生产。头两年生产连续蒸馏麦芽威士忌，后来又转向制作谷物威士忌。它在 1982 年被 D. C. L. 买下后拆除，为深酒糟装置让路。

Cameronbridge
卡梅隆桥

谷物
威士忌

1877 年 8 月利文河冲毁了堤岸，"酒厂完全被大水包围，一股急流穿过中庭，浇熄了锅炉火……主门在压力下被冲开了……大门被冲毁后，空桶在湍急的水流上漂得到处都是……救出马和猪的任务极其艰巨。"

地址：Windygates, Leven, Fife　　电话：01333 350377
所有权：Diageo plc
产能：95m L. P. A. 谷物威士忌；42m L. P. A. 谷物中性酒精

原料：来自苏格兰东海岸和英格兰的小麦，旺德豪芬（Wanderhaufen）发麦系统一直使用到 1997 年，现在从伯格黑德引进干麦芽。工艺用水来自酒厂钻井。

设备：3 个科菲蒸馏器，还有 1 个九节连续蒸馏器用于制作中性酒精，供给金酒和伏特加。

熟成：主要是首次填充和重装波本桶，在附近的利文和阿洛厄的黑庄（Blackgrange）陈年仓库里熟成。

风格：清爽干净，柔滑，油润的质地。果味，醇香美味。

熟成个性：新鲜的梨汁（丙酮，天然松节油），硬质太妃糖。干净，甜美，带有焦糖味，尾韵偏短。

卡梅隆桥是最古老的谷物威士忌蒸馏厂，也是最大的一个。它还是苏格兰第一家在柱式连续蒸馏器中生产谷物威士忌的酒厂。在此之前，许多低地蒸馏厂在壶式蒸馏器中酿造谷物烈酒。

它由约翰·黑格于 1824 年创立。根据家族传说，1822 年他 20 岁的时候，与一位"老仆人"共骑穿过卡梅隆磨坊（Cameron Mills），磨坊位于利文河畔，靠近法夫的风之门村（Windygates）。两个世纪以来，这座磨坊享有"特权"（当地租户必须在这里研磨玉米）。约翰转向老仆人说道："你知道吗，桑迪，这里将是我们从威士忌里捞金的地方。"

他从他的朋友也是地主的威姆斯卜尉那里租了这块土地，这笔租约上签署的是他父亲的名字，因为约翰还未成年，卡梅隆桥蒸馏厂于 1824 年 10 月获得蒸馏许可。

他的表兄罗伯特·斯坦发明斯坦蒸馏器不到一年，他就安装了第一个斯坦蒸馏器，为此支付每加仑一便士[1]的专利费，以生产"麦芽水"。两年后转而使用效率更高的科菲蒸馏器。这导致谷物威士忌生产过剩，早在 19 世纪 30 年代中期，黑格就试图引起东部低地酒厂对控制价格的重视。

此举结出的果实就是 1865 年苏格兰蒸馏协会（Scotch Distillers Association）的成立，这是一个由八家谷物蒸馏厂之间达成的贸易协

1 英国等国的辅助货币。在过去，240 便士 =1 英镑。——中文版编者注

议，协议根据生产能力划分市场，并制定销售价格和条件。这是成立于 1877 年 4 月的作为谷物威士忌蒸馏者联合体的 D. C. L. 的先驱，协议成员分别是：波特邓达思（Port Dundas）、卡斯桥（Carsebridge）、卡梅隆桥、格兰诺基尔（Glenochil）、坎伯斯和柯克利斯顿（Kirkliston）。它们共同控制了 75％ 的谷物威士忌生产。协会的名义资本为 200 万英镑，宗旨是"确保共享经验与减少开支、增加利润的优势（仅凭大规模生产和贸易可以驾驭的）"。约翰的儿子雨果·维奇·黑格于 1878 年父亲去世后接手了卡梅隆桥。

卡梅隆桥于 1903 年扩建，当时距离不远的顿卡尔迪（Drumcaldie）麦芽酒厂被 D. C. L. 收购合并。直到 20 世纪 20 年代，酒厂还有科菲、斯坦和壶式三种蒸馏器：后两种在 1930 年被拆除。

1989 年，哥顿（Gordon's）、布斯（Booth's）和添加利伦敦干型金酒（Tanqueray London Dry Gins）的蒸馏从旺兹沃思转移到卡梅隆桥。今天，大约 70％ 的英格兰金酒是在苏格兰生产的，主要在卡梅隆桥。

帝亚吉欧自 2010 年以来已经花费了 7000 万英镑扩建酒厂，包括 1 个新的糖化室、新的发酵罐、3 个新的糖化槽和 1 个价值 6900 万英镑的污水处理厂，它将为蒸馏厂提供甲烷能源。

较早时候，卡梅隆桥有一个蒸馏厂，1813 年至 1817 年间由约翰·爱丁顿和罗伯特·黑格负责经营。约翰本人于 1802 年出生在卡梅隆宅邸。

● 约翰·黑格是伟大的黑格蒸馏王朝的后裔。他的父亲威廉·黑格是圣安德鲁斯附近的金卡普（Kincaple）蒸馏厂的持牌人（1795 年之后），也是嘉德布里奇（Guardbridge）的塞吉（Seggie）蒸馏厂（详见"Eden Mill 伊顿磨坊"）的创始人（1810 年），还连续 12 年担任圣安德鲁斯市长。年轻的约翰就学于圣安德鲁斯大学，在那里获得了数学银奖，之后来到塞吉蒸馏厂担任学徒。

● 约翰的叔叔都是蒸馏师：詹姆斯先在卡农磨坊（Canonmills），后来去了爱丁堡的洛赫林（Lochrin），并在 18 世纪 90 年代后成为威士忌行业的发言人；约翰在爱丁堡的博宁顿蒸馏厂工作；乔治在因弗基辛（Inverkeithing）蒸馏厂拥有权益；罗伯特在都柏林创办了多德班克蒸馏厂，后来又接管了塞吉蒸馏厂；安德鲁则接管了阿洛厄的吉尔巴基（Kilbagie）蒸馏厂。

● 阿尔弗雷德·巴纳德在 19 世纪 80 年代访问卡梅隆桥时，发现了"两个非常漂亮的科菲连续蒸馏器，铜管抛光闪闪发亮……两个斯坦连续蒸汽蒸馏器……还有一个老壶式蒸馏器"。他总结说："这里制作的威士忌据说打遍天下无敌手。有好几种蒸馏产品。第一种是谷物威士忌（Grain Whisky），第二种是壶式蒸馏爱尔兰威士忌，第三种是连续蒸馏麦芽威士忌，第四种是风味麦芽威士忌。"

● 一直以来，卡梅隆·布里格单一纯谷物威士忌（Cameron Brig Pure Single Grain）都是唯一可以广泛获取的单一谷物威士忌。2014 年 7 月，它被翰格兰爵单一谷物威士忌（Haig Club Single Grain Whiskey）取代，新产品酒精度为 40% vol，无年份标识，混合了重装波本桶和活化欧洲橡木桶的酒液，设计成一款"招募威士忌"——由大卫·贝克汉姆代言！

Caol Ila

卡尔里拉

麦芽
威士忌

1970 年至 1974 年蒸馏厂重建期间，布朗拉蒸馏厂的泥煤水平被拉高，以填补烟熏风味威士忌供应的潜在缺口。

2014 年退休的比利·斯蒂切尔是其家族在酒厂工作的第四代。

产区：Islay 电话：01496 302760
地址：Port Askaig, Isle of Islay, Argyll
网址：www.malts.com 所有权：Diageo plc
参观：装饰一新的游客中心 产能：6.5m L. P. A.

原料：来自波特艾伦发麦厂的重泥煤麦芽（30—35ppm 泥煤酚值），一年中大约有四个月的时间使用同样来自波特艾伦的无泥煤麦芽。水取自南邦湖（Loch Nam Ban）。

设备：铸铁半劳特／半滤桶式糖化槽（11.5吨）。8 个落叶松发酵槽。3 个普通型初次蒸馏器（35 340 升），3 个普通型烈酒蒸馏器（29 550 升）。全程蒸汽间接加热，配壳管式冷凝器。

熟成：重装波本猪头桶。主要在中部地带长年熟成，部分在原始仓库内熟成。

风格：泥煤，但酒体要比姐妹厂乐加维林来得轻盈。

熟成个性：香气浓郁，带有烟熏火腿或烟熏奶酪味，还有一些海藻的气息。味道甜美，带有芬芳的烟熏味和消毒水味。尾韵中长。

蒸馏厂的名字来自艾雷岛和吉拉岛之间的海峡——艾雷岛之声。该地的第一个蒸馏厂位于阿斯凯克港渡轮点以北的一个小海湾，由赫克托·亨德森于 1846 年建造，有效利用了来自南邦湖的充沛水源。这片水域曾用于清洗铅矿。酒厂坐拥吉拉岛的壮丽景色，酒厂上方的山坡上建造了许多房屋，并为员工提供了一间商店、一间福音堂。

1863 年，卡尔里拉被格拉斯哥的调和公司布洛克·拉德收购。他们修建了一个能够承受 12 英尺高的潮汐和海峡湍急水流的码头，允许小型货船来此停泊，供应燃煤、麦芽以及运送威士忌。

1927 年 D. C. L. 收购了布洛克·拉德的控股权，酒厂的所有权也在 1930 年归 S. M. D. 所有。他们买了艘自己的小船，为集团旗下的 3 个艾雷岛蒸馏厂提供服务。

1972 年，原来的蒸馏厂被拆除（除了仍在使用的大型三层仓库），取而代之的是 S. M. D. 所谓的"滑铁卢街"风格的更大、更高效的建筑。它于 1974 年恢复生产，配有 6 个蒸馏器（以前有 2 个）。

2011 年到 2012 年间，帝亚吉欧又增加了 2 个蒸馏器，并在酒厂追加了 350 万英镑的投资，将产能提高了 70 万升纯酒精。卡尔里拉是艾雷岛上最大的蒸馏厂，也是尊尼获加的主要基酒来源。集团花费了 1.8 亿英镑，投资翻新了卡尔里拉、泰斯卡、克里尼利基和格兰昆奇的游客中心，以及爱丁堡的尊尼获加体验中心。

卡尔里拉
图片来源：帝亚吉欧

趣闻 Curiosities

"滑铁卢街"风格以 S. M. D. 工程部门在格拉斯哥的地址命名。根据该设计风格，酒厂需配有 6 台蒸馏器，蒸馏室的外墙得是玻璃，窗户可以打开，使整个蒸馏室充满光线，并有利于通风。在卡尔里拉的案例中，这样的设计让人可以清楚地看到吉拉岛壮丽的景色。

● 麦芽车间和糖化车间的布置方式可以充分利用重力，因此节省了不必要的泵机，整体规划既高效又美观，同时也让人心情愉快。设计遵循 S. M. D. 总工程师查理·波茨博士的意见，并在以下蒸馏厂付诸实施：巴曼纳克（1962），卡尔里拉（1974），克里尼利基（1968），克莱嘉赫（1965），格兰杜兰（1972），格兰奥德（1966），格伦托赫斯（Glentauchers，1966），林可伍德（1970），曼洛克摩尔（Mannochmore，1971），皇家布莱克拉（Royal Brackla，1964/1965）和第林可（Teaninich，1970）。

● 卡尔里拉于 2002 年首次由其所有者装瓶发售，是一款 12 年陈酿的产品。虽然酒厂的泥煤风格十分出名，但每年都会制作一批无泥煤的产品，名为"卡尔里拉高地"（Caol Ila Highland）。

Caperdonich
卡普多尼克（已拆毁）

麦芽
威士忌

对罗西斯的"自由灵魂"来说，输送"自由之水"的热门来源是连接卡普多尼克和格兰冠的"威士忌管道"！

产区：Speyside　　地址：Rothes, Moray
最后的所有权：Chivas Brothers　产能：2.1m L. P. A.

历史事迹
History ▸▸▸

在威士忌热潮的巅峰时期，对格兰冠（麦芽威士忌的需求促使酒厂的所有者詹姆斯·格兰特少校在"马路对面"建造了另一家蒸馏厂，在他的设想中这里将被命名为"格兰冠二号厂"（详见"The Glen Grant 格兰冠"）。

酒厂的设计初衷是增加格兰冠的供应，两家酒厂的出品被一视同仁地对待，甚至酒厂之间有一条连接两者的管道。但据说从一开始，二号厂和一号厂的出品就不同。

它在 1898 年即热潮变为泡沫前两年开业，于 1902 年关闭，地板发麦和两个熏窑继续向格兰冠蒸馏厂供应麦芽，酒厂仓库则用来堆放原料。

酒厂一直处于停产状态，直到 1965 年由格兰威特蒸馏有限公司（The Glenlivet Distillers Ltd）重建，1967 年扩展为 4 个蒸馏器，并以其稀释用水供应井的名字将酒厂改名为"卡普多尼克"。1977 年蒸馏厂归于施格兰公司，在后者收购格兰威特蒸馏公司，2001 年保乐力加收购施格兰的威士忌权益时，酒厂又被转到新东家旗下。第二年，保乐力加的运营公司芝华士兄弟将酒厂关停。2012 年，福赛斯公司（创立于 19 世纪 90 年代，在罗西斯拥有专属的铜匠，如今包办了世界各地绝大部分新生蒸馏厂所需的新蒸馏器、收集罐和相关管道）收购了卡普多尼克酒厂，拆除了酒厂的建筑，这块场地现在与他们在这条街上的装配业务配套运营。

Cardhu

卡杜

麦芽
威士忌

亚历山大·沃克爵士在很多方面都是创新者，但在一般人眼里非常保守。他深信在糖化车间打扰蜘蛛是不吉利的，因为它们有益于发酵。在他的勒令之下，蜘蛛得到了保护，所以当卡杜的一名新酿酒师在不知情的情况下打扫并重新粉刷了房间之后……"亚历山大爵士对这一亵渎行径的滔天愤怒令人难忘"。——布兰·斯皮勒

伊丽莎白·卡明的性格令人生畏，后以"威士忌贸易女王"广为人知。

产区：Speyside　　电话：01479 874635
地址：Knockando, Aberlour, Moray　　网址：www.discovering-distilleries.com
所有权：Diageo plc　　产能：3.4m L. P. A.
参观：游客中心——尊尼获加的"品牌之家"，售卖各种纪念周边

原料：来自伯格黑德发麦厂的无泥煤麦芽。来自曼诺克山（Mannoch Hill）的泉水以及林奈河（Lynne Burn）中的软水，两者都蓄入酒厂附近的一个水坝中。

设备：全劳特/滤桶式糖化槽（7吨）。8个落叶松发酵槽。装有3个普通型初次蒸馏器（18 000升），3个普通型烈酒蒸馏器（11 000升）。自1971年以来使用间接加热，配壳管式冷凝器。

熟成：重装波本猪头桶。

风格：花香。

熟成个性：香水感和花香（帕尔玛紫罗兰，干玫瑰花瓣），以及斯佩塞典型的果香（梨，新鲜苹果）。口感清甜爽口。酒体轻盈。

与其他许多蒸馏厂一样，卡杜（在 1981 年之前被称为"Cardow"，英语化的写法为"Cardoo"）曾经是一个有蒸馏器的农场。1811 年，山地农民和牧师的儿子约翰·卡明在这里住下，并很快干起了非法威士忌蒸馏的勾当。酒厂位于斯佩以北的丘陵地区，在当时是比较偏远的。他于 1824 年取得了执照，他酿制的大部分酒被马车拉到伯格黑德并运往利斯。

约翰于 1846 年去世，他的儿子刘易斯·卡明和刘易斯的妻子伊丽莎白继承了酒厂。她有一张流传下来的在酒厂里拍摄的褪色照片。那时，酒厂的产量为每周 240 加仑，约 623 升。

1884 年，伊丽莎白重建了蒸馏厂，将老蒸馏器卖给了正在建造格兰菲迪蒸馏厂的威廉·格兰特。1888 年，她的威士忌在伦敦作为单一麦芽威士忌销售，她自豪地称其为斯佩塞地区唯一不需要将"格兰威特"这个名字贴在自己商标上的威士忌。

1893 年，伊丽莎白·卡明将卡杜卖给了沃克父子公司，条件是让她的儿子约翰加入公司的董事会。她的孙子罗纳德后来还被擢升为沃克父子和 D.C.L. 的总裁，并获封王国骑士。

1897 年，蒸馏厂扩大到 4 个蒸馏器。1925 年，沃克加入 D.C. L.。1965 年，注意到格兰菲迪取得的成功，D.C.L. 的国内贸易委员会（Home Trade Committee）在罗纳德·卡明爵士的支持下对旗下可发行单一麦芽威士忌的酒厂进行了一番调研，最后推荐了卡杜、欧摩和林可伍德。"卡杜 8 年"发布后，预算为 15 000 英镑，尽管管理委员会非常担心这么做会减少调和威士忌所需的库存，并担心用"有点特别"来宣传单一麦芽"不可能打败人们心目中的标准品牌"。"试验"被搁置了：卡杜可以继续在国内销售，但在 1967 年之后不再投放广告。

20 世纪 80 年代早期，该公司采取了一个对他们来说不寻常的行动：

允许记者和非从事威士忌贸易的贵宾们访问酒厂。

自 2011 年以来，卡杜已将产量从 230 万升扩大到 340 万升纯酒精，全天候运营。

趣闻 Curiosities

约翰·卡明的妻子海伦大胆地在农舍里为来访的税务专员提供住宿，以此来帮助她的丈夫和其他人进行非法蒸馏活动——方圆几英里内没有一家客栈。这些税务专员一坐在桌旁，她就会在后面的谷仓上悬挂一面红旗作为警示。

● 巴纳德非常重视卡杜的酿造，将其描述为"最厚重、最丰富的酒体，并且非常适合用于调和威士忌"。利斯的查尔斯·麦金利公司（Charles Mackinlay & Co.）是卡杜的代理商，拥有溢价权。

● 阿尔弗雷德·巴纳德在伊丽莎白·卡明重建酒厂前不久拜访了那里。他写道："这些建筑物特别落后、原始，尽管存在水力，但绝大多数工作仍然需要体力劳动来完成。考虑到多年来的成功运作，它以如此简陋的条件支撑那么久，简直不可思议。"

● 1924 年，一份贸易杂志报道称，卡杜的"两个较大的蒸馏器"是由"油和蒸汽压力推动的喷射系统"加热的，即由石油直接燃烧加热，而两个较小的蒸馏器则仍然使用燃煤直火加热。使用石油是一项远远超前的试验。由于石油成本太高，而不是酒液质量问题，该公司两年后放弃了试验。

● 在目前经济衰退的情形下，卡杜仍在西班牙如此受欢迎，甚至供不应求。2002 年帝亚吉欧试图通过引入"纯麦芽"版本的卡杜来解决这个问题（一种调和麦芽威士忌——此款仅调和两种）。它同样被命名为"卡杜"并使用相同风格的瓶子，带有极为相似的标签，虽然"纯"（pure）和"单一"（single）麦芽之间的差异在纸箱上得到了解释，并且计划将单一麦芽威士忌版本的名字恢复为原来的 Cardow。威士忌行业受到了自现代以来最大的一次冲击，并且导致麦芽威士忌定义的收紧。例如，"纯"一词被禁用，因为它会误导消费者。"卡杜纯麦威士忌"（Cardhu Pure Malt）的标识最终被撤回。

Carsebridge
卡斯桥（再开发）

谷物
威士忌

卡斯桥曾拥有自己的消防队，雇了 40 名消防员。

地址：Alloa, Clackmannanshire　产能：未知
最后的所有权：Diageo plc　关停年份：1983

历史事迹
History ▸▸▸

　　18 世纪晚期，克拉克曼南（Clackmannan）是苏格兰酿造和蒸馏产业的摇篮。阿洛厄屹立于奥希尔丘陵的阴影下，地处斯特林平原（Stirling）和肥沃的法夫低地的交界处；它靠近苏格兰最古老的煤矿，取道福斯从东洛锡安进口煤炭和谷物。

　　这里成立了"在苏格兰工业革命第一个十年中最大的制造业企业"（迈克尔·莫斯）——斯坦家族拥有的吉尔巴基和肯尼特潘斯（Kennetpans）蒸馏厂以及相关行业，比如制铜、玻璃制品和制桶（所有这些至今都还在）。

　　卡斯桥由约翰·巴德于 1799 年建造，他将酒厂交给他的儿子罗伯特打理。1845 年，蒸馏厂传给了罗伯特的兄弟约翰。它从用壶式蒸馏器制作麦芽威士忌起家，但在 1860 年转为使用连续蒸馏器和生产谷物威士忌。

　　约翰·巴德二世（被形容为"政治家巴德"）是促进低地酒厂共同利益的领航人。最先采取的形式是 1856 年签署的《一年贸易协议》，署名者为加勒多尼亚、坎伯斯、卡斯桥、格兰诺基尔、哈丁顿（Haddington）和塞吉酿酒厂的所有者。1865 年第二次贸易协议延长了

期限，其时卡梅隆桥取代了塞吉，波特邓达思取代了哈丁顿；同年晚些时候，约克的蒸馏厂和阿德菲的蒸馏厂加入协议。

这一切只是 1877 年 4 月 D. C. L. 成立的前奏（详见"Cameronbridge 卡梅隆桥"）。

卡斯桥在 1966 年被转让给 D. C. L. 的子公司 S. G. D.，当时它是集团最大的谷物蒸馏厂，雇了 300 人，拥有 3 个科菲蒸馏器和 1 个大型深酒糟设备。它于 1983 年被关闭并拆除，现在这里被帝亚吉欧的苏格兰烈酒供应部门占用，该部门负责公司所有烈酒生产。这里还容纳了帝亚吉欧的主要制桶工场和酒窖，后者中陈放着装有雪利酒或其他葡萄酒的酒桶。

趣闻 Curiosities

19 世纪 70 年代，肯尼特潘斯蒸馏厂安装了苏格兰第一台蒸汽机，吉尔巴基安装了第一台蒸汽动力脱粒机。苏格兰最早的铁路线之一连接着两个蒸馏厂，因此货物可以很容易地从吉尔巴基运到 1 英里远的肯尼特潘斯码头。

Clydeside
可莱塞

 麦芽
威士忌

产区：Lowland　　电话：0141 212 1401
地址：Queen's Dock, 100 Stobcross Road, Glasgow G3 8QQ
网址：www.theclydeside.com　　所有权：Morrison Glasgow Distillers Ltd
参观：开放　产能：500 000 L. P. A.

原料：来自辛普森家的无泥煤的苏格兰自产大麦。来自卡特琳湖（Loch Catrine）的水。

设备：不锈钢半劳特／半滤桶式糖化槽（1.5 吨）。8 个不锈钢发酵槽。1 个鼓球型初次蒸馏器（7500 升），1 个普通型烈酒蒸馏器（5000 升），配有壳管式冷凝器。

熟成：首次或重装美国橡木波本桶。在酒厂以外的艾尔郡长年熟成。

风格：低地，轻柔，果香。在酒厂商店可以买到新酒。

历史事迹
History ▸▸▸

　　可莱塞蒸馏厂于 2017 年 11 月初开始生产，11 月 23 日向公众开放。如其名所示，它位于克莱德河畔的老泵房里，泵房建于 1877 年，为格拉斯哥市中心附近的皇后码头提供液压动力。

　　创始人是蒂姆·莫里森，他的父亲斯坦利·P. 莫里森在 20 世纪 50 年代初开始从事威士忌经纪人业务，于 1963 年购买了波摩蒸馏厂（详见"Aberargie 阿伯拉吉"），并拥有独立装瓶商 A. D. 拉特雷公司（A. D. Rattray）。蒂姆的曾祖父是负责建造皇后码头的建筑师，因此酒厂所在地点对家族具有特殊的意义——蒂姆的儿子安德鲁被任命为商业总监。

　　格拉斯哥的多柱建筑设计公司（Hypostyle）接受委托，负责修复被列为 B 级历史建筑的泵房并将其改造成一个完备的旅游景点，他们还将设计新的蒸馏厂主体建筑：一个极具现代感的长方体建筑，半玻璃半木材包覆，提供了观赏河景的视角。酒厂本身是由当代杰出蒸馏厂设计师吉姆·斯旺博士设计的（详见"Aberargie 阿伯拉吉""Lindores Abbey 林多斯修道院""Ardnamurchan 艾德麦康"等），吉姆在 2017 年不幸过世。

毫不奇怪，由于其位置靠近河滨博物馆、格拉斯哥科学中心和苏格兰展览中心，可莱塞有望成为主要旅游景点。酒厂导览的第一部分是自助浏览，以影像、图片和文字的形式讲述格拉斯哥作为威士忌中心的140 年历史，地点在翻新后的泵房建筑内。第二部分是围绕新蒸馏厂的导览，访问制作威士忌的"活力四射的工匠"（据酒厂网站介绍：在格拉斯哥，我从不怀疑"活力"元素！）。最后一部分是品尝，可自愿选择是否参观酒厂的威士忌商店和咖啡馆。酒厂也设有举办婚礼等私人活动所用的设施。该酒厂预计每年将吸引 65 000 名访客。

除了旅游方面，可莱塞还将在欧肯特轩前蒸馏经理阿利斯泰尔·麦克唐纳的监督下，生产低地单一麦芽威士忌。

Clynelish

克里尼利基

麦芽
威士忌

克里尼弥尔顿溪自 1819 年来一直是布朗拉镇的水源，据说溪水中含有
黄金颗粒，在邻近的河流中无疑能淘到金子。

产区：Highland (North)　　电话：01408 623000　　地址：Brora, Sutherland
网址：www.malts.com　所有权：Diageo plc
参观：游客中心和商店　产能：4.8m L. P. A.

原料：来自格兰奥德的无泥煤麦芽。来自克里尼弥尔顿
小溪（Clynemilton Burn）的软水。

设备：全劳特／滤桶式不锈钢糖化槽（12.5 吨）。8 个
落叶松发酵槽。3 个鼓球型初次蒸馏器（17 000 升），
3 个鼓球型烈酒蒸馏器（20 000 升），均为间接加热，
配壳管式冷凝器。

熟成：主要是重装波本桶，有一些雪利桶。两个垫板式
仓库，可容纳 7000 个桶。绝大多数酒桶在中部地带陈
年熟化。

风格：蜡质感，石楠花调。

熟成个性：克里尼利基是"高地"风格的杰出典范，有
石楠花和荒野草本、蜡烛和烟草的香气。品尝起来有蜡
质感，包裹牙齿的感觉。味道浓郁，略带水果味和辛香
料味，带有烟草味。中等酒体，复杂度高。

历史事迹
History ▸▸▸

　　现在的克里尼利基蒸馏厂建于 1967 年到
1968 年间，作为当时 D. C. L. 扩张政策的一部分，
位置上靠近原来的克里尼利基蒸馏厂，后者后来

克里尼利基
图片来源：帝亚吉欧

更名为"布朗拉"（早期历史可以参见"Brora 布朗拉"）。在建筑方面，它与卡尔里拉、曼洛克摩尔和克莱嘉赫有相似之处，所有这些酒厂大约在同一时间依照所谓的"滑铁卢街"风进行了重建（详见"Caol Ila 卡尔里拉"）。

新的克里尼利基蒸馏厂配备了 6 个蒸馏器，均由燃油燃烧器产生的蒸汽进行加热。酒厂出产的烈酒备受推崇（尤其用在尊尼获加调和威士忌里），自 2011 年以来，酒厂产能从 336 万升纯酒精增加到 480 万升，并实行全天候运营。2014 年 1 月，帝亚吉欧宣布计划将其产能增加到 900 万升纯酒精以上，但该年晚些时候该计划被搁置了。2016 年，生产设备得到重大升级，包括一个新的糖化槽。旧糖化槽的一部分被搬去了布勒尔阿索蒸馏厂（详见相关条目）。酒厂对游客关闭了 16 个月，总花费近 1300 万英镑。克里尼利基作为"尊尼获加的四大支柱"（Four Corners of Johnnie Walker），与格兰昆奇，泰斯卡和卡尔里拉，还有爱丁堡的尊尼获加体验中心一道，在 2019—2021 年间，获得了帝亚吉欧集团 1.8 亿英镑的投资，得以翻新其游客接待设施。

趣闻 Curiosities

老克里尼利基蒸馏厂于 1967 年正式关闭，但仍继续生产。从 1972 年到 1977 年，蒸馏厂生产重泥煤威士忌，以填补当时正在重建的卡尔里拉蒸馏厂的含泥煤威士忌的缺口。酒厂名字在 1975 年才改为布朗拉，因此有七年的时间，两个蒸馏厂都出品"克里尼利基"。

● 克里尼利基有一个与众不同的地方，那就是它的烈酒蒸馏器比初次蒸馏器要大。生产出的酒夜有着独特的"蜡质感"，这种味道融入了陈化后的威士忌。这种珍贵的蜡质感从何而来一直成谜，直到最近通过全面调查酒体特征随时间变化的原因，发现为此风味做出贡献的是收集器和管道中积聚的油脂沉积物。蜡质感暂时消失的原因是酒厂更换收集器时清洁了管道。原来这就是麦芽威士忌蜡质风味的奥秘！

Coleburn

科尔本（再开发）

麦芽
威士忌

"科尔本"这个名字可以译为"木炭小溪"：该地区过去很受木炭
制作商欢迎。

"舒适地窝在角落……自成一体，紧凑，清爽。"
——《马里和奈恩快报》

产区：Speyside　　电话：07724 045221
地址：Longmorn, by Elgin, Moray
网址：www.thewhiskyhotel.com　所有权：Aceo Ltd
参观：游客中心和商店　关停年份：1985

历史事迹

History ▶▶▶

科尔本由邓迪的调和威士忌公司罗伯逊父子（John Robertson & Son Ltd）于1896年建造，查尔斯·多伊格负责设计。它在罗西斯山谷的位置很好，可以利用苏格兰北部铁路的分支线；酒厂在附近设立了自己的小车站和旁轨（1966年关闭）。"科尔本"这个名字使人想起附近曾经是木炭的生产地。

该蒸馏厂于1913年关闭，三年后被出售给克里尼利基蒸馏有限公司（Clynelish Distillery Company Ltd，所有者是 D. C. L.、沃克父子公司和约翰·里斯克），然后在1925年，酒厂的全部所有权移交给 D. C. L.。J. & G. 斯图亚特（J. & G. Stewart）获得酒厂的使用权，生产的酒液成为制作厄舍调和威士忌的关键基酒。1985年蒸馏厂关闭。这片良地于2004年被出售给戴尔·温彻斯特和马克·温彻斯特，用于土地开发。

他们的目的是将占地 14 英亩的土地开发成一个豪华的"威士忌酒店"，并提供相应的休闲设施，但在 2013 年 11 月，他们将部分房产出售给了威士忌商皑瑟欧有限公司（Aceo），包括占地广阔的传统 / 垫板式仓库、灌装车间和酒液收集室。温彻斯特兄弟保留了旧的发麦车间，希望实现他们的酒店梦。

皑瑟欧拥有数千个酒桶，这些橡木桶已被转移到保税仓库里——在 2014 年获得英国税务海关总署的许可——与从穆雷·迈克达威

（Murray McDavid）那里得到的酒桶摆放在一起。酒厂仓库的剩余空间将出租出去，用于酒桶陈年熟化。

该公司打算在科尔本恢复生产。目前正在核算成本，给福赛斯的蒸馏器采购订单也已进入流程。

趣闻 Curiosities

作为经验丰富的威士忌经纪人，皑瑟欧敏锐地意识到在优质的木材和正确的气候条件下陈年熟化的重要性。他们提供全面的酒桶管理服务：定期监测和熟成报告，木桶维修和认证，还可以为客户提供大量用于木桶收尾的首次填充葡萄酒桶、波特桶、朗姆桶、雪利桶和波本桶。这是第一次有人提供此类服务。

Convalmore
康法摩尔（已拆除）

麦芽
威士忌

产区：Speyside　　地址：Dufftown, Moray
最后的所有权：William Grant & Sons　关停年份：1985

历史事迹
History ▸▸▸

康法摩尔是达夫镇建造的第四间蒸馏厂，毗邻百富和格兰菲迪（现用作仓库的酒厂建筑为邻近几家酒厂的业主格兰父子公司所有）。酒厂建于 1893 年，第二年投产。

当时的所有者是康法摩尔－格兰威特蒸馏公司（Convalmore-Glenlivet Distillery Company）和格拉斯哥的调和威士忌商团体，由来自达夫镇的著名威士忌商彼得·道森担任总经理。尽管当时的市场环境已准备就绪，这个公司最终还是在 1905 年破产并被格拉斯哥的调和威士忌商 W. P. 劳瑞公司（W. P. Lowrie & Company）买下，这家公司同时也是詹姆斯·布坎南公司（James Buchanan & Company）的威士忌供应商，后者于 1907 年收购了劳瑞。酒厂的许多建筑在 1909 年被大火摧毁，但是第二年就重建了（包括 1 个连续蒸馏器，但 1915 年被弃用）。

布坎南 1925 年加入了 D. C. L.，所有权转到 S. M. D. 名下。康法摩尔于 1985 年关闭，并于 1990 年将酒厂建筑卖给了格兰父子公司。

酒厂的名字来自康瓦尔山，酒厂的工艺用水就是来源于此。冷却用水来自菲迪河（River Fiddich）。1909 年曾发生过一场火灾，火势极其猛烈，以至于酒厂的水龙头无法接上，工人不得不用水桶从菲迪河中取水救火。"火势最猛时，火焰有 30 至 40 英尺高……除此之外，天空中还飘起了雪花，燃烧的建筑物配上白茫茫一片的雪景，构成了一幅令人屏息的景象。"

Cragganmore

克拉格摩尔

麦芽
威士忌

克拉格摩尔被调配大师们评为顶级。1988 年被其所有者选入"经典麦芽威士忌"，作为斯佩塞风格的代表。

产区：Speyside　　电话：01479 874700
地址：Ballindalloch, Moray
网址：www.malts.com　所有权：Diageo plc
参观：开放　产能：2.2m L. P. A.

原料：来自茹瑟勒的轻泥煤麦芽。硬质工艺用水来自克拉格摩尔山的一眼泉水，流经克拉格溪（Craggan Burn）。来自斯佩河的冷却用水。

设备：带铜顶篷的全劳特／滤桶式糖化槽（7吨）。6 个北美黄杉木发酵槽。2 个灯罩型初次蒸馏器（18 500 升），2 个鼓球型烈酒蒸馏器（6000 升），独具一格的平顶，均为间接加热。与众不同的长方形虫管冷凝器，初次蒸馏器和烈酒蒸馏器的虫管冷凝器在同一个冷却桶中。

熟成：重装波本桶和雪利桶的混合。

风格：大，丰富，肉质感。

熟成个性：闻起来是多层次的抛光皮革和马鞍香皂，绿香蕉，烟草，坚果，干果和草药。口感偏干，有坚果、硬太妃糖和干果的味道。中等酒体。

1863 年斯特拉斯佩（Strathspey）铁路的开通使得在斯佩塞深处的巴林达洛赫开一家蒸馏厂成为可能，克拉格摩尔酒厂的创始人约翰·史密斯被公认为当时最有经验的蒸馏师之一，曾经管理过麦卡伦、格兰威特、格兰花格（Glenfarclas）和威萧（Wishaw）蒸馏厂；他同时是一位狂热的铁路爱好者，是斯佩塞铁路线背后的推动者。

他为酒厂选择的地点位于巴林达洛赫庄园内，在乔治·麦克弗森－格兰特爵士的支持下建造了这座蒸馏厂，格兰特爵士的家族自 15 世纪以来一直拥有巴林达洛赫城堡（详见"Ballindalloch 巴林达洛赫"）。

酒厂于 1869 年开业。约翰 1886 年去世，酒厂先传给了他的兄弟，又在 1893 年他兄弟的儿子戈登·史密斯成年时传给了戈登。戈登在 1901 年聘请著名的蒸馏厂建筑师查尔斯·多伊格对酒厂进行了翻新。从戈登 1912 年去世到 1923 年酒厂被出售期间，克拉格摩尔一直由他的遗孀玛丽·简管理。

麦克弗森－格兰特和白马蒸馏公司（White Horse Distillers）合作拿下了酒厂的所有权，1927 年，后者将其 50％的所有权转给了 D. C. L., 1965 年 S. M. D. 又买下了酒厂剩余的股份，而在前一年酒厂的产能翻了一番，达到了 4 个蒸馏器。

趣闻 Curiosities

出于某种未知原因，约翰·史密斯把酒厂蒸馏器的顶部设计成了平顶，而不是通常的天鹅颈。这或许可以增加回流，蒸汽在平坦的顶部冷凝后滴落，然后重新蒸馏。使用虫管冷凝可以抵消这样做引起的酒体的轻盈性，酿出风格复杂、中等酒体的斯佩塞风格威士忌。

● 约翰·史密斯身材魁梧，体重 308 磅（140 公斤），因为过于宽实而无法挤进铁路车厢，因此不得不乘坐列车员车厢出行。

● 克拉格摩尔是一个极具魅力的酒厂，结构紧凑且整洁。它围绕庭院而建，庭院的一侧设有"俱乐部房间"（用于招待客人），爱德华时期的装饰风，内有约翰·史密斯的书桌和椅子（超大号）等纪念周边。

Craigellachie

克莱嘉赫

麦芽
威士忌

彼得·麦基被形容为"三分之一的天才、三分之一的自大狂和三分之一的怪人"。

产区：Speyside　电话：01340 872971
地址：Craigellachie, Aberlour, Moray
网址：www.craigellachie.com　所有权：John Dewar & Sons Ltd (Bacardi)
参观：需预约　产能：4.1m L. P. A.

原料：地板发麦，直到 1964 年，此后从伯格黑德购买轻度泥煤烘烤麦芽。来自小康瓦尔山（Little Conval Hill）泉水的软质工艺用水，来自菲迪河的冷却用水。

设备：2001 年安装的全劳特/滤桶式糖化槽（10 吨）。8 个落叶松发酵槽。2 个普通型初次蒸馏器（22 730 升），2 个普通型烈酒蒸馏器（22 730 升）。自 1972 年以来均为间接加热，配虫管式冷凝器。

熟成：主要是重装波本猪头桶，一些雪利大桶，在中部地带陈年熟化。

风格：一种酒体浓郁、略带烟熏的斯佩塞风格。

熟成个性：作为斯佩塞酒厂，克莱嘉赫独树一帜，在该地区熟悉的花果香特征中增添了一丝烟熏感。口感甜美，柠檬调，酸度适中，余味中有淡淡的烟熏感。浓郁厚重的酒体。

历史事迹
History ▸▸▸

克莱嘉赫蒸馏厂经历过大规模重建，于 1964 年到 1965 年间由 D. C. L.（当时的老板）主导，将 2 个蒸馏器扩建为 4 个蒸馏器。采用"滑铁卢街"风格（详见"Caol Ila 卡尔里拉"）。

原酒厂所有遗留如今都成了仓库的一部分。它由查尔斯·多伊格设计，建于 1891 年，服务于由白马的彼得·麦基（Peter Mackie）和班凌斯、欧摩蒸馏厂的所有者亚历山大·爱德华领头的调和威士忌品牌和威士忌商联盟。亚历山大于 1900 年退出，麦基公司于 1916 年获得酒厂的全部所有权。"从那时（1900 年）起，公司年会为董事长彼得·麦基提供了一个针对威士忌产业、苏格兰甚至大英帝国强势发声的平台。"（布兰·斯皮勒）

彼得·麦基爵士于 1924 年去世，公司更名为"白马蒸馏公司"并于三年后加入 D. C. L.。

1998 年，U. D. V.（D. C. L. 的继任者）被迫将克莱嘉赫和其他三家酒厂以及帝王品牌一起卖给百加得。2014 年，酒厂在英国国内市场发布了三款全新的产品，分别为克莱嘉赫 13 年、17 年和 23 年，还有一款免税渠道限定的克莱嘉赫 19 年。

趣闻 Curiosities

彼得·麦基是威士忌行业的领军人物之一。他的怪异行径之一就是发明了一种名叫 B. B. M.（米糠，骨头和肌肉）的"动力面粉"（power flour），在董事会会议室下方捣鼓出一款秘密配方，所有员工都必须在家使用。工作人员还要用心照料自家的花园，每年董事会会到他们家里视察，表现好的会得到一笔年度奖励。他还是一位热心的保守党人，但却在 1920 年因战时做出的贡献被自由党首相册封为男爵。

● 酒厂直到 1948 年才开始使用煤油灯照明，使用水轮驱动的初次蒸馏器锅底刷，直至 1964 年酒厂全面重建时才弃用。

Daftmill
达夫特米尔

 麦芽
威士忌

产区：Lowland　　电话：01337 830303
地址：Daftmill Farm, Cupar, Fife
网址：www.daftmill.com　　所有权：Francis and Ian Cuthbert
参观：需预约　　产能：65 000 L. P. A.

原料：来自阿洛厄的克里斯普的无泥煤麦芽。工艺用水和冷却用水是来自酒厂内的泉水，水质偏硬。

设备：带有铜盖的半劳特／半滤桶式糖化槽（1吨）。2个不锈钢发酵槽。1个普通型初次蒸馏器（2500升），1个普通型二次蒸馏器（1500升），均为间接加热，配壳管式冷凝器。

熟成：雪利桶和来自爱汶山蒸馏厂的首次波本桶的混合。

风格：清新果香，带有麦芽味。

熟成个性：轻谷物味，太妃糖和柑橘香调，如果使用了雪利桶陈年熟化，则会带一些干果味的后调。

达夫特米尔是苏格兰最具吸引力的蒸馏厂之一。这是一个整洁、处处显露细心的磨坊改造建筑，从三面包围一座广场，中间是一个配玻璃幕墙的蒸馏室，右边是仓库，左边是糖化、发酵车间。磨坊建筑本身可以追溯到 17 世纪末至 19 世纪（墙面石板上铭刻的日期为"1809 年"）。

从 2003 年到 2005 年的改造工程由伊恩·卡斯伯特和弗朗西斯·卡斯伯特两兄弟完成，卡斯伯特家族在此地以务农为生，到他们已经是第六代了。他们还在附近拥有一座砾石采石场，所得的收入用来支付磨坊改造的花费。

趣闻 Curiosities

改造磨坊的全部工作都由以达夫特米尔农场为中心、半径五英里范围内的人完成，除了蒸馏器和糖化槽——由罗西斯的福西斯公司制作。

● 兄弟俩用他们自己种植的大麦在阿洛厄的克里斯普（Crisp）发麦。

● 2017 年 12 月，达夫特米尔任命世界上最古老的葡萄酒商伦敦圣詹姆斯街的贝瑞兄弟与罗德公司（Berry Bros. & Rudd，简称 B. B. R.）为他们的英国经销商，一个绝佳的选择，B. B. R. 拥有一支经验丰富的威士忌团队。该酒厂于 2018 年 5 月 18 日正式开业，第一批装瓶——一款 12 年威士忌——也在同一时期发售。

● 磨坊的名字来自达夫特溪（Daft Burn），本意为愚溪，因为它看起来像是从低处往高处流。

Dailuaine

大昀

 麦芽威士忌

埃尔金的查尔斯·多伊格，其时最杰出的蒸馏厂建筑师，1889 年在大昀安装了他职业生涯中的第一个宝塔屋顶。

产区：Speyside　　电话：01340 872500
地址：Carron, Moray
网址：www.malts.com　　所有权：Diageo plc
参观：游客中心和商店　　产能：5.2m L. P. A.

原料：地板发麦，一直到 1959 年，然后改成萨拉丁箱，直到 1983 年，此后使用来自伯格黑德的无泥煤麦芽。来自巴利马利克溪（Balliemullich）的软质工艺用水，从本林尼斯山上流淌下来。来自格林溪（Green Burn）或斯佩河的冷却用水。

设备：全劳特 / 滤桶式糖化槽（11.5 吨）。8 个落叶松发酵槽。3 个灯罩型初次蒸馏器（19 000 升），3 个普通型烈酒蒸馏器（21 000 升）。均为间接加热，配壳管式冷凝器，不过与众不同之处在于其中有 2 个冷凝器是由不锈钢制成的，1 个配给初次蒸馏器，1 个配给烈酒蒸馏器，用来制作酒体较重的酒液。

熟成：主要用重装波本猪头桶，还有一些雪利大桶。所有酒液都会被罐车拉到中部地带陈年熟化。

风格：厚重的酒体，丰富，带有硫化物。

熟成个性：新酒的风格使其非常适合用雪利桶陈年，这些风格融合在陈年的威士忌中。闻起来使人联想到干果、水果蛋糕以及雪利酒。加水后立即会有一丝橡胶的气味。口感浓郁，油脂感强，前段甜美，后段略带单宁，黑巧克力味。浓郁厚重的酒体。

威廉·麦肯齐于 1851 年在距离主干道一英里的一片小树林中创建了大昀，位置在巴林达洛赫庄园另一头（北头），与克拉格摩尔相对。12 年后斯佩塞铁路修到了河对岸的卡伦，并通过一座公路桥连接酒厂，这对大昀进入市场起到了极大的推动作用。

酒厂于 1884 年重建，阿尔弗雷德·巴纳德在 1887 年访问酒厂时指出："在过去的几年里，整个酒厂几乎焕然一新，以更大、更现代的风格重建，现在酒厂囊括了蒸馏工艺的所有最新进展。"它是当时高地规模最大的蒸馏厂之一。

麦肯齐于 1890 年转型为有限公司，与泰斯卡在 1898 年合并成为大昀 – 泰斯卡蒸馏有限公司（Dailuaine-Talisker Distilleries Ltd）。当时这家公司的业务掌握在麦肯齐的儿子托马斯手中，就在前一年托马斯成立了帝国蒸馏厂。托马斯于 1915 年去世，后继无人，大昀 – 泰斯卡被其主要客户沃克（Walker's）、帝王、W. P. 劳瑞和 D. C. L. 收购。1917 年，一场大火烧毁了大部分产业，后来又被重建。

酒厂在 1959 年到 1960 年间进行了一次重大重建，地板发麦被转换成萨拉丁箱系统，蒸馏器数量从 4 个增加到 6 个，并引入了机械燃煤加热（1970 年改为间接加热）。与此同时酒厂还安装了一个深酒糟设备。采用在地发麦，一直持续到 1983 年。

大昀的设计初衷始终是生产调和威士忌，不作为单一麦芽威士忌装瓶发售，直到 1991 年。

趣闻 Curiosities

大昀蒸馏厂的宝塔屋顶——此后成为麦芽威士忌酒厂的主流——在 1917 年被大火烧毁。酒厂在 1959 年再度遭遇火灾，促成了前面提到的重建工程。

● 酒厂在 1897 年购买了一台基尔马诺克的巴克莱（Barclay of Kilmarnock）制造的 0-4-0 马鞍型机车，用于将货物运至卡隆车站。它一直工作到 1939 年才退役，被同一厂家生产的另一台机车取代，后来被命名为"大昀一号"。其明亮的油漆和抛光的铜件令一位前驾驶员赞叹道："极是赏心悦目。"1967 年斯佩塞铁路线关闭后，这台机车被捐赠给阿维莫尔的铁路博物馆。后来又归还给 U. D. 公司，目前在艾柏迪蒸馏厂展出。

Dallas Dhu

达拉斯·杜赫（博物馆）

麦芽
威士忌

产区：Speyside　电话：01309 676548
地址：Mannachie Road, Forres, Moray
网址：www.historic-scotland.gov.uk　所有权：Historic Scotland
关停时间：1983

历史事迹

History ▸▸▸

这是唯一一家原封不动保存下来改成博物馆的蒸馏厂，时光一下子倒流回 20 世纪 50 年代，让人们有机会看到蒸馏厂在现代的诸多变化发生之前的样子（当然你看到的是清理之后的版本）。

无处不在的亚历山大·爱德华（详见"Benromach 本诺曼克"等）将其地产上的这块土地授予著名的格拉斯哥调和品牌赖特和格雷格有限公司（Wright & Greig Ltd）使用，后者在 1898 年委托查尔斯·多伊格建造达拉斯·杜赫 [最初名为"达拉斯摩尔"（Dallasmore）]，并于次年 6 月投产。

酒厂的所有权于 1919 年被转售给 J. P. 奥布莱恩公司（J. P. O'Brien & Company，格拉斯哥的酿酒者），下一个接手者是名为"本摩尔蒸馏有限公司"（Benmore Distilleries Ltd）的英格兰酿酒商联盟。后者于 1929 年被 D. C. L. 收购。酒厂在 20 世纪 30 年代关闭，1939 年蒸馏器被大火烧毁，第二次世界大战期间酒厂处于关闭状态，1947 年恢复生产。1963 年，燃煤加热蒸馏器配备了机械炉灶，并在 1971 年改为蒸汽内部加热。

达拉斯·杜赫于 1983 年 5 月彻底关闭，1986 年，被卖给了苏格兰文物局（Historic Scotland）。

趣闻 Curiosities

达拉斯·杜赫源自盖尔语 Dail eas dubh，意为"黑水流过的田野"。

● 赖特和格雷格公司的主要品牌是罗德里克·杜（Roderick Dhu），以沃尔特·司各特的《湖上夫人》（*The Lady of the Lake*）中的角色命名。十九世纪八九十年代，这款威士忌在印度和澳大利亚/新西兰销量很大。建造达拉斯·杜赫是为了给它提供足够的基酒。

●圣迈克尔古老的教堂和教区在1279年被授予某个威廉·德·里普利，后者将自己的名字改为"达拉斯"。美国得克萨斯州的达拉斯市就是以他的后裔——1845年至1849年间的美国副总统乔治·M.达拉斯的名字命名的。

Dalmore

大摩

麦芽
威士忌

大摩是第一个出口澳大利亚的单一麦芽威士忌品牌（1870 年）。

原料：到 1956 年为止都是地板发麦，之后转换成萨拉丁箱，一直到 1982 年。现在使用的无泥煤麦芽来自因弗内斯的贝尔德斯。工艺用水来自基尔德莫利湖（Loch Kildermorie），在本威维斯山的山坡上。来自艾维隆河（Averon）或阿尔内斯河的冷却用水。

设备：半劳特／半滤桶式糖化槽（9.2 吨）。8 个北美黄杉木发酵槽。4 个灯罩型平顶初次蒸馏器（3 个 13 411 升，1 个 30 000 升），4 个鼓球型烈酒蒸馏器，配有水套以冷却蒸馏器的颈部（3 个 8865 升，1 个 19 548 升）。均为间接蒸汽加热，配壳管式冷凝器。

熟成：雪利桶、波本桶和重装猪头桶的混合。酒厂内垫板式仓库熟成，也有一部分橡木桶在利斯熟成。

风格：重酒体，油脂感和麝香（来自较小的蒸馏器）。较轻的酒体，更多柑橘类香气（来自较大的蒸馏器）。

熟成个性：大摩新酒的整体风格适合雪利桶陈年。闻香浓郁，带有雪利酒的香味，以及甜麦芽、水果蛋糕、橘皮和杏仁蛋白酱的香气。酒体中等偏浓郁厚重，口感饱满，味道甜而不干。尾韵悠长。

217

图片来源：大摩

产区：Highland (North)　　电话：01349 882362
地址：Alness, Ross and Cromarty
网址：www.thedalmore.com　　所有权：Whyte & Mackay Ltd
参观：新的游客中心于 2019 年开放　　产能：4.3m L. P. A.

历史事迹
History ▸▸▸

亚历山大·马西森于 1839 年创立了大摩，他是著名的远东贸易公司怡和洋行（Jardine Matheson）的合伙人，怡和洋行由他的叔叔詹姆斯·马西森爵士创立，并很快成为远东地区最大的英国贸易公司。19 世纪 50 年代，酒厂由玛格丽特·萨瑟兰女士管理。

1867 年，土地租约转给了马西森遗产受益人安德鲁·麦肯齐（时年 24 岁）。他的任务是"扩大业务"，在弟弟查理的帮助下，他说干就干，靠一个新蒸馏车间和一套不同寻常的蒸馏器（见下文）在 1874 年时让

酒厂产能翻了一倍。他们的后代管理大摩（并在 1891 年之后拥有了酒厂）直到 1960 年，当时公司与怀特马凯——一家从一开始就与他们有友好合作关系的公司——合并。

　　大摩蒸馏厂的所有权于 2007 年被转让给印度联合酿酒集团（United Breweries Group of India）的联合烈酒部（United Spirits Division），当时该公司收购了怀特马凯。公司制订了将产能提高两倍的计划，并在 2012 年宣布，此项举措将在联合烈酒部被出售给帝亚吉欧时开始实施。该交易于 2014 年完成，但帝亚吉欧被公平交易办公室（Office of Fair Trading）要求立即出售怀特马凯。怀特马凯及其蒸馏厂和品牌于 2014 年被菲律宾白兰地公司皇胜（Emperador）收购（详见"Invergordon 因弗高登"）。

趣闻 Curiosities

安德鲁·麦肯齐是一位创新者。他是最早使用"蒸馏厂常规木桶"（新桶或重装桶）陈年熟化五六年后再使用雪利桶收尾的蒸馏师之一。凭借亚历山大·马西森在亚洲和澳大利亚的关系网，他跻身第一批在远东销售单一麦芽威士忌的苏格兰威士忌酿酒者之列，成为第一批进入澳大利亚的酿酒者，澳大利亚也很快成为苏格兰威士忌的最大出口市场，这一地位一直保持到 1938 年。

● 大摩有几个不寻常甚至独一无二的地方。巨大的麦酒汁收集器——约六米宽——由松木制成。以前，它配备了两个连接到长木制耕作机的桨叶，操作员得绕着收集器走，推动舵柄驱动桨叶，以搅动麦酒汁，防止沉淀物在蒸馏之前混进初次蒸馏器。

● 据说酒厂的蒸馏器是整个高地地区最古老的。其中一台的部件可以追溯到 1874 年。4 个初次蒸馏器配有平顶，而不是通常的"天鹅颈"。这使得蒸馏出的酒体更重，更有特色。其他 4 个烈酒蒸馏器颈部周围有独特的"水套"（于 1839 年首次安装），因此铜会不断冷却，增加回流，使酒体更轻。有意思的是，烈酒蒸馏器的冷凝器被横放在蒸馏室之外。

● 此外，其中一个烈酒蒸馏器有另外三个的一倍大，这也是一个独特的地方。来自这个蒸馏器的酒液与其他不同，带有更多的柠檬水果和芳香的辛香料，而较小的蒸馏器则会产出更加饱满和强劲的麝香味。

● 蒸馏室内有 4 个酒精保险箱，其中 1 个具有不同寻常的设计和悠久的历史。

● 现在装饰在大摩酒瓶上的有皇家血统的鹿头标志是 1886 年开始使用的，它勾起一段历史往事：1263 年，马西森和麦肯齐的祖先拯救了险些被一头雄鹿的鹿角刺穿的亚历山大三世，作为表彰他们被授予了这一雄鹿徽章。

● 酒厂名意为"大草原"，它的地理位置——在俯瞰克罗默蒂峡湾（Cromarty Firth）的冲积平原上——也佐证了这一点。第一次世界大战期间，酒厂仓库被海军部征用，用于制造水雷。酒厂下方的码头就是由海军建造的，被称为"洋基码头"。

● 德鲁·辛克莱于 2006 年退休（不久后去世），在大摩做了 40 年经理人。

● 2005 年 4 月，一瓶限量 12 瓶的大摩 62 年以 32 000 英镑的价格被私下出售，创下了当时的世界纪录。（事实上，这瓶酒混合了 1868 年、1878 年、1926 年和 1939 年生产的威士忌。）购买者当即开瓶，和朋友们一起饮尽。

● 2017 年，一组独特的 12 瓶装系列大摩（其中最早的一批酒于 1926 年蒸馏）由怀特马凯的传奇调酒大师理查德·帕特森挑选，并以他的名字命名，以 100 万英镑的价格成交，创下了世界纪录。那年早些时候，为了纪念理查德在威士忌行业耕耘 50 周年，50 瓶大摩 50 年被装瓶发售。所有这些酒都在当年年底前售出，每瓶售价 50 000 英镑。2017 年 2 月 2 日，当一瓶大摩 Eos 59 年以 83 640 英镑的价格在香港成交时，又一项纪录被打破。

Dalmunach
达姆纳克

产区：Speyside　地址：Carron, Banffshire
网址：无　所有权：Chivas Brothers
参观：无　产能：10m L. P. A.

原料：来自独立发麦厂的无泥煤麦芽。水来自酒厂自有的泉池，从斯佩河获取冷却用水。

设备：不锈钢全劳特／滤桶式糖化槽（12吨）。16个不锈钢发酵槽。4个灯罩型初次蒸馏器，与原先帝国蒸馏厂的形状相同（30 000升），4个普通型烈酒蒸馏器（20 000升）。均为间接加热，配备壳管式冷凝器。

熟成：主要是首次或重装美国橡木猪头桶，外加西班牙橡木大桶。

风格：奶油太妃糖、水果和酯类的香气，斯佩塞风格。威士忌将用于芝华士兄弟旗下的调和威士忌，主要是芝华士、皇家礼炮和百龄坛。

历史事迹
History ▸▸▸

保乐力加于2012年10月宣布将拆除并重建帝国蒸馏厂（1998年关闭，详见"Imperial帝国"）。新酒厂的建设工作始于2013年，年底时已经清理完毕，除了一个旧仓库之外。

新蒸馏厂耗资2500万英镑。它在设计和运营方面非常现代，但又很契合绿树环绕的斯佩河畔。它于2015年获得了"苏格兰皇家建筑师学会奖"。《麦芽威士忌年鉴2016年版》（*Malt Whisky Yearbook 2016*）的出版商英格瓦·朗德，将其描述为"不仅是苏格兰最大的［酒厂］之一，也是最美丽的"。它的名字来自斯佩附近的一个池塘，苏格兰首席部长尼古拉·斯特金在 2015 年 6 月为其揭幕。

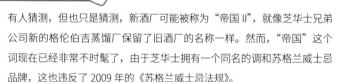

有人猜测，但也只是猜测，新酒厂可能被称为"帝国 II"，就像芝华士兄弟公司新的格伦伯吉蒸馏厂保留了旧酒厂的名称一样。然而，"帝国"这个词现在已经非常不时髦了，由于芝华士拥有一个同名的调和苏格兰威士忌品牌，这也违反了 2009 年的《苏格兰威士忌法规》。

● 蒸馏厂的设计显然受一捆柴火的形状启发。内部宽敞明亮，蒸馏室两端各有一面玻璃幕墙。蒸馏器的形状复刻了旧蒸馏厂的设备形状，蒸馏器本身围绕酒精保险箱排成一圈，而不是一条线。原先酒厂的其他原始特色也融入其中，给人一种传统感：老磨坊的红砖被回收再利用，新的入口区域打造了一面装饰墙，旧发酵槽的北美黄杉木被打造成一个"吊舱"入口以及装饰新发酵车间的山墙。

● 达姆纳克的建造由道格拉斯·克鲁克香克一手包办，道格拉斯·克鲁克香克在 2013 年以芝华士兄弟公司的生产总监职位退休，以便专注于达姆纳克这个新项目。它为道格拉斯的漫长职业生涯画下完美句点，他从 15 岁开始就在帝国蒸馏厂工作了。

Dalwhinnie

达尔维尼

麦芽威士忌

酒厂坚持把"家庭、朋友和风味"放在首位。

产区：Highland (Central)　　电话：01540 672219
地址：Dalwhinnie, Inverness-shire
网址：www.malts.com　　所有权：Diageo plc
参观：开放并配有商店　　产能：2.2m L. P. A.

原料：地板发麦，一直使用到 1968 年，现在使用来自茹瑟勒的轻泥煤烘烤麦芽。软水来自多乐渊小湖（Lochan an Doire-uaine，2000 英尺），流经昂斯路依溪（Allt an t'Sluie Burn）。

设备：全劳特／滤桶式糖化槽（7.3 吨）。1 个北美黄杉木发酵槽和 5 个西伯利亚落叶松发酵槽。装有 1 个普通型初次蒸馏器（17 500 升），1 个普通型烈酒蒸馏器（16 200 升）。直到 1961 年仍在使用直火加热蒸馏，现在是间接加热蒸馏，配虫管冷凝器。烈酒蒸馏器伸出的林恩臂在进入虫管冷凝器之前会经冷水喷洒，促使冷凝提前进行，减少与铜壁发生的化学反应。

熟成：主要是重装波本桶，在中部地带长年熟成。

风格：浓郁厚重的酒体，甜美，石楠花蜂蜜香气。

熟成个性：达尔维尼是一款非常黏稠的麦芽威士忌，口感很好。嗅香很甜，有石楠花香、蜂巢和沼泽地的香味。口感柔软顺滑，前段甜美，带有泥煤烟熏味。中等到浓郁厚重的酒体。

历史事迹
History ▸▸▸

达尔维尼是个"交会点"，北部和西部方向过来的"牛道"与斯特拉斯佩方向过来的"牛道"在此会合，然后一路向南。在 18 世纪 30 年代，这些路被军事道路取代，由韦德将军监管。韦德将军还在这里建立了一个松散的村落。

酒厂最初的名字是"斯特拉斯佩"，由附近金尤西镇的三名男子建于 1897 年。但他们很快陷入财政困境，酒厂也跟着被卖掉。新的所有者将酒厂更名为"达尔维尼"，并委托查尔斯·多伊格进行改建，然后在 1905 年将其出售给当时美国最大的蒸馏公司库克和伯恩海默（Cook & Bernheimer）。这是外资企业第一次获得苏格兰酒厂的所有权，但这只维持了 14 年，美国就宣布了禁酒令，达尔维尼不得不再次被出售，新所有者是著名的调和威士忌公司麦克唐纳、格林利斯和威廉姆斯（Macdonald, Greenlees & Williams）。后者在 1926 年加入 D. C. L.，达尔维尼被授权给詹姆斯·布坎南公司。

1934 年，蒸馏厂因大火遭受严重破坏，直到那一年，酒厂所在的村镇都还没通电，还是煤油灯照明。它于 1938 年 4 月被重建并重新开放，原来的蒸馏室被改造为如今的糖化车间，只是在第二次世界大战期间又被短暂关闭。

20 世纪 60 年代还有过一次整修。1961 年，蒸馏器改用蒸汽间接加热（最初是燃煤锅炉，1972 年转换为燃油）；1968 年停止在地发麦；1979 年，英国铁路公司关闭了位于蒸馏厂后面的主干线之外的私人侧线。1992 年至 1995 年间，酒厂因大规模翻新而关闭。

达尔维尼单一麦芽威士忌被 U. D. 的"经典麦芽威士忌"系列选中作为高地风格的代表，由此一夜成名。

1973 年格兰威特的布拉斯（现为布拉佛－格兰威特）建成之前，达尔维尼一直是苏格兰海拔最高的蒸馏厂，达到了 1073 英尺。它位置偏远（尽管靠近往北方向的主路 A9），也是温度最低的酒厂，年平均温度为 6°C。自 1973 年以来，达尔维尼一直作为"气象站"运作。每天——包括圣诞节和新年——记录温度、风力、湿度、能见度、霜冻和日照时间的数据送往爱丁堡。这曾经是酒厂经理的责任，现在由经理和运营商共同执行。

● 酒厂的蒸馏工哈里什·克里斯蒂回忆起 1963 年在一个 5 英尺积雪覆盖的球场上踢球的经历，他们把唯一可见的 6 英尺高的道路柱当作球门柱。

● 菲利普·莫里斯在 1987 年写道："即使在五月，访问这个大风肆虐的地方，也好像去一个被遗忘的前哨探险。"达尔维尼连续几周被大雪覆盖的情况并不少见，但这点可能随全球变暖而发生变化。

● 1986 年，酒厂的虫管冷凝器被来自班夫蒸馏厂的壳管式冷凝器所取代，但这项改动在很大程度上改变了酒液的风格，因此酒厂在 1995 年又换回了虫管冷凝器。

● 在这样一个小地方，家族成员代代在同一个酒厂工作十分常见。在酒厂工作了 35 年的导览总监莫林·斯特罗纳克接替了她的父亲和祖父（两人都是酿酒师）以及三个叔叔的工作。她已故的丈夫是个蒸馏工，现在她的兄弟哈米什（已在酒厂工作了 21 年）和儿子也都在达尔维尼做蒸馏工／操作工。

Deanston

汀思图

麦芽
威士忌

产区： Highland (South)　　**电话：** 01786 843010
地址： Doune, Perthshire
网址： www.deanstonmalt.com　　**所有权：** Distell Group Ltd
参观： 需预约　　**产能：** 3m L. P. A.

原料： 来自独立发麦厂的无泥煤麦芽。来自泰斯河的软水。工艺用水来自特罗萨克斯溪。冷却用水来自泰斯河。

设备： 铸铁糖化槽（11.2 吨）。8 个耐候钢发酵槽。2 个鼓球型初次蒸馏器（8500 升），2 个鼓球型烈酒蒸馏器（6500 升）。均为间接加热，配壳管式冷凝器。

熟成： 在酒厂内一个被称为阿德菲磨坊的织造工房里，存有 40 000 个桶，其余的酒在艾尔德里陈年熟化。

风格： 蜡质感，轻酒体，果味。

熟成个性： 嗅香略带油脂感，麦片香。尝起来是麦芽香和果味，轻微坚果味，头段甜美而尾段偏干。轻至中等酒体。

汀思图蒸馏厂建在一座 1785 年由理查德·阿克赖特设计的棉纺厂内，理查德也是蒸汽动力纺纱的先驱。这是一个磨坊改建蒸馏厂的典型例子，苏格兰地区有好几家这样的蒸馏厂，原因很简单，酒厂和磨坊都需要大量快速流动的纯净水源。棉纺厂紧挨着泰斯河，靠近风景如画的杜恩城堡，一直运营到 1965 年。

改建成蒸馏厂是布罗迪·赫本有限公司（Brodie Hepburn Ltd，格拉斯哥的威士忌商，1953 年成为图里巴丁蒸馏厂的所有者，并在 1963 年建造了麦克达夫蒸馏厂）的主意。他们与磨坊的所有人詹姆斯·芬德利公司（James Findlay & Company）合作，拿下了 30% 的股份。水轮机和备用发电机已经就位，但必须拆除 4 个坚固的地板，为两对蒸馏器腾出空间。酒厂于 1969 年 10 月投产，1974 年发布了第一款汀思图单一麦芽威士忌。

最初的计划是将一个主打调和威士忌品牌 [老班诺克本（Old Bannockburn）] 的生产和开发联系起来，但却没能成功。1972 年，因弗高登蒸馏厂取得了汀思图酒厂的控制权。后者从 1982 年到 1990 年一直保持停产状态，直到巴恩·斯图尔特蒸馏公司以 210 万英镑的现金买下酒厂并重新投入生产。巴恩·斯图尔特于 2002 年被总部设在特立尼达的 C. L. 世界品牌集团（C. L. World Brands）收购，C. L. 世界品牌则被南非的迪斯特集团收购。

趣闻 Curiosities

Dean 和 Doune 来自盖尔语中的 dun，意为"山丘堡垒"。杜恩城堡是最大的"保存最完好、复原最好的苏格兰 14 世纪晚期军事建筑之一"（《苏格兰蓝色指南》*The Blue Guide to Scotland*）。

● 杜恩城堡在 1974 年的电影《巨蟒与圣杯》里被用作亚瑟王城堡、炭疽城堡和沼泽城堡的取景地！

● 布罗迪·赫本有限公司在《苏格兰特许商业新闻》（1966 年）上刊登的一则广告中称自己是"公认最古老的威士忌商"。公司于 1971 年被因弗高登蒸馏公司收购。

● 巴恩·斯图尔特公司的历史可以追溯到 20 世纪 40 年代，比尔·桑顿领导的管理层在 1988 年收购并创建了现在的公司。他们支付了 700 万英镑。该公司三年后上市，市值 8300 万英镑，允许主管们在 1992 年至 1993 年间在东基尔布赖德建办事处和装瓶设施（1995 年扩大）。公司在 1993 年买下托本莫瑞蒸馏厂。2003 年收购了布纳哈本蒸馏厂，以及旗下成绩斐然的黑瓶调和威士忌。该公司的调和威士忌在艾尔德里（Airdrie）调配，那里有大量仓储空间。

● 汀思图蒸馏厂的内景出现在肯·洛奇的电影《天使的一份》里。

Dornoch

多诺赫

麦芽
威士忌

"Dornoch"一名来自盖尔语"铺满鹅卵石的地方"——dorn 是拳头
大小的鹅卵石，能够作为武器投掷。

产区：Highland (North)　　电话：01862 810216
地址：Dornoch Castle, Castle Close, Dornoch, Sutherland IV25 3SD
网址：www.thompsonbrosdistillers.com
所有权：Dornoch Distillery Company Ltd
参观：无　　产能：30 000 L. P. A.

原料：长期被遗忘的大麦品种，如箭羽大麦。地板发麦和无泥煤麦芽。主要水源通过活性陶瓷珠过滤器。在酒厂内培育的啤酒酵母。

设备：不锈钢半劳特 / 半滤桶式糖化槽（0.325 吨）。4 个木制发酵槽，最少七天发酵。1 个直接燃气加热的初次蒸馏器（1000 升），1 个直接加热的烈酒蒸馏器（500 升），两个都带有壳管式冷凝器。还有一个锅柱蒸馏器。

熟成：首次波本桶、黑麦桶，来自独立的有机认证生产商的 PX 雪利桶、欧罗洛索雪利桶。在 1 个装满土的模拟成垫板式仓库的集装箱内陈年熟化。

风格：复杂，果香浓郁。

历史事迹
History ▸▸▸

　　小型蒸馏厂多诺赫由西蒙·汤普森和菲利普·汤普森兄弟于 2016 年在一座老消防站的站址上成立，该消防站位于其家族拥有的多诺赫城堡酒店内。酒店本身就是威士忌爱好者朝圣的地方，拥有一间不大但世界闻名的威士忌酒吧，专门供应珍稀老威士忌。这些酒大部分是在拍卖会上获得的，但在这里人们能以相当合理的价格喝到。它是《苏格兰特许商业新闻》评选的 2014 年和 2016 年"年度威士忌酒吧"。

西蒙和菲利普非常了解威士忌，他们将知识运用到酒厂的创建过程中，用"老方法"制作威士忌。他们的多诺赫威士忌公司（Dornoch Whisky Company）是在独立装瓶公司黑岛威士忌公司（Black Isle Whisky Company，2013 年成立）的基础上发展起来的。兄弟俩在 2016 年 3 月组织了众筹活动（详见"Glen Wyvis 格兰威维斯"），170 000 英镑的目标在几周之内就达成了。当年 12 月投产，首先是一个包含 10 款金酒的试酿系列，在汤普森兄弟敲定有机高地金酒的配方之前，他们将其分发给众筹者征求意见。2017 年 2 月，第一桶威士忌被灌装。

汤普森森的方法很有实验性，小尺寸的蒸馏器允许他们使用多样化的材料和方法分批蒸馏，特别是在 20 世纪 40 年代到 60 年代使用过的那些。

酒厂使用的古老有机大麦品种——例如箭羽大麦（Plumage Archer）和玛丽斯奥特（Maris Otter）等——会在沃明斯特发麦厂（Warminster Maltings，成立于 1855 年，位于威尔特郡，英国最古老也最传统的发麦厂）进行地板发麦，形成特定规格。这些另类品种的种植成本更高，且比常规品种得酒率更低。

酒厂选择的酵母菌株转化率较慢且效率较低，成就了多诺赫高达 216 小时的发酵时长，这可能是苏格兰之最。最终他们得到了一种复杂的、果味浓郁的威士忌，汤普森相信他们酿造的威士忌可以体现出某些酒厂在"黄金时代"的味道。显然，多诺赫认为风味胜过产量。

酒厂 90% 的产出用于单一麦

芽威士忌——标志性风格尚未确立。其余 10% 的产出将用于金酒。

多诺赫是苏格兰效率最低的蒸馏厂，由于采用了特殊的大麦品种和啤酒酵母，其产能仅相当于 20 世纪 40 年代的水平。它的蒸馏用时可能也最短：初次蒸馏约 10 小时，烈酒蒸馏约 20 小时。菲利普·汤普森告诉我："当液体开始聚集到头部时，我们会慢下来，这样我们就可以去掉更多我们不想要的部分，并获得更多的水果调。然后我们会加一点速，在酒心快取完时慢下来以增加回流。这消除了在酒尾进来之前释出的一些植物调，但绝对值得！"

趣闻 Curiosities

多诺赫大教堂（Dornoch Cathedral）的历史可以追溯到 13 世纪，前主教宫现在是多诺赫城堡酒店，隔壁的旧城监狱现被改建为游客中心。

● 皇家多诺赫高尔夫球场于 2005 年被《高尔夫文摘》杂志评为"美国以外的世界第五名"。

● 苏格兰最后一位被判死刑的女巫于 1727 年在多诺赫行刑（或 1722 年，根据石碑上标记的死亡时间）。

● 最初的多诺赫城堡建于 15 世纪末，虽然现有建筑中最古老部分的年代尚为明确。这是主教毕肖普·罗伯特·斯图尔特在 1557 年送给他的妹夫萨瑟兰伯爵的礼物，以使城堡免受高地路德教会的掠夺，但城堡再未回归教会的控制。它于 1947 年被改为酒店，2000 年被汤普森公司收购。

Dufftown
达夫镇

麦芽
威士忌

慕赫（达夫镇原来的蒸馏厂）的人对新来者非常不满，不止一次试图截断达夫镇的供水。

产区：Speyside   电话：01340 822100
地址：Dufftown, Moray
网址：www.thesingleton.com   所有权：Diageo plc
参观：无   产能：6m L. P. A.

原料：地板发麦直到 1968 年，现在使用来自伯格黑德的无泥煤麦芽。来自康瓦尔山"苏格兰佬井"（Jock's Well）的软质工艺用水（辅以康瓦尔山谷泉水），来自杜兰河（River Dullan）的冷却用水。

设备：全劳特/滤桶式糖化槽（11 吨）。12 个不锈钢发酵槽。3 个普通型初次蒸馏器（13 000 升），3 个普通型烈酒蒸馏器（15 000 升）。均为间接加热，且运行温度较高，配壳管式冷凝器，带后冷却器。

熟成：重装波本桶，配有少量重装雪利桶。

风格：麦芽香，坚果调。

熟成个性：嗅香是斯佩塞风格的典型甜味，水果和谷类调，有青苹果、梨，还有一些奶油糖果。尝起来主要是甜味，带有谷物和淡太妃糖味。中等酒体。

酒厂于 1895 年至 1896 年间由一个磨麦坊改造而成。它就坐落在杜兰山谷（Dulland Glen）的达夫镇外。厂址是 P. 麦肯齐公司（P. Mackenzie & Company）的彼得·麦肯齐和理查德·斯塔克波尔（同时也是麦肯齐调和威士忌的所有者）选定的。彼得·麦肯齐出生于格兰威特，他的公司于 1882 年购买了布勒尔阿索蒸馏厂。酒厂的创始人是当地农民和原磨坊的所有人约翰·西蒙 [他的皮蒂维克（Pittyvaich）农场还供应大麦] 以及当地的律师约翰·麦克弗。酒厂建成一年后，彼得·麦肯齐成立了一家有限公司，以获得达夫镇 – 格兰威特（Dufftown-Glenlivet）的全部所有权以及麦肯齐公司的其他资产。

1933 年，麦肯齐蒸馏有限公司被贝尔父子公司收购，达夫镇 – 格兰威特成为贝尔特级调和威士忌的关键基酒。1968 年，酒厂从 2 个蒸馏器扩大到 4 个，1974 年增至 6 个，1979 年再扩产至 8 个（后来又减至 6 个）。

贝尔公司于 1985 年被健力士公司收购，健力士后来又在 1987 年接管了 D.C.L.，达夫镇现在归属于帝亚吉欧。

达夫镇是帝亚吉欧第五大麦芽威士忌酒厂，年产量为 600 万升纯酒精。白 2007 年以来，该品牌以"苏格登 – 达夫镇"（The Singleton of Dufftown）之名在欧洲市场销售（另见"Glendullan 格兰杜兰"和"Glen Ord 格兰奥德"）。

趣闻 Curiosities

达夫镇 - 格兰威特是达夫镇建造的第 6 家蒸馏厂。

● 和常见情况不同，其烈酒蒸馏器比初次蒸馏器更大。

● 达夫镇村庄本身是 1817 年由第四代法夫伯爵詹姆斯·达夫创立的，作为促进拿破仑战争返乡男性就业的手段。詹姆斯·达夫因其在半岛战争期间的突出表现获得了少将军衔，并在 1818 年至 1827 年间担任班夫郡的议员。达夫镇最初因为镇上的大型中世纪城堡被命名为百富 / 巴尔维尼，但很快就改成了创始人的名字。（详见"Balvenie 百富"）。

Dumbarton
敦巴顿（已拆毁）

 谷物
威士忌

地址：2 Glasgow Road, Dumbarton Dunbartonshire
最后的所有权：Allied Distillers
关停年份：2002　　产能：25m L. P. A.

历史事迹
History ▸▸▸

敦巴顿蒸馏厂于 1938 年由希拉姆·沃克（苏格兰）有限公司 [Hiram Walker（Scotland）Ltd] 在同名小镇创建，动用了数百万块红砖，一种苏格兰不太常见的建筑材料。原址以前是麦克米伦造船厂，酒厂是在北美设计的，连续蒸馏器来自辛辛那提的火山铜供应公司（Vulcan Copper & Supply）。它是当时苏格兰最大的谷物蒸馏厂。

敦巴顿虽然是谷物蒸馏厂，但同一时期，生产麦芽威士忌的因弗列文蒸馏厂也在敦巴顿建筑群内建成了。1959 年，敦巴顿蒸馏厂增加了一个罗蒙德蒸馏器（详见"Miltonduff 弥尔顿达夫"）。1965 年，酒厂安装了英国第一台基于美国系统的深酒糟设备。

1987 年，希拉姆·沃克公司被同盟利昂公司收购。2002 年，敦巴顿蒸馏厂被关闭，现已被拆除。

趣闻 Curiosities

水来自罗曼湖（Loch Lomond）。罗曼湖也是罗蒙德蒸馏器（Lomond still）名字的由来。

● 敦巴顿只使用玉米，主要来自美国和法国。这使得酒液风味浓烈并带有油脂感。蒸馏器不能处理其他谷物，似乎它们的原始设计没有包含足够的铜（一种净化物），无法去除蒸馏中产生的较重的化合物。

● 希拉姆·沃克·古德勒姆与沃兹有限公司（Hiram Walker Gooderham & Worts Ltd）是加拿大最大的蒸馏厂（加拿大俱乐部是其拳头品牌）。该公司一心想要进入苏格兰威士忌市场，于 1935 年买下了百龄坛及其大量熟成中的威士忌，但没有购买酒厂。收购生产设施势在必行，于是 1936 年，公司买下了格伦伯吉（Glenburgie）和弥尔顿达夫两家蒸馏厂（详见相关条目），后来又建立了敦巴顿蒸馏厂。

Eden Mill
伊顿磨坊

麦芽
威士忌

产区：Lowland　　电话：0800 086 8290，01334 834038
地址：Guardbridge, by St Andrews, Fife　　网址：www.edenmill.com
所有权：St Andrews Brewers Ltd　　产能：100 000 L. P. A.
参观：商店和导览（威士忌，金酒和啤酒），AM7:00 —PM5:00（需预约）

原料：当地种植的黄金诺言大麦是酒厂独有的"淡麦芽"，但它也利用其他一些麦芽类型进行小批量生产，并有三个核心酒款，一是100%淡麦芽，二是90%淡麦芽加10%巧克力麦芽，三是90%淡麦芽加10%水晶和棕色麦芽。从2017年起，酒厂开始使用塞吉蒸馏厂曾用过的嘉德布里奇磨坊水库的水。

设备：不锈钢半劳特／半滤桶式糖化槽（850千克）。5个不锈钢发酵槽，其中2个用于威士忌。2个霍加（Hoga）初次蒸馏器（1000升），1个欧嘉烈酒蒸馏器（1000升）。全部采用壳管式冷凝器，所有蒸馏器均为间接加热。均为壶式蒸馏器，小批量蒸馏。

熟成：德罗·门西内和欧罗洛索雪利桶、波本桶和猪头桶是其核心风格，但是还有一些美国、欧洲橡木初次桶作为特殊版本使用。超过80%的伊顿磨坊酒液是在初次桶或首次橡木桶中熟成。

风格：雪利桶熟成，低地的强劲风格，带有轻微的海岸风格印记。

伊顿磨坊建在塞吉蒸馏厂的遗址上，由威廉·黑格于 1810 年创立，后由他的兄弟约翰接管。约翰在 1824 年收购了卡梅隆桥蒸馏厂。一些原始建筑至今仍在。塞吉的威士忌于 1857 年作为亚瑟·贝尔的珀斯调和威士忌（Arthur Bell's Perth blend）的一部分被记录。酒厂至少运营到 1865 年（当时约翰·黑格成立苏格兰蒸馏者协会，后来成为 D. C. L.)，并于 1872 年被改建为大型造纸厂，一直运营到 2008 年。原厂址随后被圣安德鲁斯大学收购。

莫尔森·库尔斯（Molson Coors）公司的前销售总监兼格兰杰蒸馏厂的营销总监保罗·米勒领导的财团租赁了旧磨坊的一部分，在 2012 年开设了一家精酿厂，并于 2014 年 11 月增产威士忌和金酒。2015 年

生产了 10 万升纯麦芽酒精，并且所有者没有增加产能的计划："我们不做大规模生产。我们每周只灌装一只手数得出来的猪头桶。少就是好！"除了威士忌，伊顿磨坊还生产各种各样的手工金酒。

2018 年初，酒厂开始迁址，从现址向北迁移 70 米至原酒厂建筑内。

趣闻 Curiosities

伊顿磨坊拥有 5 个有学位证书的酿酒师，每个蒸馏者每周生产一个猪头桶的量。他们坚信自己每升酒的含金量（以高资质酿酒师为准）高于其他所有苏格兰蒸馏厂！

● 伊顿磨坊也在开发调和威士忌和小型木桶熟成，并为此花费了大量的时间。他们现已发布的调和威士忌用原装德罗·门西内雪利桶、美国原始橡木桶、欧罗洛索雪利桶和波本威士忌的四分之一桶差异化收尾。

● 有两位酿酒师，他们同时也是受过专业训练的桶匠。

Edradour

埃德拉多尔

麦芽
威士忌

直到最近，埃德拉多尔还是全高地规模最小的蒸馏厂，每周只生产 12 桶酒。它也是苏格兰最受欢迎的酒厂观摩目的地之一，每年接待约 55 000 名来访者。

产区：Highland (South)　　电话：01796 472095
地址：Milton of Edradour, near Pitlochry, Perthshire
网址：www.edradour.com　　所有权：Signatory Vintage Scotch Whisky Co. Ltd.
参观：开放，并配有商店和品酒吧　　产能：260 000 L. P. A.

原料：来自爱丁堡贝尔德斯的无泥煤麦芽，来自因弗内斯的泥煤烘烤麦芽。1975 年以前，麦芽是用石磨在酒厂现地研磨的。从 2002 年到 2007 年间购买磨好的麦芽。来自磨坊沼泽（Moulin Moor）泉水的软质工艺用水，来自埃德拉多尔小溪的冷却用水。

设备：1910 年生产的铸铁，耙犁糖化槽（1.1 吨）。用莫顿冰箱冷却的麦汁（整个威士忌行业最后一家，1933 年制造，1934 年安装）。2 个花旗松发酵槽。1 个普通型初次蒸馏器（4200 升），1 个配备净化器的鼓球型烈酒蒸馏器（2000 升），均为间接加热。2 个蒸馏器都配有虫管冷凝器。

熟成：使用重装美国橡木猪头桶和欧洲橡木人桶，还有大约十几种不同的首次葡萄酒桶，用于熟成或木桶收尾。巴拉奇主要在首次波本桶中熟成，外加一些首次雪利桶和重装雪利桶。无论酿制哪款酒，酒桶都不会用两次以上。

风格：埃德拉多尔是水果味，梨的香味，酒体适中。巴拉奇是泥煤风格。

熟成个性：干净清新，带有花香和果香、杏花和犬蔷薇、苹果酒和柠檬调。口感质地丰富，前段甜美，淡淡薄荷调，中等长度的尾韵，偏干，以及轻微的辛香料。

图片来源：埃德拉多尔

历史事迹
History ▸▸▸

　　埃德拉多尔是典型的农场蒸馏厂，直到2005年它都是苏格兰最小的酒厂，时至今日仍是最美的酒厂之一。它的存在提醒我们19世纪的蒸馏厂曾经是什么样子，曾经怎样经营过。

　　酒厂很有可能是由一个叫邓肯·福布斯的人于1825年建立的，当时的名字是格兰福里斯（Glenforres），但酒厂内的地基显示酒厂建于1837年。当时，一群农民在阿瑟尔公爵治下的埃德拉多尔小溪旁边租得这块土地，领袖是蒙哥·斯图尔特。邓肯·福布斯和其他6位农民加入了他们。

　　1841年之后，他们由约翰·麦格拉斯汉领导，一直到1877年。不过，1853年之后，许可证上是另一位当地农民詹姆斯·里德的名字。

　　1885年，酒厂被转移到创始人之一的儿子约翰·麦金托什手里。他增加了产量，并将埃德拉多尔转型为一家成功的商业企业。1907年，他去世后，他的侄子彼得接管了酒厂。后者的父亲，也就是约翰的兄弟，是奥德蒸馏厂的税务专员。

　　这段时期对威士忌行业来说是艰难的，而彼得身体不佳更使酒厂的经营雪上加霜。从1920年到1932年，整桶销量从90下降到21。1933年初，他以1050英镑的价格将酒厂和两座乡间小屋卖给了威廉·怀特利。

　　怀特利的子公司特尼父子（J. G. Turney & Sons）——曾是埃德拉多尔的顾客之一——将其生产的酒液用于其调和威士忌品牌皇家苏格兰威士忌（House

of Lords）和国王的赎金（King's Ransom），后者于 1928 年推出，并被誉为当时最昂贵的威士忌。

怀特利于 1938 年退休，并将公司和酒厂卖给了他的美国经销商欧文·哈伊姆。欧文除了在 1947 年给酒厂接入电力之外，将一切维持原状。

1976 年，欧文去世后，酒厂由一个财团短暂拥有，1982 年被坎贝尔蒸馏者公司（保乐力加的子公司）买下。4 年后，埃德拉多尔第一次以 10 年单一麦芽威士忌装瓶，以前的麦芽谷仓被改建为游客中心和商店。

2002 年 7 月，圣弗力珍稀麦芽威士忌公司（Signatory Vintage Malt Whisky Company）的所有人安德鲁·赛明顿以 540 万英镑的价格（其中有 300 万英镑是陈年库存）收购了埃德拉多尔。酒厂做了许多改进，包括一个装瓶大厅（2007 年）和一个新的大型仓库（2010 年），合并"喀里多尼亚大厅"（Caledonia Hall）——用来举办威士忌活动的多功能厅。旧发麦车间内的游客中心于 2011 年进行了翻新，埃德拉多尔是苏格兰最受欢迎的酒厂之一，每年接待约 55 000 人。

位于埃德拉多尔蒸馏厂旁边的另一家蒸馏厂于 2018 年 2 月投入使用，它完全复制了原厂的设备（包括古董莫顿冰箱）。至于酒厂名，实在是缺乏想象力，就叫埃德拉多尔二号厂。酒厂本来要以一家 1927 年关闭的帕斯郡酒厂的名字命名——巴拉奇——但被驳回，因为这个名字已经被他用于一款泥煤风味的埃德拉多尔。

趣闻 Curiosities

威廉·怀特利（1861—1942）是一个强硬的约克郡人和精明的营销人员。他最初是一家葡萄酒和烈酒公司的推销员，但在 1908 年因越权而被解雇。1914 年，他买下利斯的另一家葡萄酒和烈酒商特尼父子公司，但主要用于出口。随着美国开始实施禁酒令，怀特利任命弗兰克·科斯特洛为他的"美国销售顾问"，年薪 5000 美元。科斯特洛可能是第一个称怀特利为"蒸馏师学院院长"的人，这个名字被大家记住了。

● 科斯特洛是黑手党的领导人物，被称为 Capo di tutti Capi，意为"大佬中的大佬"，他同时也是马里奥·普佐著名小说《教父》的原型。他被形容为"卓有远见的黑道分子"，是个大私酒贩子，控制着纽约众多的地下酒吧（speakeasy）和俱乐部。怀特利的生意交给科斯特洛的密友欧文·哈伊姆操持，怀特利于 1938 年退休时，哈伊姆买下了特尼父子公司。这种状况一直持续到 1976 年哈伊姆去世。

● 埃德拉多尔的来访者人数在苏格兰排名第四，每年吸引约 55 000 名游客。

Falkirk

福尔柯克

麦芽
威士忌

> **产区：** Lowland　**电话：** 01324 281 086
> **地址：** Grandsable Road, Polmont, Falkirk　　**产能：** 1.2m L. P. A.
> **网址：** www.falkirkdistillery.com/contact　**所有权：** Falkirk Distillery Company Ltd.
> **参观：** 拥有礼品商店和威士忌商店，欢迎游客来访。VIP 接待区正在筹划中。

原料： 来自自流井的非常纯净的水，这决定了蒸馏厂的选址。来自独立发麦厂的无泥煤麦芽。

设备： 带铜制穹顶的耙式糖化槽（4.5 吨）。6 个不锈钢发酵槽。1 个"德国头盔"式初次蒸馏器（10 500 升），1 个鼓球型烈酒蒸馏器（8000 升），均为间接加热，配壳管式冷凝器。

熟成： 酒厂内设有无窗、砖砌的垫板式仓库，当地一个施工团队花了 6 个多月的时间才砌好。使用美国橡木桶和猪头桶，还有一些雪利润桶，主要使用首次填充波本桶。

风格： 传统低地麦芽威士忌风格。用格雷厄姆·布朗的话说，"甜美、花香四溢，有着草本的香气，带有黄油质感，并混着甜梨、榛子以及温和香料的味道"。

历史事迹
History ▸▸▸

　　贸易工程师乔治·斯图尔特（George Stewart）的一句话曾被媒体广泛引用，他说在家乡福尔柯克建立一家家庭经营的蒸馏厂的灵感是"一个梦想，或是喝多了之后的决定"。福尔柯克蒸馏公司（Falkirk Distillery Company）由乔治、他的女儿菲奥娜（Fiona）和儿子艾伦（Allan）共同拥有和管理，托本莫瑞（Tobermory）和汀思图蒸馏厂的前经理格雷厄姆·布朗（Graham Brown）担任福尔柯克蒸馏厂经埋。

尽管在 2010 年就获得了规划许可，但由于该址靠近安东宁墙（Antonine Wall）遗迹（见下文），导致苏格兰文物局需要进行考古调查和挖掘，从而推迟了蒸馏厂的建设。新冠肺炎疫情爆发又使得工期停滞，因此蒸馏厂直到 2020 年 7 月才得以投产。蒸馏厂的位置是精心挑选的，地处苏格兰的工业中心地带，距离格拉斯哥和爱丁堡都不远，重要旅游景点水马雕塑（The Kelpies）也近在咫尺（见下文）。

乔治的最初计划是购买罗斯班克的蒸馏设备（详见相关条目），但那里的蒸馏器不幸被偷铜的人给破坏了。于是他找到了理查德·福赛斯，福赛斯的公司是业界领先的铜制蒸馏器生产商，并且他们在 2012 年收购了卡普多尼克蒸馏厂（详见相关条目）。乔治从福赛斯那里获得了历史悠久的老蒸馏器和传统糖化槽。

卡普多尼克最初被命名为"格兰冠二号厂"，旨在复制格兰冠的酒体风格。因此，现在福尔柯克蒸馏厂的初次蒸馏器仍采用独特的"德国头盔"（German helmet）设计，看起来就像一个巨大的手摇铃。糖化槽是传统耙式的，带有漂亮的铜制穹顶。

正如乔治·斯图尔特所说："建立一家蒸馏厂的全过程需要的就是激情和耐心。"

趣闻 Curiosities

从克莱德河河口到福斯湾绵延 63 公里的安东宁墙始建于公元 142 年至 154 年，取代了哈德良长城（Hadrian's Wall），成为罗马帝国的西北边境。它有 16 座堡垒——其中最大的一座是位于福尔柯克蒸馏厂以西的穆姆瑞尔斯（Mumrills）——并由一条军事道路连接，以阻挡野蛮的喀里多尼亚部落。但这座长城在建成仅八年后就被废弃了，驻军撤回到了哈德良长城。

● 人们相信，1298 年 7 月 22 日发生的福尔柯克战役（Battle of Falkirk）就是在蒸馏厂附近发生的，当时英格兰国王爱德华一世率领的英格兰军队用箭矢摧毁了威廉·华莱士（William Wallace）率领的苏格兰军队。

● 水马是一对 30 米高的金属马头雕塑，由雕塑家安迪·斯科特（Andy Scott）于 2013 年在福斯 - 克莱德运河附近创作，以纪念马车，尤其是运河上驳船的使用。水马是一种神话般的变形精灵（即它可以从类似马的生物变成人类），栖息在苏格兰的湖泊和水道中。这里现如今是苏格兰最受欢迎的旅游景点之一。

● 福尔柯克镇的官方徽章上印刻的座右铭是"触碰我们一个人，等于触碰我们所有人"（Touch ane, touch a）。另一句流行标语是"与魔鬼打交道，胜过与福尔柯克的孩子们打交道"（Better Meddle wi' the De'il than the Bairns o' Fa'kirk！）。

Fettercairn

费特肯

麦芽
威士忌

酒厂的游客中心有一些限定的单桶装瓶出售，别的地方买不到哦！

产区：Highland (East)　　电话：01561 340205
地址：Fettercairn, Laurencekirk, Angus
网址：www.fettercairn distillery.co.uk　　所有权：Whyte & Mackay Ltd
参观：开放　　产能：2.2m L. P. A.

原料：地板发麦使用到 1960 年。现在使用来自独立发麦厂的无泥煤麦芽。2005 年以来，为了调和威士忌，每年都有几周使用重泥煤（55ppm 泥煤酚值）烘烤的麦芽。从格兰扁山（Grampian Hills）的泉水中抽取工艺用水，这些泉水汇集在城镇后面。冷却用水来自考尔卡兹小溪（Caulecotts Burn）。

设备：铸铁传统糖化槽（4.88 吨）。8 个北美黄杉木发酵槽。2 个普通型初次蒸馏器（13 000 升），2 个普通型烈酒蒸馏器（13 500 升和 11 500 升），都带有冷却水环，均为间接加热。配壳管式冷凝器（冷凝器直到 1995 年都是不锈钢的）。

熟成：重雪利桶、波本桶、重装猪头桶的集合。主要在因弗高登蒸馏厂陈年，部分酒桶放置在可容纳 30 000 只桶的垫板式仓库内。

风格：奶油糖果，核桃和香料。

熟成个性：嗅香是甜和麦芽香，有一丝湿羊毛和混合坚果味。尝起来前段味道甜美，坚果、饼干和烟熏的味道慢慢袭来。略带油脂感。中等酒体。

历史事迹
History ►►►

　　费特肯位于肥沃的梅恩斯地区正中心，梅恩斯因著名作家刘易斯·格拉西·吉本（《日落之歌》Sunset Song 等）而名扬天下。酒厂于 1824 年由法斯克（Fasque）的领主亚历山大·拉姆齐爵士创立。他于 1830 年将庄园出售给首相威廉·埃尔特·格拉德斯通的父亲约翰·格拉德斯通爵士。尽管由租户管理，格拉德斯通仍然参与其中，直到 1923 年酒厂被出售给 1919 年成立的威士忌商罗斯和库尔特公司（后来是磐火和布赫拉迪两家蒸馏厂的拥有者）。他们从 1926 年到 1939 年将酒厂封存，然后出售给美国国家蒸馏者公司的子公司〔最终成为班尼富、布赫拉迪、湖畔（Lochside）、格兰埃斯克（Glenesk）和皇家格兰乌尼（Glenury Royal）的拥有者〕。费特肯于 1966 年到 1967 年间从 2 个蒸馏器增产到 4 个蒸馏器。

　　1971 年，费特肯被托明多－格兰威特蒸馏公司（Tomintoul-Glenlivet Distillery Company）收购，后者于两年后被怀特马凯公司的所有者苏格兰环球投资信托（Scottish & Universal Investment Trust）收购。1980 年，他们在酒厂附近建造了一个大型污水处理厂。2007 年，怀特马凯公司被印度啤酒和蒸馏企业联合酿酒集团（U. B. Group）收购。联合酿酒集团的烈酒部门在 2012 年被帝亚吉欧买下，并于 2014 年出售给菲律宾蒸馏公司皇胜（详见"Invergordon 因弗高登"）。

酒厂烈酒蒸馏器水冷系统独一无二。冷水从环扣里顺着蒸馏器颈部倾斜下来，流入肩部上方槽盘等待排出或倒进锅炉再利用。另一个有趣的地方是，每对蒸馏器都有自己的酒精保险箱，称为"1 号侧"和"2 号侧"，尽管每个蒸馏器蒸馏出来的酒液都是混在一起的。

● 直到 2002 年，酒厂的产品都是以"老费特肯"（Old Fettercairn）之名出售的，后来酒厂的核心产品被重新包装并命名为"费特肯 1824"。

格兰威特
图片来源：保乐力加

Girvan

格文

谷物
威士忌

该酒厂的外观受包豪斯设计风格影响，极尽简约。

地址：Girvan, South Ayrshire
电话：01465 713091
所有权：William Grant & Sons Ltd
产能：105m L. P. A.

原料：谷物用料主要是自产小麦和麦芽。来自彭瓦普勒湖。

设备：1995 年之前，酒厂一直使用整合了烹煮和糖化的连续糖化设备。生产于 1964 年开始，有 3 个蒸馏器，称为"设备"或"软件"。1 号设备是一个完全铜制的科菲蒸馏器，仅用于生产谷物威士忌，但如今仅偶尔使用。2 号设备是一个净化柱式蒸馏器，用于将 3 号设备蒸馏出的酒精再加工成中性酒精。3 号设备仍然是科菲蒸馏器，但可以生产威士忌和中性酒精。后两个设备不再使用。后增加的 4 号和 5 号设备由芬兰国家蒸馏厂阿尔寇（Alco）制造，并于 1992 年安装。他们采用连续多压蒸馏系统，在分析仪（洗涤塔）中采用独特的真空蒸馏工艺，通过蒸汽加热整流器。

熟成：主要是首次或重装美国橡木波本桶。酒厂内有 162 万只桶。150 万升纯酒精的出产会被送往达夫镇，在格兰父子公司旗下的格兰菲迪酒厂长年熟成。

风格：来自 1 号设备的酒液比 4 号和 5 号设备的酒体更重，更油。整体风格干净，酯香，甜美。

熟成个性：受木桶影响明显，清新和果味（苹果），香草棉花糖，甜味带有淡淡的酸味和一些香料味，椰子和浅木调。高年份的产品味道更细腻和辛辣。

第二次世界大战结束之后，苏格兰威士忌的需求重新旺盛起来，但英国仍在进行的粮食配给制度使行业管制直到 1953 年还没撤销。这导致陈年威士忌 1959 年还面临严重短缺，也意味着不管是麦芽威士忌还是谷物威士忌，大型公司（特别是 D. C. L.）交给小规模生产者的订单都受到限制。

在 20 世纪 50 年代末 60 年代初，几家公司分别建造了各自的新谷物威士忌蒸馏厂以满足需求，比如因弗高登（因弗高登蒸馏公司，1959 年）、斯特拉斯摩尔（北苏格兰蒸馏公司，1959 年）、莫法特 / 嘉恩希斯（因弗豪斯蒸馏公司，1965 年）。作为格兰菲迪和百富两家蒸馏厂的所有人，以及成功的调和威士忌斯坦法斯特品牌的拥有者，格兰父子公司在 1963 年到 1964 年间创建了格文蒸馏厂。一年后，他们在该酒厂的基础上增设了麦芽威士忌蒸馏厂，取名为雷迪朋。

之所以选择小型的埃尔郡港口作为厂址，有几个关键因素：水源供应和充足的劳动力，去往出海口和低地调酒厂的交通十分便捷。

趣闻 Curiosities

1962 年，富有进取心的格兰菲迪的格兰特家族提议在英国的新生商业电视频道上为他们广受欢迎的斯坦法斯特调和威士忌做广告。行业巨头 D. C. L. 威胁切断他们的谷物威士忌供应，据说这影响了这个家族建立他们自己的谷物威士忌酒厂的决定。在背后推动该项目的是查尔斯·格兰特·高登，他于 2014 年去世。

● 建在酒厂内的深酒糟设备拥有世界上最大的压滤机，用于分离固体和酵母残渣。

● 第二次世界大战期间，该酒厂被英国帝国化学工业集团（I. C. I.）征用制造军火，由后山上两个 100 万加仑的水箱供水。

● 直到 1986 年，酒厂使用的谷物一直是通过海运从美国引进的玉米。流行的"亨利爵士金酒"也是在格文的一个小型独立酒厂生产的。自 2007 年以来，艾尔萨湾麦芽威士忌酒厂也在该场地内运营。

● 多年来，格文在美国境内销售，并用"黑桶"（Black Barrel）的品牌名在免税店渠道销售。2013 年和 2014 年时，该品牌被格文 No.4 Apps [1]、格文 25 年和格文 30 年连续蒸馏谷物威士忌取代。从那以后，官方发布了一些限量版装瓶，其中一些以黑泽尔伍德（Hazelwood）之名发售，还有一些以独立装瓶产品面世。

1　产自第四号蒸馏器。——中文版编者注

Glasgow

格拉斯哥

麦芽
威士忌

产区：Lowland　　地址：Hillington Business Park
网址：www.glasgowdistillery.com
所有权：The Glasgow Distillery Company Ltd
参观：无　　产能：365 000 L. P. A.

原料：来自独立发麦厂（目前是曼顿斯公司［Muntons］）的无泥煤发麦麦芽。来自卡特琳湖的水。

设备：不锈钢半劳特／半滤桶式糖化槽（1 吨）。4 个不锈钢发酵槽。1 个鼓球型初次蒸馏器（2400 升），1 个鼓球型烈酒蒸馏器（1500 升），均为间接加热，配壳管式冷凝器。还有 1 个名为"安妮"（Annie）的精馏蒸馏器用于制作金酒。

熟成：酒厂内熟成，使用多种类型和尺寸的橡木桶，兼以多样化的木桶收尾、熟成时间和熟成条件。

风格："大都会"风格，类似于斯佩塞风格。核果味和奶油质地。

历史事迹
History ▸▸▸

　　在亚洲投资者的支持下，利亚姆·休斯和伊恩·麦克杜格尔自 2014 年 10 月起制作金酒，2015 年 3 月 20 日起制作威士忌。这是 1902 年以来在格拉斯哥开设的第一家蒸馏厂。目前产量约为 12 万升纯酒精，可以增加到 25 万升。酒厂经理是杰克·梅奥，蒸馏顾问是麦卡伦蒸馏厂前经理大卫·罗伯逊，后者在爱丁堡建了一个新的蒸馏厂。

　　格拉斯哥蒸馏厂还生产金酒、伏特加，并于 2020 年开始发布"格拉斯哥 1770"（Glasgow 1770）单一麦芽威士忌（原始和泥煤两款）——
"1770"这个数字来自原先的那家格拉斯哥蒸馏厂的成立年份。

趣闻 Curiosities

酒厂拥有一个实验室，用于测试不同原料、不同风格的新酒以及不同的橡木桶。所有这些都是为了开发新产品，特别是使用一台名叫安妮的金酒蒸馏器来创造一个全新的烈酒系列。

● 格拉斯哥蒸馏厂获得了世界威士忌大奖（World Whisky Awards）颁发的 2020 年度苏格兰威士忌蒸馏厂奖项。

Glen Albyn

格兰艾尔宾（已拆毁）

麦芽
威士忌

格兰艾尔宾被誉为"高地风格的典范"。

产区：Highland (North)
地址：by Muirtown Basin, Merkinch, Inverness
最后的所有权：D. C. L./S. M. D.
关停年份：1983

历史事迹

History ▶▶▶

　　1840 年因弗内斯市长詹姆斯·萨瑟兰将蒸馏厂建在缪尔镇（Muirtown）酿酒厂的废墟上，喀里多尼亚运河旁，从海路可以方便地进入南方市场。但酒厂在开业 9 年后就遭遇火灾并严重损毁。1855 年，萨瑟兰被没收财产。酒厂及其建筑物空置了 20 年，其间仅作为磨坊使用。1884 年后，谷物商威廉·格里戈尔收购了它，在原厂址上新建了一个更大的蒸馏厂。

　　经理约翰·伯尼与查尔斯·麦金利公司（Charles Mackinlay & Company）合作，于 1892 年购买了对面的一块土地并建造了格兰摩尔蒸馏厂（Glen Mhor Distillery，详见相关条目）。1920 年，两家收购了格兰艾尔宾。1972 年，格兰艾尔宾被 D. C. L. 收购，并被转入 S. M. D.。这两家酒厂于 1983 年关闭，格兰艾尔宾的所在地上现在是一家超市。

趣闻 Curiosities

第一次世界大战期间，据说格兰艾尔宾成了美国制造水雷的海军基地，但另有消息说是制作防波堤的海军兵站。

● 1954 年，萨拉丁箱取代了酒厂原先的地板发麦。

● 虽然只隔几步路，但格兰艾尔宾的威士忌与格兰摩尔完全不同且评价更高。

Glenallachie

格兰纳里奇

 麦芽威士忌

格兰纳里奇的名字来自 Gleann Aleachaidh，意为"山石嶙峋的幽谷"。

产区：Speyside　　电话：01340 872547
地址：Aberlour, Moray　　网址：theglenallachie.com
所有权：The Glenallachie Distillers Company Ltd
参观：无　　产能：4m L. P. A.

原料：来自独立发麦厂的无泥煤和少量重泥煤麦芽。本林尼斯山的泉水通过两条被水坝拦截的溪流汇入劳尔溪。冷却用水收集在酒厂美丽的池塘中。

设备：半劳特 / 半滤桶式糖化槽（9.2 吨）。6个不锈钢发酵槽。2 个灯罩型初次蒸馏器（23 000 升）。2 个普通型烈酒蒸馏器（16 000 升）。全部由德尔梅·埃文斯设计。间接加热，配水平放置壳管式冷凝器。

熟成：主要是重装美国猪头桶，一些首次桶。现地有 12 个货架式和 2 个托盘式仓库，其余的橡木桶在芝华士管辖的其他仓库内长年熟成。

风格：甜蜜，草本和酯香。

熟成个性：斯佩塞风格的甜味，带有水果花香。有些人会感受到一丝丝烟熏感。清新，轻盈。口感和嗅香类似，前段非常甜，有香草和苹果的味道；干净，光滑，带有香料感。较轻的酒体。

历史事迹
History ▸▸▸

"山石嶙峋的幽谷"（Glen of the Rocky Place）在亚伯乐背后拔起，向伊顿威利（Edinvillie）伸展过去。本林尼斯山就在酒厂旁边，不过酒厂所在地还算平坦。酒厂的工艺用水取自山侧的泉水。

1967年，酒厂由当时苏格兰和纽卡斯尔酿酒厂的子公司麦金利－麦克弗森（Mackinlay-Macpherson）委托建造，主要为当时英国五大畅销产品之一的麦金利调和威士忌提供斯佩塞风格的基酒，由威廉·德尔梅·埃文斯设计。建筑师是洛锡安·巴克莱，威士忌企业家詹姆斯·巴克莱的儿子（详见"Strathisla 斯特拉赛斯拉"）。设计现代、高效，非常具有20世纪60年代风格。

麦金利于1985年出售给因弗高登蒸馏公司，格兰纳里奇酒厂被封存，不久之后关闭。1989年，它被卖给保乐力加旗下的坎贝尔蒸馏公司，并重新投入生产。芝华士兄弟公司于2001年成为保乐力加的蒸馏部门。格兰纳里奇的产能从300万升纯酒精扩大到2012年至2013年度的400万升。

令同行大跌眼镜的是，2017年7月，保乐力加宣布将酒厂卖给了威士忌传奇人物比利·沃克：他于前一年以2.85亿英镑的价格将本利亚克、格兰多纳和格兰格拉索三家蒸馏厂（详见各个相关条目）卖给了杰克·丹尼品牌的母公司——美国巨头百富门。酒厂新增了1个灌装车间和2个新仓库，仓库数达到了16个，可容纳100 000只橡木桶。

趣闻 Curiosities

威廉·德尔梅·埃文斯可以和19世纪末最伟大的蒸馏厂建筑师查尔斯·多伊格比肩。在完成图里巴丁（Tullibardine）和吉拉蒸馏厂后，他来到格兰纳里奇，这是他的最后一个项目。他是高效率的倡导者，他甚至标记了酒厂内灯泡安装的日期，以监测其使用寿命！

Glenburgie

格伦伯吉

麦芽
威士忌

酒厂建在一块轻微隆起的高地上，在伯奇山的尾段，这里是麦克白遇到
女巫的荒原。

产区：Speyside　　　电话：01343 850258
地址：Mains of Burgie, Forres, Moray　　　网址：无
所有权：Chivas Brothers
参观：需预约　　产能：4.25m L. P. A.

原料：来自独立发麦厂的无泥煤麦芽。1958 年，停止自有的地板发麦。伯奇山
（Burgie Hill）的泉水用于生产用水，冷却用水来自临近的小溪。

设备：全劳特／滤桶式糖化槽（8 吨）。12 个不锈钢发酵槽。3 个普通型数次蒸
馏器（12 000 升），3 个普通型烈酒蒸馏器（14 000 升）。自 1958 年以来，采用
蒸汽间接加热（1 号初次蒸馏器的铆接底仍是直接加热时期留下的）。配有壳管
式冷凝器。

熟成：主要是重装美国猪头桶，有一些首次桶。仓库同时使用了垫板式、货架
式和托盘式，可容纳 60 000 只橡木桶。其余在马尔本长年熟成。

风格：甜蜜，草木和酯香。

熟成个性：15 年版本是淡淡的草本香，带有甜美的香草棉花糖味。尝起来味道
甜美，带有香草、太妃糖和罐装梨子的香气，还有一丝烟熏感。轻酒体。

历史事迹
History ▸▸▸

　　直到 19 世纪 70 年代，格伦伯吉的名字还是 Kilnflat，它是阿维斯
教区的一个地方，位于埃尔金和福里斯之间。1829 年，威廉·保罗，

一位杰出外科医生的儿子在这里建造了酒厂，他过去曾参与离此不远的格兰奇蒸馏厂（Grange Distillery）的业务。格兰奇成立于1810年（这也是格伦伯吉自己认定的创始年份）。1871年，保罗将酒厂转租给了查尔斯·希尔，后者将其更名为"格伦伯吉"，并在1882年将酒厂出售给亚历山大·弗雷泽公司（Alexander Fraser & Company）。

这位新所有者于1925年破产，酒厂的接收人是一位名叫唐纳德·穆斯塔德的知名人物，他接管了酒厂但没有恢复生产，两年后将酒厂卖给敦巴顿的调和公司詹姆斯和乔治·斯塔达特有限公司 [James & George Stodart Ltd，也是施美格（Old Smuggler）品牌的所有人]。

加拿大蒸馏业巨头希拉姆·沃克在1930年购买了斯塔达特公司60％的股份——这是沃克公司首次进军苏格兰威士忌市场——并在1936年获得了酒厂的完全控制权，同时他们还购买了弥尔顿达夫（蒸馏厂。他们在前一年从詹姆斯·巴克莱（详见"Strathisla 斯 特 拉 赛斯拉"）手中收购了巴兰坦父子有限公司（George Ballantine & Son Ltd），这使得格伦伯吉和弥尔顿达夫成为并且至今依然是百龄坛调和威士忌的重要麦芽基酒。

1987年，同盟利昂收购了百龄坛以及关联的酒厂，并于2005年

将其转移到保乐力加集团及其运营部门芝华士兄弟公司旗下。

格伦伯吉蒸馏厂于 2004 年被拆除，并在邻近地点重建，耗资 430 万英镑。该酒厂于 2005 年 6 月投产，次年又安装了一对额外的蒸馏器。

趣闻 Curiosities

值得注意的是，1829 年建造的原蒸馏厂建筑至今依然矗立在一个停车场内，但如今作为品鉴室，进行了高雅的翻新。房间很小：一个两扇窗的石造小屋，大约 80 英尺长，30 英尺宽，外面的楼梯通往一个单独的房间和一个天花板低矮的酒窖。

● 1958 年至 1981 年间，两个罗蒙德蒸馏器被运入酒厂并投入运转，生产格兰克雷格（Glencraig）单一麦芽威士忌，并以当时百龄坛的生产总监威廉·克雷格的名字命名（详见 "Inverleven 因弗列文" "Miltonduff 弥尔顿达夫"）。据他的儿子——现在仍在为公司工作——所说，起这个名字是为了安抚父亲，因为他对罗蒙德蒸馏器的有效性持怀疑态度！20 世纪 80 年代，通过更换头部，罗蒙德蒸馏器被替换为正常的壶式蒸馏器。

● 在开创性著作《苏格兰威士忌》（Scotch Whisky，1930 年）一书中，埃涅阿斯·麦克唐纳将格伦伯吉列入自选 12 大高地麦芽威士忌。

● 20 世纪 40 年代，小说家莫里斯·沃尔什在格伦伯吉担任税务专员。他的《幽谷里安静的男人和烦恼》（The Quiet Man and Trouble in the Glen）被改编成好莱坞电影。第一部于 1950 年上映（由约翰·韦恩和玛琳·奥哈拉主演），第二部于 1954 年上映（由奥逊·威尔斯和玛格丽特·洛克伍德主演）。他的孙子是尊美醇（Jameson's）的调配大师。

● 从发麦车间的走廊望出去，马里低地到马里湾连成一片，蔚为壮观。

Glencadam

格兰卡登

麦芽
威士忌

格兰卡登是吉尔莫·汤姆森公司"皇家调和威士忌"中的关键麦芽基酒，这款酒深受爱德华七世的喜爱，而一般来说他更喜欢香槟。

产区：Highland (East)　　电话：01356 622217

地址：Park Road, Brechin, Angus

网址：www.glencadamwhisky.com　　所有权：Angus Dundee plc

参观：需预约　　产能：1.3m L. P. A.

原料：来自独立发麦厂的无泥煤麦芽。冷却用水和工艺用水来自穆兰溪（Burn of Mooran，北埃斯克河的支流）的软水，该水源曾供应布雷钦皇家城堡。

设备：犁耙式糖化槽（4.9吨）。6个不锈钢发酵槽。1个初次蒸馏器（12 600升），1个普通型烈酒蒸馏器（12 260升）。初次蒸馏器有1个外部加热扩散器。均为间接加热。配壳管式冷凝器。

熟成：全部是波本桶，现地有20 000只橡木桶在长年熟成。

风格：柔软，清淡，煮熟的糖果，梨子。

熟成个性：15年版本拥有令人愉快的"桃子和奶油"的嗅香，还带有杏仁和香草味。尝起来味道甜美，带有奶油、坚果和微量麦芽香甜。有些人可以捕捉到芦笋和茴香的味道。中等酒体。

位于古老的布雷钦皇家城堡外约一英里处，格兰卡登（这个名字的意思是"野鹅的山谷"）创立于 1825 年，创始人是托马斯先生和鲁斯顿先生。1852 年，亚历山大·米尔恩·汤普森接管了酒厂。1893 年，格兰卡登蒸馏有限公司成立时，酒厂被格拉斯哥调和威士忌商吉尔莫·汤姆森公司监管。1954 年 7 月，吉尔莫·汤姆森公司的董事以 83 400 英镑的价格将酒厂卖给了希拉姆·沃克公司。同年，希拉姆·沃克这家加拿大公司收购了斯卡帕，1955 年又将富特尼收入囊中。

1985 年，菲利普·莫里斯在访问酒厂时指出："它打理得很整齐，和所有属于希拉姆·沃克的酒厂保持一致，并且没有因为挨着市政公墓而沾染无趣。"两年后，希拉姆·沃克被同盟利昂收购（其烈酒部门同年成为联盟蒸馏者公司）。格兰卡登成为斯图尔特旗下调和威士忌的重要麦芽基础。2000 年，联盟将酒厂封存，然后在 2003 年出售给安格斯·邓迪有限公司（Angus Dundee Ltd），一家在伦敦成立的家族式调和威士忌公司。2007 年 11 月，酒厂安装了一套大型的调和设备。

安格斯·邓迪从 2005 年开始发布格兰卡登 15 年单一麦芽威士忌。随后又推出几款不同年份的产品。

趣闻 Curiosities

格兰卡登的两个蒸馏器都配有向上倾斜的林恩臂，增加了回流，使得到的酒体更轻。另一个不常见的特征是麦酒汁在连接初次蒸馏器的热交换器里先进行外部加热，然后再泵送到初次蒸馏器里，在那里它不得不通过"扩散器"以加热剩余的麦酒汁。这大大增加了铜的吸收，因此也使得酒体更加轻盈。2021 年 6 月，当地铁匠复制并修复了一个可追溯至 1825 年的旧水车，作为蒸馏厂额外的能源来源。

Glendronach
格兰多纳

麦芽
威士忌

"多吃红醋栗，告别小肚腩；要想肠道好，就靠坚果和生姜；宠爱你的胃，唯有格兰多纳。"（老话有云）

产区：Highland（East）　电话：01466 730202
地址：Forgue, near Huntly, Aberdeenshire　网址：www.glendronachdistillery.com
所有权：BenRiach Distillery Company Ltd（Brown-Forman）
参观：开放　产能：2m L. P. A.

原料：来自流经酒厂的多纳克小溪（Dronac Burn）的生产用水。来自独立发麦厂的轻泥煤麦芽，自有的地板发麦自 1996 年以来就不再使用。

设备：奇小无比的铸铁犁耙式糖化槽（3.72吨）。9 个北美黄杉木发酵槽。2 个鼓球型初次蒸馏器（9000 升），2 个鼓球型烈酒蒸馏器（6000 升）。燃煤直火加热直到 2005 年 9 月，后来转为蒸汽间接加热。配壳管式冷凝器。

熟成：雪利桶与波本桶的组合。

风格：丰富，甜美，奶油。

熟成个性：丰富的雪利风格，但也展现了美国橡木桶的贡献（甜味、香草、椰子的痕迹）。味道既甜（果干、麦芽和太妃糖）又有单宁的干燥感。厚重到中等的酒体。

格兰多纳是苏格兰最迷人，最古老的蒸馏厂之一。1826 年，詹姆斯·阿拉迪斯领导当地的一群农民和商人建造了这家酒厂。他给当地的贵族戈登公爵留下了如此深刻的印象，以至于被公爵介绍进伦敦社交圈，成为小有名气的"格兰多纳向导"。可是 1837 年的一场火灾几乎摧毁了酒厂，五年后阿拉迪斯破产。

大多数合伙人在此时退出，取代他们的人在 19 世纪 50 年代重建了酒厂（现在酒厂的大部分都是在那个时期建造的）。管理合伙人是福尔柯克的沃尔特·斯科特，他于 1881 年成为独资经营者。1886 年他去世后，格兰多纳被另一组合伙人接管，这次是来自利斯的葡萄酒商和一位来自坎贝尔镇的蒸馏者。在他们的管理下，酒厂运营顺风顺水（甚至为教师牌旗下的阿德莫尔蒸馏厂提供了第一任经理），直到 1920 年被格兰菲迪蒸馏厂创始人最小的儿子查尔斯·格兰特上尉以 9000 英镑的价格将其收购。

1960 年，查尔斯·格兰特上尉的儿子将酒厂、1000 英亩农场还有一群高地牛打包卖给了蒂彻父子公司。酒厂的出品长期以来都是教师调和威士忌的重要基酒。格兰多纳在 1966 年至 1967 年间从 2 个蒸馏器扩产到了 4 个，之后在 1996 年至 2002 年 5 月间被封存。当同盟公司在 2005 年拆分时，教师牌被划归财富品牌，格兰多纳蒸馏厂则划归保乐力加旗下芝华士兄弟公司所有。

2008 年 7 月 25 日，保乐力加宣布将酒厂出售给本利亚克蒸馏厂的比利·沃克，后者极大地开发了该品牌。2016 年 4 月 27 日，比利·沃克宣布将格兰多纳、本利亚克与和格兰格拉索以 2.85 亿英镑的价格打包卖给杰克·丹尼的母公司百富门。

沃克先生说："百富门一定可以将格兰多纳、本利亚克与和格兰格拉索的品牌提升到一个新的高度，发挥其全部潜力，并证明自己有资格做这些历史悠久的蒸馏厂的监护人。"

趣闻 Curiosities

有一次，阿拉迪斯在戈登城堡吃饭，他喝得有点儿多，对戈登公爵夫人钢琴演奏的赞美过于热情。第二天早上，公爵告诉他，他的妻子不是很开心。阿拉迪斯回答说："好吧，公爵，这是因为您昨天饭后给我倒的格兰威特和我不对付。如果那是我指导蒸馏出来的格兰多纳，我就不会出这个洋相了。"公爵听后马上采购了一桶格兰多纳。

Glendullan
格兰杜兰

麦芽
威士忌

贝蒂·布特罗伊在 1992 年成为下议院议长时,她的"议长之选"就是格兰杜兰。

产区:Speyside   电话:01340 822100
地址:Dufftown, Moray   网址:www.malts.com
所有权:Diageo plc
参观:需预约   产能:5m L. P. A.

原料:地板发麦一直用到 1962 年,现在使用来自伯格黑德的无泥煤麦芽。来自康瓦尔山泉水汇集的软质工艺用水;来自菲迪河的冷却用水。以前菲迪河的水也被用于糖化——靠近河流是选址时的考量之一。

设备:全劳特/滤桶式糖化槽(12 吨)。3 个普通型初次蒸馏器(15 500 升),3 个普通型烈酒蒸馏器(16 000 升)。直到 1972 年,酒厂还只有 2 个蒸馏器,均为间接加热,配壳管式冷凝器。原来的酒厂有虫管冷凝器,一直使用到 1985 年。

熟成:重装波本猪头桶,一些欧洲橡木桶被用于苏格登的出品。在中部地带长年熟成。

风格:花香/草本香。

熟成个性:典型的轻到中等酒体斯佩塞风格。嗅香是甜和酯香,有苹果、梨和刚修剪过的草坪的香味;尝起来味道甜美,质地柔滑,口感清爽。中等到轻的酒体。

历史事迹

格兰杜兰蒸馏厂由阿伯丁的调和威士忌商威廉姆斯父子公司（William Williams & Sons）于 1897 年创立，位于菲迪河畔树木繁茂的峡谷中。来自河流的水通过一个巨大的水轮驱动着酒厂的所有机器。《哈珀》杂志写道："与必须使用蒸汽机的蒸馏厂相比，这节省了不少钱。"酒厂还与邻居慕赫酒厂共用一条私人铁路侧轨。在这条铁路支线于 1968 年关闭前，所有供给都通过它来运输。

酒厂建造得非常好，大部分原始设备到了 20 世纪 30 年代仍在使用。

它是达夫镇建造的第七家蒸馏厂。这还带来了一条顺口溜，"罗马建在七座山上，达夫镇建在七口锅上"。

1919 年，威廉姆斯父子公司与欧伯调和威士忌的制造商——格拉斯哥与伦敦的格林里斯兄弟公司合并。该公司后同利斯的亚历山大－麦克唐纳有限公司（Alexander & Macdonald Ltd）合并，成为麦克唐纳、格林里斯与威廉姆斯公司。1925 年，公司加入了 D. C. L.，格兰杜兰在 1930 年被转移到 S. M. D. 旗下。1940 至 1947 年间，酒厂关闭，并在 1962 年重建，当时蒸馏器被改造为间接加热。

十年后，附近新成立了一家更大的蒸馏厂（6 个蒸馏器），采用 S. M. D. "滑铁卢街"风格（详见"Caol Ila 卡尔里拉"等）。1972 年至 1985 年间，两个蒸馏厂并行运转，出品会被调和到一起，后来老的蒸馏厂被关闭并拆除。现在这些建筑被帝亚吉欧用作车间。

1902 年，少量格兰杜兰单一麦芽威士忌被专供给爱德华七世的皇室。

● 原格兰杜兰蒸馏厂的酒体特征与 20 世纪 70 年代的出品完全不同，并且评价更高。现在比较接近卡杜，这一事实导致它被用于臭名昭著的卡杜纯麦威士忌（详见"Cardhu 卡杜"）。

● 自 2007 年以来，苏格登 - 格兰杜兰在北美市场广受欢迎（详见"Glen Ord 格兰奥德"）。

Glen Elgin

格兰爱琴

麦芽
威士忌

最初选在这里是因为水质好，离铁路也近。不幸的是，水源最终被证明很不可靠，并且贸易委员会拒绝批准为酒厂加设铁路侧轨！

产区：Speyside　　电话：01343 862100
地址：Longmorn, Elgin, Moray　　网址：www.malts.com
所有权：Diageo plc
参观：需预约　　产能：2.7m L. P. A.

原料：地板发麦用到 1964 年，现在使用来自伯格黑德的无泥煤麦芽。来自米尔比斯湖（Millbuies Loch）附近清泉的软质工艺用水。来自格兰溪的冷却用水。

设备：全劳特 / 滤桶式糖化槽，配有八角形的顶篷（8.2 吨）。早先的犁耙式糖化槽在 2000 年拆除。6 个落叶松发酵槽。3 个普通型初次蒸馏器（6800 升），3 个普通型烈酒蒸馏器（8100 升）。均为间接加热，酒厂的燃煤直接加热，一直用到 1970 年。配虫管冷凝器。

熟成：重装波本桶和重装雪利桶的混合。

风格：果味浓郁。

熟成个性：格兰爱琴是微妙而复杂的。乍一入口是一种典型的斯佩塞风格：酯香，水果调，草本……但这些香气有更深邃的味道，橘子、淡淡的蜂蜜、香草味，甚至还有一丝丁香味。中等酒体。

格兰爱琴的设计者是著名蒸馏厂建筑师查尔斯·多伊格，他曾预言在未来 50 年中，这将是斯佩塞地区最后一家蒸馏厂。他还真说对了：下一个蒸馏厂格兰凯斯要到 1958 年开业。

格兰爱琴由格兰花格的前经理威廉·辛普森与一位银行家詹姆斯·卡尔合伙创立。酒厂于 1898 年开建，但在当时主要的调和威士忌买家帕蒂森公司（Pattison's）崩盘之后，不得不选择减产。开业后不到六个月就在 1900 年关闭，并以 4000 英镑的价格被出售。酒厂短暂恢复生产一年后，格兰爱琴于 1906 年再次被出售给格拉斯哥的葡萄酒和烈酒公司约翰·J. 布兰奇（John J. Blanche & Company，以 7000 英镑的价格）。布兰奇于 1929 年去世，酒厂又一次被出售，这次是卖给 D. C. L.，后者将其授权给白马蒸馏公司——格兰爱琴的出品一直是白马调和威士忌的重要成分。

20 世纪 50 年代之前，酒厂完全靠煤油维持运转并提供照明，所有机械都是由燃油引擎和水轮机驱动的。和 D. C. L. 旗下的其他蒸馏厂一样，格兰爱琴在 1964 年进行了大规模翻新，蒸馏器从 2 个增加到 6 个。1992 年至 1995 年间，酒厂再次关闭以进行翻新。

格兰爱琴被调和人师们评为顶级，并被描述为"蒸馏者心目中的那一杯"。

趣闻 Curiosities

布莱恩·斯皮勒曾评论道："酒厂的煤油灯几乎需要一个人的全部时间来维持其正常运转。"格兰爱琴直到 1950 年才通电。

Glenesk

格兰埃斯克（已拆除）

从未有一家蒸馏厂有过那么多名字！

> 产区：Highland (East)
> 地址：Kinnaber Road, Hillside, Montrose, Angus
> 最后的所有权：D. C. L./S. M. D.
> 关停年份：1985

历史事迹

History ▸▸▸

　　1897 年在南埃斯克河岸边一座经过改造的亚麻厂内建成时，它被命名为高地埃斯克（Highland Esk）。1897 年改为北埃斯克（North Esk），1938 年至 1964 年间改为蒙特罗斯（Montrose），之后是希尔赛德（Hillside，1964），最终在 1980 年定为"格兰埃斯克"。

　　亚麻厂改造成酒厂是詹姆斯·艾尔与塞普蒂默斯公司（Septimus Parsonage & Company）合作完成的。艾尔是来自邓迪的葡萄酒商。他们仅坚持了两年，酒厂就被接管了。酒厂在第一次世界大战期间被关闭，直到 1938 年才被美国国家蒸馏公司（详见"Ben Nevis 班尼富"）的约瑟夫·霍布斯买下。接着酒厂安装了一个连续蒸馏器，并被改造为谷物蒸馏厂。1954 年被 D. C. L. 收购后，酒厂仍然时断时续地蒸馏谷物威士忌，1964 年恢复了麦芽威士忌的蒸馏。

　　1968 年，一台滚筒式发麦机被安装在蒸馏厂旁边，1973 年扩大到了 24 个——蒸馏厂所在地蒙特罗斯位于肥沃的梅恩斯地区边缘，这里以出产大麦闻名。发麦厂在 1996 年被保罗麦芽有限公司（Pauls Malt Ltd）收购，现在由爱尔兰绿芯公司（Greencore）拥有。绿芯公司是世界第六大麦芽生产商。

酒厂于 1985 年被关闭，但蒸馏许可证直到 1992 年才被注销。所有蒸馏设备都已拆除。

趣闻 Curiosities

"埃斯克"源自 uisge，是盖尔语"水"的意思。

● 格兰埃斯克在 D. C. L. 管理期间被授权给威桑德森父子公司（William Sanderson & Sons），以向 VAT 69 调和威士忌供应基酒。

Glenfarclas

格兰花格

麦芽
威士忌

"威士忌中的王者是麦芽威士忌，而所有王者中的至尊是格兰花格！"
（1912 年，一位竞争对手的蒸馏师如是说！）

产区：Speyside   电话：01807 500257
地址：Ballindalloch, Moray   网址：www.glenfarclas.co.uk
所有权：J. & G. Grant   产能：3.5m L. P. A.
参观：开放并配有商店（皇家邮政"澳大利亚女王号"的特等客舱改造而成）

原料：1972 年之前使用地板发麦。现在使用来自独立发麦厂的轻泥煤麦芽。软质工艺水和冷却用水来自本林尼斯山的雪线之上。

设备：斯佩塞最大的半劳特／半滤桶式糖化槽（16.5 吨）。12 个不锈钢发酵槽。3 个大型鼓球型初次蒸馏器（25 000 升），配备锅底刷；3 个鼓球型烈酒蒸馏器（21 000 升）。全部由燃气直接燃烧加热（以油作为备用燃料）。配壳管式冷凝器。

熟成：现在主要是欧罗洛索雪利桶，最多使用三次。有 60 000 只桶现地熟成，约有三分之一的重装波本桶（即所谓的"普通"桶）。

风格：精致，甜美和果香，熟成期间会明显增加酒体厚重感。

熟成个性：格兰花格在熟成方面做得非常好，尤其是雪利桶熟成。15 年以上的产品会产生足够的复杂度，这在年轻的酒款中并不明显，雪利酒味、水果蛋糕和橙子果酱配甜麦芽味、坚果味和单宁的干燥感相结合，恰到好处，并且很少有雪利桶带来的硫化物味。中等酒体。

蒸馏厂实际上并非由格兰花格的格兰特家族创立。酒厂的第一个许可证于 1836 年被授予瑞赫勒利（Rechlerich）农场的罗伯特·哈伊，不过酒厂其实从 1797 年开始一直在无证经营。哈伊在 1865 年去世，他的邻居约翰·格兰特以 512 英镑的价格买下了蒸馏厂。格兰特把它租给了约翰·史密斯。史密斯负责经营格兰威特蒸馏厂，后来又建造了克拉格摩尔蒸馏厂，被公认为当时最好的蒸馏师之一。

1896 年，第二个格兰特两人组，约翰和乔治（创始人的孙子）接管并重建了酒厂。

1960 年，第三对约翰和乔治（创始人的曾孙，1949 年接管酒厂）扩产到两对蒸馏器。1976 年，酒厂增加了第三对蒸馏器。乔治·S. 格兰特从 1949 年到 2001 年担任家族公司的总裁 52 年，直到他的儿子约翰接替了他。约翰的儿子（当然是乔治了）曾担任了多年的格兰花格全球大使，但现如今已经离开了团队。

趣闻 Curiosities

Glenfarclas 意为"绿草谷"。酒厂建在本林尼斯山山脚下的草地上。酒厂拥有斯佩塞最大的蒸馏器，也是在 1968 年第一个发布原桶强度单一麦芽威士忌的酒厂，后来将其命名为"105"（即比标准酒精度 100 proof 高 5 度）。

● 格兰花格在 1973 年就设立了游客中心，是最早修建游客中心的蒸馏厂之一，其中包括一个品酒室，由"澳大利亚女王号"（1913 年至 1919 年建造，1952 年拆解）的特等客舱改造而成。

● 该公司的核心产品及其他（众多）出品中包括一组出类拔萃的特定年份老单一麦芽威士忌——"家族桶"（The Family Casks, 1952—1998）。这是每年都会固定出品的，并且在某些年份可以提供不同橡木桶陈年的产品。例如，20 世纪 90 年代的装瓶来自首次填充欧罗洛索雪利桶、首次填充菲诺雪利桶和首次填充波本桶。

威士忌百科全书：苏格兰

Glenfiddich
格兰菲迪

麦芽
威士忌

多年来，斯坦法斯特的印刷广告上一直都是康普顿·麦肯齐爵士（畅销书《威士忌嘉豪》的作者）的大特写。

产区：Speyside　　电话：01340 820373
地址：Dufftown, Moray
网址：www.glenfiddich.com　　所有权：William Grant & Sons Ltd
参观：接待中心，大型商店，会议设施，餐厅　　产能：21m L. P. A.

原料：地板发麦一直用到1958年，现在在使用独立发麦厂的无泥煤麦芽。来自罗比杜布泉（Robbie Dubh springs）的软质工艺用水。

设备：4个全劳特／滤桶式糖化槽（10吨），每周生产105个批次。48个花旗松发酵槽。16个普通型初次蒸馏器（9500升），27个鼓球型烈酒蒸馏器（5500升）。15个位于老蒸馏车间的蒸馏器使用燃气直接加热，剩下的均为间接加热。

熟成：现地熟成，美国橡木桶和欧洲橡木桶的混合（15%欧洲，85%美国）。

风格：轻斯佩塞风，花香和果香。

熟成个性：经典的斯佩塞风格，清淡，清新，芬芳，果香。嗅香增加了谷物的味道和松树汁的维度，有时我会发现一股非常轻微的燃煤气息。尝起来味道甜美，带有清新的柠檬香调。非常易饮，轻酒体。

284

1886 年秋天，威廉·格兰特，一个达夫镇裁缝的儿子，同时也是慕赫蒸馏厂的经理，以 120 英镑的价格从伊丽莎白·卡明手中买下了卡杜蒸馏厂的设备（包括蒸馏器和一台水车）。由于他的年薪只有 100 英镑，所以他花了很多年的时间才攒足资金。他和他的妻子以及九个孩子从菲迪河的河床上收集石头，准备在一个名叫"格兰菲迪"的小镇边缘建厂，盖尔语意为"鹿之谷"。1887 年圣诞节，酒厂蒸馏出了第一批酒液。

他的家人都加入了威廉·格兰特的企业，这家公司至今仍然由他的后代控制，目前已历经五代。幸运的是，在格兰菲迪投产后不久，阿伯丁的调和威士忌商威廉姆斯父子公司就下了每周供应 400 加仑的订单，这可是新生蒸馏厂的全部产能。不久，格兰菲迪就开始发售自己的调和威士忌，包括斯坦法斯特（格兰特家族的座右铭[1]），并将其出口到海外市场，当然英国本土市场也能买到。到 1914 年，该公司在全球开设了 63 家代理店。

创始人的外孙威廉·格兰特·戈登在 1953 年去世时，他的两个儿子，26 岁的查尔斯和 22 岁的桑迪继承了他的事业。两人组成一个强大的团队。查尔斯是格文蒸馏厂的主要推动者，并主事公司多年；桑迪则说服家族董事会，将格兰菲迪以单一麦芽威士忌的形式进行推广。

---

1 Standfast 的原意是"持守"。——中文版编者注

1963 年，格兰父子公司的决策层做出了一个前所未有的决定，将格兰菲迪以纯麦威士忌（Pure Malt，美国的写法是 Straight Malt）的形式进行装瓶，并采用调和苏格兰威士忌的推广方式进行市场推广——起初在英国本土市场，然后扩展到海外。这次冒险取得了巨大的成功，仅出口销售额就从 1964 年的 4000 件增加到 1974 年的 119 500 件。当年公司获"女王出口成就奖"，这是第一家获此殊荣的威士忌公司。

2015 年，公司获得规划许可，在现有酒厂附近建造了一座全新的大型酒厂。新冠肺炎疫情打乱了施工进度，但这家与酒厂原先建筑非常和谐的新厂房还是于 2020 年 12 月投入了运营。

趣闻 Curiosities

尽管格兰菲迪是世界上拥有壶式蒸馏器最多的蒸馏厂，但是在很多方面颇为传统：所有的蒸馏器都是直火加热[1]（自 2003 年以来是燃气加热，之前是燃煤加热）；酒厂有自己的制桶工匠和铜匠；长年熟成全部在酒厂内完成；直到最近，所有的装瓶工作都还在现地完成（从 2007 年开始，格兰菲迪 12 年的装瓶工作就已在格拉斯哥附近的贝尔希尔完成，尽管酒液仍使用来自罗比杜布泉的工艺用水稀释）。

1　目前并非全部为直火加热。

- 格兰菲迪 1969 年开设了游客中心，是第一家设立游客中心的蒸馏厂。今天，它被苏格兰旅游局评为 5 星景点，并拥有一个 40 人的夏季工作团队，会讲 11 种语言，接待来自 105—110 个国家的游客。格兰特家族已经为游客设施投入了 200 万英镑，并提供不同价位的导览服务。它是苏格兰访问量第二大的酒厂，每年吸引超过 8 万访客。

- 2008 年春季，格兰菲迪委托著名雕塑家泰莎·坎贝尔·弗雷泽制作的一座真实大小的华丽青铜雄鹿在世人面前亮相。长期以来雄鹿一直是酒厂的标志：fiddich 源自盖尔语的 fiadh，意思是"鹿"。

- 格兰特公司于 1956 年为他们的斯坦法斯特调和威士忌设计并制作了一款独特的三角形酒瓶，后来用于格兰菲迪单一麦芽威士忌，酒瓶是由汉斯·施莱格设计的。更有新意的是，家族抓住了机场免税商店提供的机会（第一家机场免税店 1968 年在香农开业）。因为英国客人与麦芽威士忌的初遇基本上都是在度假期间，这给麦芽威士忌增添了不少愉快的联想。

- 另一个简单但有效的促销活动是提供装有染色水的斯坦法斯特瓶作为舞台道具，未料这竟成为 20 世纪 60 年代电视剧常见的一景！

- 格兰菲迪的销售量在 2011 年超过了 100 万箱，2012 年销售额超过 10 亿英镑。该品牌长期以来一直是全球最畅销的单一麦芽威士忌，尽管在 2014 年曾被格兰威特短暂超越。2016 年销售额增长了 9%（达到 1430 万瓶），并重新夺回第一的宝座。

- 由于需求的增加，格兰菲迪目前正在建造一个独立的新酒厂，配有 5 个初次蒸馏器和 10 个烈酒蒸馏器。与现有的蒸馏厂合并计算，产能将提高到 1800 万—2000 万升纯酒精。新蒸馏厂有望于 2020 年投产。

威士忌百科全书：苏格兰

Glengarioch
格兰盖瑞

 麦芽威士忌

蒸馏厂的名字是 Glengarioch，但其产品名是 Glen Garioch。

产区：Highland (East)　　电话：01651 873450
地址：Oldmeldrum, Aberdeenshire
网址：www.glengarioch.com　　所有权：Beam Suntory
参观：2006 年开业配有店铺，配贵宾导览服务和小型会议中心
产能：1.37m L. P. A.

原料：地板发麦一直用到 1993 年，提供了酒厂所需麦芽量的一半。酒厂现在从特威德河畔贝里克的辛普森家买入无泥煤麦芽。来自库唐泉（Coutens Spring）的软质工艺用水。冷却用水来自库唐泉和和梅尔德伦小溪。

设备：不锈钢全劳特／滤桶式糖化槽，顶部有穹顶盖（4 吨）。6 个不锈钢发酵槽。1 个普通型初次蒸馏器（21 500 升），1 个普通型烈酒蒸馏器（9500 升）。直到 1995 年仍使用直火加热，现在改由蒸汽间接加热。配壳管式冷凝器，直到 1993 年仍配备后冷却器。

熟成：波本和雪利桶。现地有 4 个垫板式仓库，总共可容纳 12 000 只酒桶。

风格：中等酒体，略带水果味、酯味。

熟成个性：中等丰富的风格，使用雪利桶加强了口感。嗅香有一种奇特的薰衣草味，还有雪利酒和麦芽的甜味，以及鲜明的烟熏感。有时也会有姜的味道。尝起来是结合了太妃糖的甜味和一些单宁的干燥感，再加上一丝烟熏气息。

288

盖瑞是一块肥沃的耕地，面积为 150 平方英里，位于阿伯丁郡的中心，过去以该郡的"粮仓"闻名。这里是奥尔德梅尔德拉姆集镇的所在，而现在这个创建于 1797 年的蒸馏厂就在此地，大概位于更早的梅尔德拉姆蒸馏厂（可上溯至 1785 年）的遗址上。创始人是约翰·曼森，建厂四年后，他的儿子亚历山大加入酒厂运营。

酒厂在 40 年后易主，又在 1884 年再次转手，被利斯的一家古老的葡萄酒和烈酒商汤姆森公司（J. G. Thomson & Company）收购，其办公室现在是苏格兰麦芽威士忌协会的所在地。1908 年前后，VAT 69 调和威士忌的创始人威廉·桑德森成为酒厂的所有人。

1933 年，桑德森父子公司与拥有皇家布莱克拉、米尔本和斯特罗姆内斯这几家蒸馏厂及其同名金酒的布思蒸馏有限公司（Booth's Distilleries Ltd）合并。四年之后，合并后的公司加入了 D. C. L.，格兰盖瑞蒸馏厂也于 1943 年转由 S. M. D. 管理。1968 年，由于"长期缺水和生产潜力有限"，他们将旧酒厂封存，两年后将其卖给了格拉斯哥的威士忌经纪人也是波摩蒸馏厂的老板斯坦利·P. 莫里森。

通过在附近挖掘深井的方式，莫里森解决了水的问题，于 1971 年将酒厂从 2 个蒸馏器增产到 3 个，1973 年又添加了第四个蒸馏器，但保留了地板发麦。酒厂的泥煤水平提高了，泥煤来自附近的新皮茨莱戈沼泽。20 世纪 90 年代早期，发麦车间被关闭，与此同时蒸馏器转换为由蒸汽盘管和蒸汽锅间接加热。莫里森·波摩蒸馏公司在 1994 年被三得利接管，从那以后格兰盖瑞酒厂经历了一段休业期。游客中心 2006 年 1 月开业，并于 2011 年初进行了翻新。威士忌也于 2009 年换成更为优雅的新包装。

趣闻 Curiosities

20 世纪 70 年代，燃料成本上升（从占生产成本的 9% 上升到 1980 年的 16%）。莫里森在格兰盖瑞蒸馏厂安装了一套创新的废热回收系统，不仅为熏窑提供热量，预热麦酒汁，还为两英亩的温室提供热量，每年节省约 9 万英镑。一时间，酒厂以西红柿和温室植物闻名，但该系统于 1993 年终止运行。

● 另一次是寻找水资源，被三得利接管之后，莫里森·波摩公司聘请了著名的占水师尼尔·莫奇，人称"阿伯克德的水童子"。尼尔讲的方言土语连苏格兰人理解起来都很困难。对于随行的翻译来说，试图向日本公司代表解释，几乎不可能！

Glenglassaugh

格兰格拉索

迷人的波特索伊港口被认为是 16 世纪东北海岸最安全的港口，尽管建于 1825 年的新港曾被风暴横扫一空。

产区：Speyside　　电话：01261 842367
地址：Portsoy, Aberdeenshire　　网址：www.glenglassaugh.com
所有权：BenRiach Distillery Company Ltd（Brown-Forman）
参观：需预约，游客中心规划中　　产能：1.1m L. P. A.　　封存年份：1986

原料：来自格拉索小溪（Glassaugh Burn）附近两口深井中的硬水，酒厂以前会在糖化之前将水软化。现在不再经过这道软化过程。来自商业发麦厂的无泥煤麦芽。

设备：带铜盖铸铁造，采用传统搅拌齿轮和老式内底的糖化槽（5.25 吨），2 个不锈钢和 4 个木制发酵槽。1 个鼓球型初次蒸馏器（11 000 升），1 个鼓球型烈酒蒸馏器（12 000 升）。均为间接加热，配壳管式冷凝器。

熟成：使用各种橡木桶，比如波本桶、雪利桶和重装猪头桶，异地熟成。

风格：果味浓郁，带有微微烟熏和香料气息，以及异常干的口感和咸味。

熟成个性：甜，橙汁和梨，轻油性和海盐，有时还有一丝"干贝类"的口感。

历史事迹
History ▸▸▸

格兰格拉索是一家连它的拥有者都很少提及的酒厂。1874 年，它由富有进取心的当地商人詹姆斯·莫尔与他的两位侄子以及铜匠托马斯·威尔逊合伙创建，选址在古镇和海港波特索伊（Portsoy）郊外，地处班夫郡的海边。他们的目标是将大部分产品作为"自有"威士忌或单一麦芽威士忌出售，并找到了一个现成的买家——格拉斯哥的威士忌代理商和调和品牌商罗伯森巴克斯特公司。

莫尔于 1887 年去世。他的一个侄子翻新了酒厂，但当他的另一个侄子在 1892 年去世时，前者决定出售格兰格拉索以支付遗产税。莫尔的侄子将酒厂的报价发给罗伯森巴克斯特，后者立即将其出售给了自家的姐妹公司高地蒸馏公司（如今是爱丁顿集团的一部分）。1898 年后，市场对格兰格拉索的需求减少。1907 年到 1960 年间，蒸馏厂停工，在 1960 年进行了翻新。但是，1986 年，它再次被关闭，除了 1998 年短暂复工外，一直无声无息。现地的仓库被爱丁顿调用。

2008 年 2 月，爱丁顿集团宣布以 500 万英镑的价格将格兰格拉索卖给荷兰的财团斯坎特集团。格兰父子公司的酒厂总监斯图尔特·尼克森为该财团寻找蒸馏厂提供咨询服务，并被任命为常务董事。

经过修复的酒厂于 2008 年 11 月 24 日开放，负责剪彩的是当地议员亚历克斯·萨尔蒙德，也就是后来的苏格兰首席部长。2010 年，伊恩·巴克斯顿出版了一本关于格兰格拉索的书，文笔优美，内容全面。

2013 年，本利亚克和格兰多纳两家蒸馏厂的所有者比利·沃克收购了格兰格拉索，酒厂的所有权再次发生变化。2016 年，沃克将三家蒸馏厂打包，以 2.85 亿英镑的价格卖给了肯塔基州路易斯维尔的百富门集团。

趣闻 Curiosities

詹姆斯·莫尔出售种子、五金、粪肥、葡萄酒和烈酒。他是苏格兰北部银行的代理人，拥有一艘渔船和迪福伦河上的鲑鱼网。他还担任（1865 年以后）当地志愿军炮兵团的上校。

● 在 20 世纪 80 年代中期，高地蒸馏公司希望增强格兰格拉索的甜美斯佩塞风格，用于威雀调和威士忌。当时人们认为，软水可能有助于实现这一目标。不过格兰格拉索的水质偏硬。从格兰路思（Glen Rothes）运来一些软水进行测试后，酒厂安装了一个试验性的水软化设备，然后又安装了一套完整的设备。事实证明这实在太昂贵了，导致集团决定将格兰格拉索关停，同时扩大格兰路思蒸馏厂的产能。

Glengoyne

格兰哥尼 [1]

麦芽
威士忌

Glengoyne 源于 Glen Guin，意为"野鹅谷"。现在这个名字是从 1905 年开始使用的。

产区： Highland (South)　　**电话：** 01360 550254
地址： Dumgoyne, by Killearn, Stirlingshire
网址： www.glengoyne.com　　**所有权：** Ian Macleod Distillers
参观： 开放，设有调配课程，有一个直升机停机坪　　**产能：** 1.1m L. P. A.

原料： 来自坎普西山布莱尔嘉溪（Blairgar Burn）的软水。地板发麦一直用到 1910 年。现在使用的是特威德河畔贝里克的辛普森家的麦芽。

设备： 带铜制穹顶的传统耙式糖化槽（3.72 吨）。6个北美黄杉木发酵槽。1 个鼓球型初次蒸馏器（14 000 升），2 个鼓球型烈酒蒸馏器（每个 3495 升），均为间接加热，配壳管式冷凝器。

熟成： 雪利桶（约 40%）和重装桶。酒厂有 3 个垫板式仓库，有大概 6700 只桶在长年熟成，计划再建 2 个仓库。

风格： 清淡的果味，淡淡的蔬菜和坚果味。

熟成个性： 格兰哥尼随着陈年酒体越来越重。核心瓶装系列是雪利桶和波本桶的调配版。嗅香是麦芽香，带有雪利酒的味道和熟透的梨味。尝起来很均衡，有清淡的甜味，酸度，偏干的口感。中等酒体。

1　曾译作"格兰高依"。——中文版编者注

历史事迹

格兰哥尼横跨高地线，其仓库位于低地，蒸馏厂位于高地。直到 20 世纪 70 年代它都被归类为低地麦芽酒厂。这片土地由唐翠丝（Duntreath）的埃德蒙斯通家族拥有。1833 年，该家族派出代表以"溪之尾"（Burnfoot）一名获得了蒸馏许可。

这片美丽的厂区在急水潺潺的布莱尔嘉溪溪尾，坐落于一个枝繁叶茂的陡峭峡谷里，春天满山遍谷的蓝铃花。

酒厂先后租给乔治·康奈尔、约翰·麦克利兰（1851—1867）以及阿奇博尔德·麦克利兰（1872—1876），然后是格拉斯哥的威士忌调和商朗兄弟公司（Lang Brothers），当时更名为"格兰吉恩"（Glen Guin）。亚历山大·朗和加文·朗于 1861 年在阿盖尔的奥斯瓦尔德街自由教会的地下室开始了他们的生意（后来这里用作保税仓库），还引出了一个顺口溜："地底的灵是葡萄酒灵，地上的灵是圣灵。"

朗兄弟公司长期以来一直从罗伯森巴克斯特公司（Robert & Baxter）购买调和基酒，并在 1965 年被后者全资收购，之后酒厂经过翻新，蒸馏器从 2 个增加到 3 个。罗伯森巴克斯特公司于 1999 年并入爱丁顿集团，2003 年朗兄弟公司和格兰哥尼酒厂被出售给布罗克斯本的威士忌调和商伊恩·麦克劳德公司（Ian Macleod & Company）。

格兰哥尼为游客提供多元化体验，包括一个大师班，课程期间您可以根据不同的木桶风格调配一瓶属于自己的单一麦芽威士忌。2015年，酒厂接待了 80 000 名游客。

趣闻 Curiosities

第一代格伦金特德男爵、空军中将亚瑟·泰德爵士出生于这家蒸馏厂，他的父亲在 1889 年至 1893 年间在此地担任税务专员。老亚瑟在 1909 年成为税务总督察，并在皇家威士忌调查委员会里服务。

The Glen Grant

格兰冠

格兰冠是少数 1970 年前可以随处买到的单一麦芽威士忌之一。

"威士忌的特性不是由酿造出的酒精的纯度决定的，而是由酒精中
残留的杂质决定的。"
——道格拉斯·麦克萨克

产区：Speyside　　电话：01340 832118
地址：Elgin Road, Rothes, Moray
网址：www.glengrant.com　　所有权：The Glen Grant Ltd (Campari Group)
参观：开放，并配有商店和广阔的林地花园　　产能：6.2m L. P. A.

原料：来自独立发麦厂的无泥煤麦芽，自有的发麦车间于 1962 年拆除。水来自
卡普多尼克涌泉（Caperdonich Springs）和格兰冠小溪（The Glen Grant Burn）。

设备：半劳特 / 半滤桶式糖化槽（12.28 吨）。10 个北美黄杉木发酵槽。4 个"德
国头盔"式初次蒸馏器（每个 15 100 升），4 个鼓球型烈酒蒸馏器（每个 7800 升）。
直火加热蒸馏一直用到 20 世纪 90 年代末，现已被蒸汽间接加热取代，均配有净
化器。虫管式冷凝器一直服役到 20 世纪 80 年代，现在均为壳管式冷凝器，带有
后冷却器和热水回收装置，为全部 8 个蒸馏器预热。

熟成：主要是重装美国猪头桶，大部分在芝华士的厂区（特别是基思附近的马
尔本）内长年熟成。

风格：甜，青草和果味（青苹果）。

熟成个性：酒厂风格更偏爱重装橡木桶，生产浅色，清新，有果味和夏日感的
威士忌。味道甜美，带有轻微的柠檬、谷物和坚果味，以及苹果和梨味。酒体
较轻。

1839 年，亚伯乐的租约到期时，约翰·格兰特和詹姆斯·格兰特兄弟一路搬到了罗西斯，并在第二年建造了一个新的蒸馏厂，最初名为 Drumbain，是该村第一家蒸馏厂。从一开始它就被称为"北方最大规模的蒸馏厂之一"，不过货物当时必须通过公路运输，直到 1858 年才建成铁路——这是一项詹姆斯·格兰特（时任埃尔金市长）密切参与的工程。早期的一台机车被命名为"格兰冠"。

1872 年，人称"少校"的詹姆斯·格兰特二世在威士忌热潮开始时接替了他的父亲。格兰冠当时已经以单一麦芽威士忌的形式在英格兰、苏格兰和殖民地销售，并被描述为"纯粹，温和，令人愉快……特别适合家庭饮用"。酒厂整桶销售威士忌，但会为顾客提供独特的酒标，画有两个坐在橡木大桶旁边的高地人，座右铭是"从苏格兰石楠遍地的群山中走来"。

到 1887 年，对格兰冠的需求促使少校在附近建造了另一家蒸馏厂——格兰冠二号厂（详见"Caperdonich 卡普多尼克"），并于 1898 年安装了高地地区第一台气动式麦芽筒。这台设备一直运转到 1971 年蒸馏厂停止厂内发麦为止。

少校在酒厂旁边的格兰冠庄园（现已拆除）中过着维多利亚时代的生活，并在酒厂后面打造了壮观的林地花园。在他的时代，这个花园需要 15 位园丁打理。庄园于 1996 年修复并向公众开放，并在凉亭中配备了小型酒精保险箱，少校曾用它为客人灌装专属定制的格兰冠！他于 1931 年去世，享年 84 岁，酒厂由他的外孙道格拉斯·麦克萨克继任。

1952 年，格兰冠与乔治·J. G. 史密斯有限公司（George & J. G. Smith Ltd）合并，成为格兰威特和格兰冠蒸馏有限公司（Glenlivet & The Glen Grant Distilleries Ltd）。1970 年，他们又与调和品牌希尔（Hill）、汤姆森公司（Thomson & Company）以及朗摩蒸馏厂合并成格兰威特蒸馏有限公司。这家公司于 1978 年被施格兰公司收购。格拉斯·麦克萨克遗憾地宣布了这一合并决定，称格兰冠的经济状况是第一位的。在以现金形式给所有员工发了一笔奖金之后，他退休了。

2001 年，保乐力加购买了施格兰的苏格兰威士忌权益，由于受到欧盟的反垄断法规限制，被迫出售格兰冠。2006 年，它被米兰的金巴厘（Campari）收购，公司任命丹尼斯·马尔科姆为酒厂经理。他于 1961 年加入格兰冠，1983 年成为经理，并在 1992 年担任施格兰旗下所有蒸馏厂的总经理。

格兰冠蒸馏器的加热方式很有趣。最初的 4 个蒸馏器是由煤炭直火加热的，初次蒸馏器配备由水轮驱动的锅底刷（全苏格兰酒厂最后一个，一直使用到 1979 年）。1973 年增加了 2 个蒸馏器，采用液化石油气直接加热，另外 4 个蒸馏器于 1977 年安装。1979 年，所有 10 个蒸馏器都转换为液化石油气燃烧加热，但只持续到 1983 年。当时初次蒸馏器再次回归煤炭燃烧加热，烈酒蒸馏器则采用废热锅炉加热蒸汽的间接加热方式。与此同时，包含 4 个原始蒸馏器的旧蒸馏车间被一个新的蒸馏车间取代，并安装了 2 个更大的蒸馏器，所以产能没有受到影响。所有蒸馏器在 20 世纪 90 年代后期都换成了间接加热。

● 初次蒸馏器是通常所说的"德国头盔"式设计，具有巨型手铃的外观，是格兰冠特有的。4 个初次蒸馏器都具有这个特征，并且所有蒸馏器都在其颈部配备有净化筒以增加回流。

● 格兰冠的产品线于 2007 年重新包装，标签上特地强调"在细高的蒸馏器中蒸馏"（还强调了两次！）。

● 多亏酒厂的意大利代理商阿曼多·乔维内蒂的商业天赋，格兰冠成为第一个在出口市场被广泛接受的单一麦芽威士忌。乔维内蒂意识到一款年轻的产品会有更大的吸引力（他当时对标的是渣酿白兰地），并指定要熟成 5 年的威士忌。他从 20 世纪 60 年代中期开始大力推广，到 1977 年取得了每年销售约 20 万箱的佳绩。

● 格兰冠如今仍是意大利最受欢迎的麦芽威士忌，尽管近年来销售额有所下降。不过得益于法国和美国的销售增加，该品牌在全球的年销量超过 300 万瓶，是世界上最畅销的麦芽威士忌之一。

格兰冠

图片来源：金巴厘中国

Glengyle

格兰盖尔

麦芽
威士忌

产区：Campbeltown　　　电话：01586 551710
地址：Glengyle Road, Campbeltown, Argyll
网址：www.kilkerransinglemalt.com　　所有权：Mitchell's Glengyle Ltd
参观：无　　产能：750 000L. P. A.

历史事迹

History ▸▸▸

　　最初的格兰盖尔蒸馏厂从 1873 年运营到 1925 年。它由威廉·米切尔公司（William Mitchell & Company）建造，直到 1919 年才被出售给西高地麦芽蒸馏有限公司（West Highland Malt Distilleries Ltd）。酒厂于 1925 年关闭，库存和仓库被出售——后者被改造成坎贝尔镇微型步枪俱乐部，并于 1941 年被布洛克兄弟公司（Bloch Brothers）收购（详见"Glen Scotia 格兰帝"）。他们宣称要重建和扩建酒厂，甚至要在格兰盖尔安装谷物蒸馏设备，但这些都没有付诸行动。该厂被出售给了阿盖尔农业（Argyll Farmers），并被金特尔农业合作社（Kintyre Farmers Co-operative）当作仓库和销售办事处使用。

　　酒厂于 2000 年 11 月被云顶蒸馏厂的所有者 J. & A. 米切尔有限公司（J. & A. Mitchell Ltd）收购。公司建造了一个新的酒厂，并于 2004 年 3 月投产。

趣闻 Curiosities

威廉·米切尔是原格兰盖尔蒸馏厂的创始人，他是阿奇博尔德·米切尔的儿子。阿奇柏德是 J. & A. 米切尔最早的合伙人之一，他重建了酒厂。

● 云顶和格兰盖尔在酒厂内使用地板发麦方式制作它们所需要的麦芽。2007 年，以"可蓝"（Kilkerran，坎贝尔镇最早的名称）命名的麦芽威士忌首次发布。

Glen Keith

格兰凯斯

麦芽
威士忌

> 产区：Speyside　　电话：01542 783042
> 地址：Station Road, Keith, Banffshire
> 网址：无　所有权：Chivas Brothers
> 参观：无　产能：6m L. P. A.

原料：自有的萨拉丁发麦设备一直用到 1976 年，现在使用来自独立发麦厂的无泥煤麦芽。软质工艺和冷却用水来自巴洛赫泉（Balloch Spring），应急时使用纽米尔泉（Newmill Spring）。

设备：全劳特 / 滤桶式糖化槽（8 吨）。6 个不锈钢发酵槽和 9 个北美黄杉发酵槽。3 个普通型初次蒸馏器（每个 15 300 升），2 个鼓球型烈酒蒸馏器，1 个普通型烈酒蒸馏器（每个 11 100 升）。均由蒸汽盘管间接加热。

熟成：主要使用重装桶，在斯佩塞和中部地带的芝华士厂区内陈年。

风格：轻盈，甜美，青草香。

熟成个性：斯佩塞风格，带苹果、香蕉、树篱花、柠檬草和香草味。味道甜美，带干果（无花果、椰枣）和淡杏仁味。中等酒体。

历史事迹
History ▸▸▸

　　格兰凯斯位于艾拉河畔，与基斯的斯特拉赛斯拉蒸馏厂隔河相望。这是施格兰公司的第一家酒厂，于 1957 年至 1958 年间由一家磨坊改造而来，并授权给他们的子公司芝华士兄弟。格兰凯斯也是 1900 年以来在斯佩塞建造的第一家蒸馏厂，正如菲利普·莫里斯所写的那样，"完美地重现了世纪之交高地麦芽威士忌酒厂的形态和暧昧性"。虽然酒厂十分现代化，但格兰凯斯的设计仍然富有传统性，部分建筑由条石打造，包括它的宝塔顶窑炉。

酒厂最初设计成三重蒸馏，并一直沿用到 1970 年，那时蒸馏器的数量从 3 个增加到了 5 个，第六个蒸馏器在 1983 年被安装。这些蒸馏器是苏格兰第一批使用天然气直火蒸馏的，尽管它们三年后转为蒸汽盘管间接加热。随着产能逐渐提高，新蒸馏器的形状和尺寸允许格兰凯斯在接下来的许多年里进行各种生产试验。

1999 年，施格兰封存了格兰凯斯酒厂。该公司的苏格兰威士忌权益也于 2001 年被保乐力加收购。

2012—2013 年间，旧的萨拉丁发麦设备被拆除，酒厂内新建了一栋楼，配备了高效的布里格斯（Briggs）全劳特 / 滤桶式糖化槽和 6 个不锈钢发酵槽。新的麦芽储存设备安装就位；原有建筑中的 9 个木制发酵槽被更换，6 个蒸馏器得到升级。酒厂的纯酒精产能从 400 万升提升到 600 万升。

趣闻 Curiosities

施格兰的实验室——现在是芝华士技术中心——就设在格兰凯斯酒厂内，为整个集团提供服务。蒸馏厂以前也曾是护照牌调和苏格兰威士忌的"品牌之家"。

● 20 世纪 70 年代有段时期，格兰凯斯制造了一批试验性的泥煤麦芽威士忌，名为"克雷格达夫"（Craigduff）。它从未被东家装瓶，但据我所知，有两桶 1973 年的威士忌已由装瓶商圣弗力公司装瓶。还有一款更罕见的名为"格兰尼斯拉"（Glenisla）的泥煤麦芽威士忌，但经我本人品鉴，几乎没有烟熏泥煤风味。

Glenkinchie

格兰昆奇

 麦芽威士忌

原料：地板发麦方法一直沿用到 1968 年，现在使用由茹瑟勒供应的轻泥煤烘烤麦芽。硬质工艺用水来自酒厂内的泉水（以前来自拉莫缪尔山上的"希望"水库）。冷却用水来自昆奇溪（Kinchie Burn）。

设备：全劳特/滤桶式糖化槽（9.4 吨）。5 个北美黄杉发酵槽和 1 个花旗松发酵槽。1 个灯罩型初次蒸馏器（20 000 升），1 个灯罩型烈酒蒸馏器（17 000 升）。自 1972 年以来使用间接加热，配独特的虫管冷凝器，烈酒蒸馏器上连接的虫管由不锈钢制成（这增加了格兰昆奇所需的硫化特性）。连接蒸馏器和虫管的林恩臂像大象鼻子一样陡直下垂。这也抑制了回流，并增强酒体的厚重感。

熟成：主要是波本桶，部分在地熟成，部分在利文熟成。

风格：厚重带有肉感，有硫味。

熟成个性：在陈年过程中，格兰昆奇的新酒变得清新芳香，并且失去了所有的硫味痕迹。嗅香是"乡村感"的，有草甸、灌木篱笆、柠檬味以及一丝烟熏感。口感清新，开始是淡淡的甜美感，偏干，尾韵非常短。酒体中等，但个性很轻盈。味道甜美，带干果（无花果、椰枣）和淡杏仁味。中等酒体。

产区：Lowland　　电话：01875 342004
地址：Pencaitland, East Lothian
网址：www.malts.com　　所有权：Diageo plc
参观：开放，并配有博物馆和商店　　产能：2.5m L. P. A.

历史事迹
History ▸▸▸

　　蒸馏厂最初被称为米尔顿（Milton），一个典型的农场酒厂，由约翰·拉特与乔治·拉特兄弟于 1825 年创立，利用农业革命改良耕作方法后产生的剩余谷物进行蒸馏。事实上，他们的房东可能是奥米斯顿的约翰·科伯恩——"苏格兰畜牧之父"以及农业改良的先驱之一。

　　1837 年，兄弟俩搬到酒厂现在的所在地并建造了一家新的蒸馏厂。1852 年，他们破产了。其继任者将部分厂房用作锯木厂。1880 年，厂房被一个由爱丁堡的酿酒商和威士忌商组成的财团收购，生产得到恢复。1890 年，所有者变成了詹姆斯·格雷少校，他依照模范村的样式重建了酒厂和相连的建筑。1914 年，他联合另外四家低地酒厂，组建了 S. M. D.，一个贸易联盟，旨在巩固经济衰退期低地麦芽蒸馏者的利益。这个机构于 1925 年加入了 D. C. L.，而格兰昆奇被授权给了约翰·黑格公司。

　　1988 年，格兰昆奇被 U. D. 作为低地的代表，收入"经典麦芽威士忌"系列中。

趣闻 Curiosities

"格兰昆奇"来源于为酒厂提供冷却用水的昆奇溪。"昆奇"是由姓氏德·昆西（de Quincey）演变而来，这个家族在中世纪时期拥有酒厂所在的这片土地。

● 1895 年，在一个极度寒冷的夜晚，马厩发生了火灾——由于天气实在太冷，消防软管中的水冻得死死的，员工们对此无能为力。这令酒厂的蒸馏师无比沮丧，甚至为此发了疯，被送进精神病院。

● 格兰昆奇酒厂有一片很大的农场，并长期以肉牛闻名——这些牛被酿酒过程中产生的糟粕养得很肥。战后的酒厂经理 W. J. 麦克弗森先生分别赢得了 1949 年、1952 年和 1954 年"史密斯菲尔德展"的超级冠军奖。很多年来，詹姆斯·布坎南公司著名的克莱兹代尔重挽马都在格兰昆奇酒厂消夏。

● 格兰昆奇的初次蒸馏器是全苏格兰最大，将近 21 000 升。糖化车间里挂有一个 1842 年的大型铜钟。在"酒歇"（dramming）被取消结束之前，钟声响起意味着倒班时间到了，可以去经理那里领份酒（drams）小憩一下！

● 蒸馏厂优秀的游客中心过去是麦芽威士忌博物馆的所在。这是一个由前经理设立，后由 S. M. D 负责的项目，经过重新设计后于 1995 年再度开放。正中间是 S. M. D 的总务经理詹姆斯·克鲁克香克在 1924 年为温布利"大英帝国展"设计的麦芽威士忌蒸馏厂模型（1∶6），展示了从发麦到熟成的全过程。游客中心在 2020、2021 年进行了重新设计和现代化改造，当时格兰昆奇被帝亚吉欧提名为"尊尼获加的四大支柱"之一，花费了 1.8 亿英镑改造了泰斯卡、卡尔里拉和克里尼利基的游客中心，除此之外，还包括位于爱丁堡的尊尼获加体验中心。

The Glenlivet

格兰威特

2014 年，格兰威特取代了 1963 年来一直稳居榜首的格兰菲迪，成为世界最畅销的麦芽威士忌品牌。

1822 年 10 月，乔治四世访问爱丁堡，在沃尔特·司各特安排的著名的"短途旅行"中，除了（非法酿造的）格兰威特威士忌之外什么也没喝。

正如其广告所言，格兰威特乃是"作为一切开始的麦芽威士忌"。

产区：Speyside　　电话：01340 821720
地址：Minmore, Ballindalloch, Moray
网址：www.theglenlivet.com　　所有权：Chivas Brothers
参观：大型游客中心，博物馆，餐厅和商店　　产能：21m L. P. A.

原料：富含矿物质的硬质工艺用水来自乔西之泉（Josie's Well）。冷却用水自酒厂后山钻井。稀释用水来自布莱尔芬迪泉（Blairfindy Spring）。1966 年之前采用地板发麦。现在使用来自马里湾戈登港克里斯普家的无泥煤麦芽。

设备：格兰威特现有两个酒厂和三间蒸馏室。2 个布里格斯全劳特 / 滤桶式糖化槽（13.5 吨），16 个北美黄杉发酵槽和 16 个不锈钢发酵槽。14 个灯罩型初次蒸馏器（15 000 升）和 14 个灯罩型烈酒蒸馏器（10 000 升），4 对蒸馏器位于原先的蒸馏室，3 对位于 2008 年扩产的蒸馏室，还有剩下的 7 对位于全新的蒸馏室。

熟成：12 年是波本桶，18 年是雪利桶，其余版本混合了波本桶、雪利桶和重装桶。

风格：中等酒体，复杂的斯佩塞风，带有水果味（菠萝、梨、苹果）和花香。

熟成个性：格兰威特是比较复杂的麦芽威士忌，随着酒龄增长，酒体的深度和复杂度会随之加强。年轻的酒款柔软，带有花香和果香（苹果、菠萝和桃子）。香气和味道中都有一些麦芽味，而在美国橡木中陈年的版本则有一些香草味。尝起来开始比较甜美，质地柔软，尾韵偏干。中等酒体。

历史事迹
History ▸▸▸

上德拉姆明农场——位于戈登公爵的格兰威特庄园界内——的乔治·史密斯是该地区第一个根据 1823 年《烈酒法》申请到蒸馏执照的人。在此之前，他和他的邻居们一样，一直采用非法蒸馏，"滑铁卢战役（1815）第二年，每周大约蒸馏一个猪头桶（250 升）的酒"。乔治转向"合法"蒸馏后，被他的前同行们视为一种背叛，威胁要烧掉他的蒸馏厂，"最要紧的是把乔治烧了！"。为求自保，接下来好几年，乔治都随身带枪，今天在游客中心还可以看到那些枪。

19 世纪 20 年代中期，酒厂出品在高地之外赢得了声誉，爱丁堡的

安德鲁·厄舍成为他的代理商。1840 年，乔治·史密斯在德尔纳博（Delnabo）租赁了另一个农场，在那里他从前租户约翰·戈登手里接管了一家名为"凯恩戈姆"（Cairngorm）的小酒厂，十年后又租赁了明莫尔酒厂（Minmore），1859 年在那里建造了一个全新的蒸馏厂，也是当前公司的核心。

此时厄舍推出了史上第一款"品牌苏格兰威士忌"——厄舍的老格兰威特调和，开始是调和麦芽威士忌，最终定位为（大约在 1860 年后）调和威士忌。

1871 年，约翰·戈登·史密斯继承其父。

格兰威特威士忌的名气太大了，以至于许多蒸馏厂——甚至有些距利威山谷 20 英里以上——也开始使用该名称，这也令利威山谷被戏称为"苏格兰最长的山谷"。1884 年，约

翰·戈登·史密斯得到法院判令，被授予在商标中使用定冠词的专属命名权，而其他人只能使用"格兰威特"作为后缀。到1950年，大约有27家蒸馏厂使用这一后缀。

约翰·戈登·史密斯于1901年去世，传给他的外甥乔治·史密斯·格兰特，后者又传给自己的儿子比尔和孙子拉塞尔。比尔·史密斯·格兰特是将麦芽威士忌输入美国市场的人。1933年，禁酒令刚结束，他就开始寻找生意伙伴，并运了几百箱酒到美国。1939年，格兰威特的出货量增加了9倍，其中包括为著名的普尔曼铁路公司和蓝带城际特快列车配备的2盎司（约60毫升）小酒伴。

战后时期熟成库存严重短缺，格兰威特受到狂热追捧。酒厂专门为跨大西洋豪华邮轮——比如"合众国号"和"亚美利加号"——保留一定份额。

1953年，G. & J. G. 史密斯有限公司与J. & J. 格兰特有限公司合并成立格兰威特与格兰冠蒸馏有限公司（The Glenlivet & The Glen Grant Distilleries Ltd）。1970年，该公司又与朗摩-格兰威特公司（Longmorn-Glenlivet）和调和威士忌商希尔·汤姆森公司（Hill Thomson & Company）合并成立格兰威特蒸馏有限公司。1973年，酒厂由4个蒸馏器扩产到6个，然后用煤气替代煤炭直火蒸馏。1975年，酒厂附近建造了一台又大又丑的深酒糟设备，破坏了酒厂仅存的魅力——不管是什么。芝华士兄弟至少把它拾掇了。

1978年，施格兰公司收购了格兰威特蒸馏有限公司。当年，新所有者安装了另外 2 台直火加热蒸馏器。20 世纪 80 年代中期，所有 8 个蒸馏器都改为蒸汽盘管和蒸汽锅间接加热。

2001 年，保乐力加旗下的芝华士兄弟收购了格兰威特蒸馏厂以及施格兰的大部分威士忌权益。2010 年 6 月，威尔士亲王为原有蒸馏厂内新开的蒸馏厂剪彩，新酒厂包含 6 个新的蒸馏器，8 个新的发酵槽和 1 个新的糖化槽，产能增加了 75%。

2014 年，一项大幅提升格兰威特产能的规划申请获得批准，第二家酒厂于 2018 年投产。尽管在新冠肺炎疫情封锁期间酒厂仍在继续生产，但无法接待游客。芝华士兄弟以此为契机，对游客中心进行了全面翻新，将其扩建至 1000 平方米，并为提高游客体验引入了档案墙、样品室和室内大麦田等新功能。

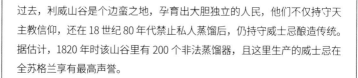

趣闻 Curiosities

过去，利威山谷是个边蛮之地，孕育出大胆独立的人民，他们不仅持守天主教信仰，还在 18 世纪 80 年代禁止私人蒸馏后，仍持守威士忌酿造传统。据估计，1820 年时该山谷里有 200 个非法蒸馏器，且这里生产的威士忌在全苏格兰享有最高声誉。

● 2007 年 8 月，格兰威特与拥有酒厂附近土地的皇家庄园共同推出了"私酿者小径"项目。三条不同长度的徒步路线带领游客游览周围的乡村，追寻当年私酿者的足迹。

● "给我真正的格兰威特，我能用海水调出托迪酒。人类绝不会厌倦格兰威特佳酿，就像不会厌倦新鲜空气。一个人如果能够找到自己摄入酒精的适当比例和数量，那就应该每天喝醉；坚持如此，我跟你说，人就可以永生不死，医生和教堂都会过时……"——诗人、作家詹姆斯·霍格，1826 年（克里斯托弗·诺思引用）

- 由于水质欠佳，再加上要合并明莫尔酒厂，约翰·史密斯的德尔纳博蒸馏厂于 1858 年关闭。但他选择继续租用庄园用了围猎和射击，说明他的经济状况着实不错！原先的蒸馏师约翰·戈登在托明陶尔附近的克劳弗利也有一家酒厂，其遗迹现在仍可看到。

- 2014 年，格兰威特超越格兰菲迪成为全球最畅销的麦芽威士忌品牌，以 108 万箱的成绩压倒了格兰菲迪的 105 万箱（每箱 12 瓶）。格兰菲迪自 1963 年以来，一直是全球销量第一的单一麦芽威士忌品牌。

- "是什么让格兰威特如此与众不同？"《时代》周刊记者在 20 世纪 50 年代采访比尔·史密斯·格兰特时问道。"这没什么秘密，"他回答说，"自然而然就成这样了……我认为 99% 因为水，还有一些不足挂齿的东西。"

- 格兰威特多年来一直是仅次于格兰菲迪的第二畅销的麦芽威士忌品牌，但在 2020 年，两者的差距微乎其微，以至于平分秋色，共同摘得桂冠。两个品牌的销量都在 1450 万瓶左右。

Glenlochy

格兰洛奇（再开发）

麦芽
威士忌

除了为美国国家蒸馏公司和自己购买蒸馏厂，约瑟夫·霍布斯还在
1939年很明智地购买了诺福克一家制造灭火器的公司。

产区：Highland（West）
地址：North Road, Inverlochy, Fort William, Inverness-shire
所有权：D. C. L./S. M. D　　关停年份：1983

历史事迹

History ▸▸▸

1900年4月不是开设蒸馏厂的最佳时机。利斯的帕蒂森刚破产，就有众多公司被拖垮。对行业的信心已经崩溃，陈年库存已经远远超过市场所需要的水平。

三年前，大卫·麦克安迪从因弗洛希庄园的阿宾杰勋爵那里买下土地时，威士忌市场的前景还十分光明。威廉堡的第一家蒸馏厂班尼富正在蓬勃发展，西部高地铁路于1894年到达该镇。麦克安迪刚建造了格兰考德蒸馏厂，连同高原骑士蒸馏厂的所有者詹姆斯·格兰特以及13位当地投资人创立了格兰洛奇。公司的第一位经理来自巴布莱尔蒸馏厂。

尽管开端并不理想，格兰洛奇仍然坚持生产，直到1917年所有蒸馏厂都被政府命令关闭。1920年，股东们将酒厂卖给了兰开夏郡的酿酒商，1924年恢复生产，两年后再次关闭。1934年，酒厂的建筑物和场地被以850英镑的价格卖给兰开夏一家汽车租赁商，三年后与格兰洛奇蒸馏公司一起被卖给约瑟夫·霍布斯（详见"Ben Nevis班尼富"）。

霍布斯拥有收购美国国家蒸馏公司旗下蒸馏厂的职能，并在1940年将格兰洛奇卖给了他们，为他自己的大格兰养牛场筹集资金。1953年，D. C. L. 接管了国家蒸馏公司，并将格兰洛奇的管理权移交给了S. M. D。S. M. D. 于1960年和1976年对格兰洛奇进行了现代化改造，然后在1983年关闭了蒸馏厂。

趣闻 Curiosities

这座蒸馏厂的外部完全由砖石打造（与众不同），并在屋顶上用铁制品加以装饰，宝塔的塔尖异常陡峭。外观上与过去相比变化不大。

● 约瑟夫·霍布斯是个传奇人物。儿时，他父母带他移居加拿大。《泰晤士报》登载的他的讣闻回顾，成年后，他凭借造船和开发房地产（以及在禁酒令期间走私威士忌）发了大财，然后在1930年至1931年间的大萧条时期遭受重创，带着不到1000英镑的现金回到了英国。

Glenlossie

格兰洛希

麦芽
威士忌

1929 年发生了一场大火，烧毁了部分厂房，消防马车没有起到多大
作用。它至今仍然保存在格兰洛希。

产区：Speyside　　电话：01343 862000
地址：Thomshill, by Elgin, Moray
网址：www.malts.com　　所有权：Diageo plc
参观：需预约　　产能：3.7m L. P. A.

原料：工艺用水来自发源于曼诺克山的巴登溪
（Bardon Burn）。冷却用水来自吉湖溪（Gedloch
Burn）和狐狸溪（Burn of Foths）。1962 年之前
采用地板发麦。现在使用来自伯格黑德的无泥煤
麦芽。

设备：　款不同寻常的半劳特 / 半滤桶式糖化槽，
结合了施泰尼克（Steiniker）糖化槽和传统纽米
尔（Newmill）劳特刀（8 吨），确保了糖化的高
效率。8 个落叶松发酵槽。3 个普通型初次蒸馏
器（15 500 升），3 个普通型烈酒蒸馏器（17 500
升），均配有净化器。所有蒸馏器均为间接加热，
配壳管式冷凝器。

熟成：在传统垫板式仓库和货架式仓库中现地熟
成，以及在中部地带熟成。

风格：青草。

熟成个性：清新，轻盈，斯佩塞的香气，有刚修
剪的草坪香，淡淡的花朵和定型啫喱的香味。味
道甜美，香气四溢。酒体较轻。

格兰洛希蒸馏厂由一位税务专员和他的几位朋友创立。约翰·达夫是兰布里德的法夫之臂山庄的前租户，他的合伙人有马里郡的地方检察官亚历山大·格里戈尔·艾伦（1880 年以后是泰斯卡蒸馏厂的共同所有者）、马里郡首府埃尔金的土地经纪人及城市勘测员 H. M. S. 麦凯以及伦敦的调和酒酒商约翰·霍普金斯 [1880 年后是托本莫瑞蒸馏厂和著名调和威士忌品牌老马尔（Old Mull）的所有者]。霍普金斯是新蒸馏厂的代理商。1896 年格兰洛希－格兰威特蒸馏公司（Glenlossie-Glenlivet Distillery Company）成立时，麦凯接手了管理层。该公司于1919 年加入 D. C. L.，并从 1930 年开始交由 S. M. D 管理（授权给约翰·黑格公司）。

1962 年，格兰洛希从 4 个蒸馏器扩产到 6 个。十年后，一家名为"曼洛克摩尔"的新蒸馏厂在旁边建成（详见相关条目），并与原酒厂并行生产。这是 20 世纪 60 年代早期 S. M. D. 扩张计划的一部分（详见"Caol Ila 卡尔里拉"）。1968—1972 年间，一台大型的深酒槽设备在厂内建成，配有一个显眼的白色烟囱，周围数英里内都能看到。它每周可以处理来自 21 个酒厂的 2600 吨糟粕和 800 万升酒糟，生产 1000 吨牛饲料。

趣闻 Curiosities

"除了蒸馏室用石头建造之外，酒厂完全是水泥结构，我们下山时，那洁白和纯净在阳光的照射下美得惊人。"（酒文化史家阿尔弗雷德·巴纳德，1887 年）

● 1896 年后，珀斯－埃尔金线上的私人铁路可以直通南部市场。"格兰洛希－格兰威特酒厂得到了有效的管理……新仓库落成，几乎每年都有实施中的扩建或改进，直到 1917 年，那时几乎所有麦芽威士忌酒厂都关闭了。"（布莱恩·斯皮勒）

● 格兰洛希一直是添宝调和威士忌（Haig and Dimple blends）的核心基酒。它是 20 世纪 20 － 70 年代英国最畅销的调和苏格兰威士忌，也是第一个能在国内市场卖出 100 万箱的威士忌。1978 年后，它从本土市场消失了，但在海外的销售情况仍然很好，大约每年 400 万箱（详见"Cameronbridge 卡梅隆桥"）。

Glen Mhor

格兰摩尔（已拆毁）

麦芽
威士忌

格兰摩尔被誉为"高地风格"的典范。

产区：Highland (North)　　最后的所有权：D. C. L./S. M. D.
地址：Telford Street, Muirtown, Inverness, Inverness-shire　　参观：1983

历史事迹

History ▸▸

约翰·伯尼是格兰艾尔宾蒸馏厂经理，也是这家成功酒厂的背后推手（1887—1892年间产量增加了两倍）。他没能买下酒厂的股份，因此与利斯的葡萄酒和威士忌商查尔斯·麦金利公司合伙，在格兰艾尔宾对面，喀里多尼亚运河边上购入一片土地，建造了格兰摩尔蒸馏厂。酒厂于1894年投产，由查尔斯·多伊格设计，使用河水驱动的30英尺高涡轮机，直到20世纪50年代早期才替换成电机。即便如此，直到约1960年前，发酵槽上的切换器仍由水力驱动。

麦金利与伯尼公司（Mackinlay & Birnie）在1906年成为一家有限公司。沃克父子公司持有40%的股份，并于1920年收购格兰艾尔宾。1925年，格兰摩尔加了第三台蒸馏器，并在1963年将所有蒸馏器都改成蒸汽内部加热。1949年酒厂安装了萨拉丁箱。1972年麦金利与伯尼公司被D. C. L.收购，并于1972年转入S. M. D.旗下。

1983年, 格兰摩尔被拆除，厂址上现在是购物中心。

趣闻 Curiosities

格兰摩尔和格兰艾尔宾都通过喀里多尼亚运河进行补给，包括奥克尼岛的泥煤。

● 酒业杂志《哈珀》评论说："建筑物的外观不着修饰。尽管如此，酒厂构造扎实，安排得法。"

Glenmorangie

格兰杰

麦芽
威士忌

格兰杰自成立以来只有过七位酒厂经理。

出于对木材的专注，格兰杰在肯塔基州的欧扎克山脉拥有自己的林场。

格兰杰的第一台蒸馏器来自一家金酒蒸馏厂，是苏格兰最高的蒸馏器。这些蒸馏器运转良好，以至于后来的那些完全复制了它的形状和尺寸。

产区：Highland (North)　　电话：01862 892477
地址：Tain, Ross-shire　　网址：www.glenmorangie.com
所有权：Glenmorangie plc (LVMH Moët Hennessy Louis)
参观：开放并配有博物馆（1997 年开业）和商店　　产能：6.5m L. P. A.

原料：高硬度、矿物质含量丰富的水来自塔洛吉泉（Tarlogie Spring）。1977 年之前采用地板发麦。现在使用来自独立发麦厂的无泥煤麦芽。

设备：不锈钢全劳特／滤桶式糖化槽（9.8 吨），6 个不锈钢发酵槽。6 个非常高（5.18 米）的初次蒸馏器（11 300 升），6 个非常高的烈酒蒸馏器（7500 升），均为间接蒸汽加热，配壳管式冷凝器。

熟成：首次或重装波本美国白橡木桶，一些其他类型的橡木桶用于收尾。现地有 14 个保税仓库，其中 10 个传统垫板式仓库，4 个 11 层的货架式仓库。

风格：轻淡，花香，柠檬（橘子）。

熟成个性：格兰杰风格轻盈，但个性复杂。主基调是香草、杏仁、柑橘、苹果、玫瑰、香料和干草。尝起来口感柔软清新，微甜，带有谷物和新鲜水果的口味。中等酒体。

自 1982 年以来，格兰杰在苏格兰一直是最畅销的单一麦芽威士忌，英国销量排名第二，世界销量排名第四。20 世纪 80 年代初的创意广告可能是最大推手。

这家蒸馏厂位于罗斯郡古老的泰恩皇家城堡附近，俯瞰多诺赫湾的莫兰吉农场——非法蒸馏者的聚集地之一。威廉·马西森和约翰·马西森在 1843 年创立了酒厂。前者是巴布莱尔蒸馏厂的股东之一，也与创立大摩（详见"Dalmore 大摩"）的亚历山大·马西森关系密切。1849 年，产量已达到 20 000 加仑（约合 90 900 升）。1887 年，一家有限公司成立，同年蒸馏厂彻底重建。

1918 年，格兰杰出售了 40% 的股份给利斯的调和酒酒商麦克唐纳德和缪尔公司。另外 60% 的股份则被一家威士忌代理商德拉姆公司（Durham & Company）买下。20 世纪 30 年代末，麦克唐纳德和缪尔公司买下德拉姆的股份，格兰杰的麦芽威士忌被用于他们的调和威士忌中，特别是高地女王和马丁斯（Martins V. V. O.）两款。尽管可以散买，但格兰杰直到 20 世纪 70 年代末才以单一麦芽威士忌的形式出售。1979 年，产能翻了一番，达到了 4 个蒸馏器；1990 年产能又翻了一番。

到 20 世纪 80 年代中期，麦克唐纳德和缪尔公司尝试换用不同类型的木材，以及将威士忌重新装入葡萄酒桶等方式，增加产品线的丰富度。格兰杰过于轻盈的风格不太适合只用欧洲橡木桶熟成，但用这类橡木桶收尾会带来额外的惊喜。一款雪利桶收尾的 18 年产品在 1992 年推出，紧接着又发售了马德拉桶收尾和十几种其他木桶收尾的产品。

1996 年，格兰杰成为一家上市公司。2004 年，它收购了苏格兰麦芽威士忌协会。麦克唐纳德家族出售了自己持有那部分股份，格兰杰和苏格兰麦芽威士忌协会被法国奢侈品巨头路威酩轩集团打包收购。

2008 年 10 月，通过新增 4 个蒸馏器、4 个发酵槽和 1 个糖化槽，酒厂产能增加到 600 万升纯酒精。

2021 年 9 月，紧贴着原建筑的、耗资数百万英镑的创新型蒸馏厂投入使用。这座引人注目的现代玻璃立方体被称为"灯塔"，配备了糖化和发酵设备以及两座蒸馏器，旨在在不干扰正常生产活动的前提下，开展实验性蒸馏（其他烈酒及威士忌）。它是格兰杰极具创意的生产总监比尔·梁思顿（Bill Lumsden）博士的心血结晶，他被称为苏格兰威士忌行业的威利·旺克（Willie Wonker）。

趣闻 Curiosities

格兰杰是最早（1883 年）使用蒸汽盘管间接加热蒸馏器的蒸馏厂之一。酒厂配有苏格兰最高的蒸馏器——"和长颈鹿一样高"，最初是用来蒸馏金酒的，其优雅的形状得以保留。

● 虽然早在 1880 年就有格兰杰被销往海外（梵蒂冈和旧金山）的记录，不过其所有者到 20 世纪 70 年代后期才开始专注于麦芽威士忌。1981 年，以"十六位泰恩人"为主题的纸媒广告启动。宣传方案上，一方面强调制作麦芽威士忌所需的精纯手工艺，另一方面使之人格化——广告正面是木刻的人物特写，从酒厂经理到拖拉机司机。这一领先于时代的广告推行了 20 年。

● 2004 年，格兰杰和苏格兰麦芽威士忌协会被路威酩轩集团收购。2007 年，格兰杰宣布对旗下核心产品进行重新包装和命名。20 世纪 70 年代推出的黑色和红色字体以及方格边框的棕褐色标签被更干净、更明亮、更复杂的标签所取代，但一些过去的元素仍得到保留。瓶子的形状更感性，给人的整体印象更女性化。

● 在离酒厂不远的地方，格兰杰还拥有一座精心修复的豪宅，现名为"格兰杰之家"。边上紧挨着一块重要的皮克特石碑——卡德伯尔石。新包装从石头中吸收了凯尔特人的符号，效果很好。

格兰莫雷

Glen Moray

产区：Speyside　　电话：01343 542577
地址：Bruceland Road, Elgin, Moray
网址：www.glenmoray.com　　所有权：La Martiniquaise
参观：开放，并配有商店、咖啡馆、品酒区　　产能：5.7m L. P. A.

原料：来自洛西河的硬质水。1958 年之前采用地板发麦。萨拉丁箱发麦一直使用到 1977 年。现在使用来自独立发麦厂的无泥煤麦芽。

设备：带穹顶的不锈钢半劳特 / 半滤桶式糖化槽（7.5 吨）。5 个不锈钢发酵槽。3 个普通型初次蒸馏器（10 000 升），3 个普通型烈酒蒸馏器（6000 升），均为间接加热，配壳管式冷凝器。

熟成：主要是首次或重装波本桶。少量的雪利桶。酒厂内有垫板式和托盘式仓库，总共有 65 000 只桶在仓库陈年。

风格：果香，花香，干净。

熟成个性：格兰莫雷年轻酒款风格比较轻盈，但优雅平衡，制作精良。嗅香浓郁，带有水果、奶油糖、香草和麦芽糖味。尝起来味道甜美，带有坚果味和细腻的果味。中等酒体。

历史事迹
History ▸▸▸

　　和有些蒸馏厂一样，格兰莫雷是在 19 世纪早期一家酿酒厂的基础上建立起来的。选在这里建厂可以获得可靠的水源。然而与其他酒厂不同的是，格兰莫雷与埃尔金的绞刑架同在一处，位于城镇边缘，挨着往西去的主干道。对于来到这里的不守规矩的高地人来说，这是一个警示。

　　蒸馏厂由当地财团格兰莫雷 – 格兰威特蒸馏有限公司（**Glen Moray-**

Glenlivet Distillery Company Ltd）于 1897 年建造，利用了更早的西部酿酒厂的部分建筑和"整套电灯系统"。1910 年，酒厂被迫关闭，并在 1920 年被麦克唐纳德和缪尔公司（详见"Glenmorangie 格兰杰"）收购，1923 年恢复生产。1958 年，格兰莫雷的蒸馏器扩产到 4 个，并被调配进麦克唐纳德和缪尔公司大获成功的调和威士忌品牌高地女王中。

格兰莫雷单一麦芽威士忌于 1976 年开始发售，但直到 20 世纪 90 年代初才开始推广。麦克唐纳德和缪尔公司开始在格兰莫雷进行橡木桶收尾试验——如今这已是格兰杰产品线的一大特色。1999 年，酒厂发布了三种橡木桶收尾的产品：无年份标识的霞多丽（Chardonnay）、白诗南 12 年（Chenin Blanc）、白诗南 16 年。

2004 年，格兰莫雷和格兰杰被路威酩轩集团收购。2008 年 9 月，路威酩轩将格兰莫雷卖给了法国烈酒公司马提尼克（La Martiniquaise）。2012—2013 年间，新所有者安装了两个额外的蒸馏器，风格与现有蒸馏器相同，产能增加了三分之一以上，还有传闻说他们还想进一步扩产到 890 万升纯酒精。

趣闻 Curiosities

格兰莫雷在其 110 年的历史上只有过 5 位经理。2005 年最后一位退休的经理是埃德·多德森（在任 18 年），为了纪念他，格兰莫雷发售了一款 1962 年蒸馏的"经理甄选"（Manager's Choice）威士忌。

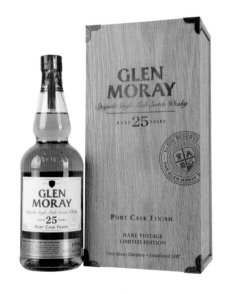

Glen Ord

格兰奥德

19 世纪 80 年代中期访问格兰奥德酒厂的酒文化史家阿尔弗雷德·巴纳德写道，这里的威士忌以格兰奥兰为名运往"新加坡、南非和其他殖民地"。他品尝了一些 1882 年蒸馏的酒，发现极为适口。

1962 年，酒厂为了给 1 号仓库腾出空间掘土动工，挖出了 6 个头骨，其中一个的下巴上嵌着一粒步枪子弹。

产区：Highland (North)　　电话：01463 872004
地址：Muir of Ord, Ross and Cromarty
网址：www.malts.com　　所有权：Diageo plc
参观：宽敞的游客中心，有趣的文物　　产能：11m L. P. A.

原料：来自酒厂自有发麦车间的轻泥煤烘烤麦芽。85% 的大麦在当地种植。水来自流经白溪（Alt Fionnadh）的两个湖泊——泥煤之湖（Loch nam Bonnach）和鸟之湖（Loch nan Eun）。

设备：带铜圆顶的大型铸铁半劳特/半滤桶式糖化槽（12.5 吨）。8 个北美黄杉发酵槽。3 个普通型初次蒸馏器（18 000 升），3 个普通型烈酒蒸馏器（16 000 升），均为蒸汽间接加热，所有蒸馏器均配壳管式冷凝器和后冷却器。

熟成：单一麦芽威士忌的库存大约有一半是首次或重装雪利桶，还有一半是重装猪头桶，用于单一麦芽瓶装。在酒厂内的垫板式仓库内熟成的有 12 500 只橡木桶，其余的橡木桶会被罐车运到坎伯斯或客户自己指定的地点陈年。

风格：被描述为"高地"风格的最佳代表。甜美，带有石楠花香，具有明显的蜡质感。

熟成个性：格兰奥德酒厂的苏格登 — 格兰奥德保留了麦芽特有的蜡质质地和淡淡的烟熏味，同时增加了酒体的深度和复杂度。嗅香十分饱满且丰富，带有果味（油桃和干橙皮）以及花香（一种老派的香水调），还有切片杏仁和檀香。尝起来口感非常光滑，带有咀嚼感；甜美，略带薄荷的香气，余味悠长，有牛轧糖的回味。中等酒体。

历史事迹
History ▸▸▸

与其他许多酒厂一样，位于缪勒夫奥德的这家酒厂也建在曾经属于私酿者的地盘上（当时有超过 40 台非法蒸馏器）。这里以威士忌酿造闻名，靠近费林托什和布莱克半岛。博物馆展示了几台从附近湖泊里打捞出来的非法蒸馏器。

除了这些非法蒸馏者之外，该区域还有九家持牌蒸馏厂，其中一家由当地农民合作社经营。《新统计年报》（1840）指出，"蒸馏酒业是该地区唯一的制造业"。

奥德蒸馏厂由土地所有者托马斯·麦肯齐创立于 1838 年，授权给罗伯特·约翰斯顿和唐纳德·麦克伦南运营。约翰斯顿于 1843 年破产，他的继任者亚历山大·麦克伦南也没能逃过破产的命运。1870 年，亚历山大·麦克伦南去世时，酒厂传给了他的遗孀，后者审慎地嫁给了银行家亚历克斯·麦肯齐。1878 年，亚历克斯造了一个新的蒸馏室，但同年就被烧毁，于是他又重建了一个。1896 他去世后，酒厂的所有权转到邓迪市的詹姆斯·沃森公司（James Watson & Company）。1901 年，新东家扩建了蒸馏厂并将产能扩大了两倍。最后一位沃森家族的成员约翰·杰贝兹于 1923 年去世。之后，奥德蒸馏厂被卖给了杜瓦父子公司，1925 年被转到 D. C. L. 旗下，1930 年划归 S. M. D. 管理。

1961 年停止地板发麦，改用萨拉丁箱。1968 年，酒厂又在邻近的地方建了一台大型滚筒发麦机。1966 年，酒厂按照 S. M. D. 总工程师查理·波茨博士策划的全新"滑铁卢街"风格（详见"Caol Ila 卡尔里拉""Glendullan 格兰杜兰"等）进行了重建和扩建。游客中心于 1988

年开业，如今每年接待约 20 000 名游客。

2010—2011 年间，酒厂安装了 1 个新的糖化槽，又增加了 2 个发酵槽。2014—2015 年间，帝亚吉欧投资 2500 万英镑，将格兰奥德的产能增加了一倍。酒厂在原先摆放萨拉丁箱的厂房里安装了 8 个新的蒸馏器，在前窑烧和存放麦芽的车间里安装了 12 个木制糖化槽。目前产能达到了 1100 万升纯酒精，使格兰奥德晋身为苏格兰五大麦芽蒸馏厂之一。帝亚吉欧还在新冠肺炎疫情期间，对格兰奥德的游客中心进行了大规模翻新，并于 2022 年 6 月开放。

趣闻 Curiosities

格兰奥德酒厂本身拥有相当大的发麦设备（萨拉丁箱从 1961 年用到 1983 年，1968 年增设了 18 个滚筒发麦机），满足自身需求的同时为 S. M. D 拥有的苏格兰北部其他 7 家蒸馏厂提供所需的麦芽。多年来，酒厂生产的威士忌以格兰诺迪（Glenordie）、奥德（Ord）、格兰奥兰（Glen Oran）、奥迪（Ordie）和奥德缪尔（Muir of Ord）等为名装瓶销售。

● 1949 年，酒厂还在使用煤油灯照明系统，以水轮机作为主要动力源（直到 1961 年）。

● 奥德是 S. M. D. 试验蒸馏器加热方式的"主战场"。1958 年之前，全部 4 个蒸馏器都使用燃煤直接加热。1958 年，有 2 个蒸馏器转换为燃油直接加热，并于 1962 年改造为蒸汽间接加热。酒厂每次都会对馏出物进行一致性检验。1966 年，厂里改造了 2 个直接加热蒸馏器，同时又新增了 2 个蒸馏器。来自冷凝器的热水被导入发麦装置，因此冷凝器一直在高热状态下运行，并通过水平安装的"后冷却器"完成冷凝。

● 2006 年，格兰奥德酒厂的苏格登－格兰奥德（The Singleton of Glen Ord）在亚洲市场推出。2013 年时，这款酒年销量超过 200 万瓶，跻身全球十大畅销威士忌之列（与苏格登－达夫镇和苏格登－格兰杜兰合并计算，目前排名第四）。

Glenrothes

格兰路思

麦芽威士忌

1922 年一场大火吞噬了一号仓库，将大量陈年威士忌抛入旁边的罗西斯溪，着实把当地人据说甚至还有路过的奶牛乐坏了。

产区：**Speyside**　　电话：**01340 872300**
地址：**Burnside Street, Rothes, Moray**　　网址：**www.theglenrothes.com**
所有权：**The Edrington Group Ltd**
参观：只接待商务洽谈人士　　产能：**5.6m L. P. A.**

原料：水来自淑女之泉（Lady's Well）和阿得坎尼泉（Ardcanny Spring）。来自檀都蒸馏厂和辛普森家的轻泥煤烘烤麦芽。

设备：不锈钢半劳特 / 半滤桶式糖化槽（4.92 吨）。12 个北美黄杉发酵槽和 8 个不锈钢发酵槽（后者目前不再使用）。5 个鼓球型初次蒸馏器（12 750 升），5 个鼓球型烈酒蒸馏器（15 000 升），均为蒸汽间接加热，配壳管式冷凝器。

熟成：美国橡木桶（雪利桶或波本桶），欧洲橡木雪利桶。酒厂内设有 4 个货架式仓库和 12 个垫板式仓库。

风格：甜而富有果味，酒体很重很饱满。

熟成个性：格兰路思是一款风格偏重的麦芽威士忌，可以很好地适应雪利桶以及长年熟成。"珍藏精选"（Select Reserve）系列最能体现酒厂的风格，嗅香有牛轧糖、干果、坚果、焦糖、香草软糖的气息。尝起来味道甜美，质地柔软，尾端偏干，带有坚果余味和巧克力味。新鲜度和深度有机组合。中等酒体。

　　詹姆斯·斯图尔特来自斯佩塞的罗西斯村，是谷物商人，也是罗西斯磨坊的所有者。1868 年，他与罗伯特·迪克、威廉·格兰特（喀里多尼亚银行的代理人）、约翰·克鲁克香克（律师）合伙，接管了附近的麦卡伦蒸馏厂。酒厂运营良好，三年后他们决定在罗西斯磨坊上游再造一个更大的蒸馏厂。

　　然而当时并不是创建酒厂的好时机。1878 年仲夏，英国经历了"一个多世纪以来最严重的经济危机"：10 月格拉斯哥城市银行倒闭，12 月喀里多尼亚银行也步其后尘。詹姆斯·斯图尔特和他的合伙人拆伙，斯图尔特留守麦卡伦，其他人接管了刚建了一半的格兰路思 – 格兰威特蒸馏厂，并以威廉·格兰特公司（William Grant & Company）的名义继续经营。酒厂的开业日期是 1879 年 12 月 28 日——那天夜晚发生了泰桥事故（详见"Balmenach 巴曼纳克"）——代理商是罗伯森巴克斯特公司。后来，1887 年，遵从 W. A. 罗伯逊的建议，格兰路思与布纳哈本两家蒸馏厂合并组建高地蒸馏公司（Highland Distilleries Company）。

　　1896 年，酒厂依据埃尔金的查尔斯·多伊格的设计扩产，新增了 4 个蒸馏器，盖了第二个麦芽烘窑。但在工程完成之前，一场大火烧毁了酒厂的绝大部分。尽管安装了多伊格的专利设备，阻止了新磨麦车间爆炸，酒厂还是未能避免六年后的又一次火灾。

　　格兰路思在 1963 年扩产到 6 个蒸馏器，1980 年又增加到 8 个蒸馏器。1989 年，酒厂进行了重建并扩产到 10 个蒸馏器。1987 年，高地公司将格兰路思品牌授权给贝瑞兄弟与罗德公司（Berry Brothers & Rudd）。这是一家伦敦老牌葡萄酒商，同时拥有顺风调和威上忌 50% 的股份（另外 50% 股份由罗伯森巴克斯特公司持有）。当年，他们发布了酒厂第一款官方装瓶——格兰路思 12 年。

2010 年，爱丁顿集团（罗伯森巴克斯特公司的所有人）拿下了顺风调和威士忌 100% 的权益，贝瑞兄弟与罗德公司则获得了格兰路思 100% 的所有权。但是，2017 年，情况发生逆转，格兰路思品牌的所有权重新回到爱丁顿集团旗下。不久之后的 2018 年 5 月，集团将品牌卖给了马提尼克公司（详见"Glen Moray 格兰莫雷"）。

直到 1994 年，蒸馏厂的名称还是 Glen Rothes，从那以后改成了 Glenrothes。

趣闻 Curiosities

由于格兰威特的名气太大，有 27 家斯佩塞的蒸馏厂用"格兰威特"做后缀。1884 年，约翰·戈登·史密斯提出动议限制这种用法。但在诉诸法庭之前，格兰路思、克拉格摩尔、慕赫、格兰花格、林可伍德、格兰冠（Glengrant，原文如此）、格兰洛希和班凌斯的所有者同意史密斯将其蒸馏厂命名为 The Glenlivet，而他们可以将 Glenlivet 添加到各自的酒厂名下，并将他们的调和威士忌作为调和格兰威特出售。其余人也纷纷效仿。安德鲁·厄舍则获准继续销售老格兰威特调和威士忌（Old Vatted Glenlivet）。

● 酒厂从中汲取工艺用水的淑女之泉是一桩 13 世纪谋杀案的事发地点。罗西斯伯爵的女儿玛丽·莱斯利为了保护她的爱人，被臭名昭著的"巴德诺赫之狼"（苏格兰国王之子、巴肯伯爵亚历山大·斯图尔特）杀害。

● 除了在 1994 年换上新的标签，格兰路思还采用了一种独特的玻璃瓶进行灌装，并亲切地称之为"炸弹"（La Bomba）。2005 年，他们推出了"小手雷"（La Bombette），一款手榴弹大小的 10 厘升迷你瓶，有两种版本。

Glen Scotia
格兰帝

麦芽
威士忌

有人在格兰帝酒厂看到麦卡勒姆的幽灵，他的死据说启发了一首著名歌谣，开头为："哦，坎贝尔镇湖，我希望你是威士忌汇成的。"

产区：Campbeltown　　电话：01586 552288
地址：High Street, Campbeltown, Argyll
网址：www.glenscotia.com　　所有权：Loch Lomond Group Ltd
参观：开放并配有品尝中心和商店　　产能：800 000 L. P. A.

原料：软质水来自克罗斯希尔湖。无泥煤和泥煤烘烤（每年4到5周）麦芽来自巴基的绿芯发麦厂。

设备：带有穹顶的科尔坦（Corten）钢制犁耙糖化槽（2.72吨或1.92吨）。6个科尔坦钢发酵槽。1个普通型初次蒸馏器（7500升），1个普通型烈酒蒸馏器（8400升），均为间接加热，配壳管式冷凝器。

熟成：主要是波木桶，还有一些雪利猪头桶或者大桶。酒厂内设有一个单层货架式仓库，存有6500只橡木桶，全在酒厂内长年熟成。

风格：海味、油脂感。

熟成个性：格兰帝有一种"海洋特征"，海藻味、码头味、海水味、轻微泥煤味。尝起来有些油脂感，也很顺滑，有谷物的香气、坚果味、清淡的甜味、明显的咸味和一些海岸海藻的味道。整体偏干，中等酒体，富有变化。

格兰帝
图片来源：罗曼湖集团

历史事迹
History ▸▸▸

格兰帝蒸馏厂一直时开时关，但与坎贝尔镇存在过的其他 30 个蒸馏厂不同，它幸存下来了。

1832 年，斯图尔特与加尔布雷思公司（Stewart, Galbraith & Company）最初创立蒸馏厂时起名为 Scotia。公司在 1895 年转型为有限公司，并于 1919 年卖给西高地麦芽蒸馏厂。1924 年，就在大萧条前夕，当地知名蒸馏者邓肯·麦卡勒姆收购了 Scotia。1928—1930 年，酒厂关闭。1930 年麦卡勒姆自杀后，它被卖给了布洛克兄弟公司。1954 年，莫里斯·布洛克爵士将它和斯卡帕蒸馏厂一起卖给了希拉姆·沃克公司。

A. 吉利斯公司（A. Gillies & Company）于 1955 年购买了格兰帝蒸馏厂并运营至 1984 年。1989 年，格兰帝被出售给小磨坊蒸馏厂的所有者吉布森国际（Gibson International）。1994 年，吉布森国际进入破产管理。之后，格兰帝和小磨坊被 A. 布洛克公司（A. Bulloch & Co.）收购。这家公司在莫赫林拥有格兰卡特林保税仓库（Glen Catrine，建于 1974 年，现在是苏格兰最大的装瓶厂之一），旗下还有罗曼湖蒸馏厂［1986 年被桑迪·布洛克（Sandy Bulloch）买下］。格兰帝已被封存，每年仅由云顶蒸馏厂的团队过来运营几周。2007 年，酒厂进入间歇式生产，年产能约为 100 000 升纯酒精。

2014 年 3 月，经过一年多的谈判，这些企业的控股公司罗曼湖蒸馏有限公司在一家私募股权公司的支持下被一群高级经理人收购。公司被重组为罗曼湖集团有限公司，由帝国烟草公司前高级主管科林·马修斯和帝亚吉欧前任首席财务官尼克·罗斯领导，指数私募（Exponent Private Equity）作为其控股公司。蒸馏厂经过全面升级和扩建，配备了新的糖化槽、新的屋顶、新的酒精保险箱和游客中心。一系列全新的产品于 2015 年初发布，包括双桶（Double Cask，波本桶陈年，PX 雪利桶收尾）、15 年陈（15 years old）、维多利亚娜（Victoriana，原桶强度）等酒款。

趣闻 Curiosities

正如大卫·斯特克在其《坎贝尔镇蒸馏厂》（*The Distilleries of Campbeltown*）一书中所写的那样，说到坎贝尔镇蒸馏业没落，"最令人感到沉痛的可能是 1930 年 12 月 23 日邓肯·麦卡勒姆的自杀"。麦卡勒姆在克罗斯希尔湖（Crosshill Loch）自溺身亡时 83 岁，曾是该镇最出色的蒸馏师。

● 布洛克兄弟在 1934 年到 1935 年间将蒸馏厂名从 Scotia 改为 Glen Scotia。在 1940 年 10 月发布的一份新闻稿中，他们声明大部分产品是经过调配后出口到美国的。

Glen Spey

格兰司佩

麦芽
威士忌

第二次世界大战期间，有部队在格兰司佩驻扎。一名士兵触电身亡，据说他的幽灵至今还在酒厂附近游荡。

产区：Speyside　　电话：01340 831215
地址：Rothes, Moray　　网址：www.malts.com
所有权：Diageo plc
参观：需预约　　产能：1.5m L. P. A.

原料：1969 年之前地板发麦。现在使用来自伯格黑德发麦厂的无泥煤麦芽。软质工艺用水来自杜妮泉（Doonie Spring），冷却用水来自罗西斯河。

设备：半劳特 / 半滤桶式糖化槽（4.4 吨）。8 个不锈钢发酵槽。2 个灯罩型初次蒸馏器（10 600 升），2 个带净化器的灯罩型烈酒蒸馏器（7000 升），均为间接加热，配壳管式冷凝器。

熟成：重装波本猪头桶，主要在中部地带熟成。

风格：坚果香，清淡。

熟成个性：一款轻盈的麦芽威士忌，特别适合调和威士忌使用。嗅香有坚果、谷物的特征，斯佩塞的花香元素。尝起来味道甜美，带有麦芽感、青草的香气，有些人会尝到烤栗子的味道。尾韵很短，没有侵略性。中等至轻盈的酒体，有意为之。

罗西斯的谷物商人、麦卡伦蒸馏厂的持牌人（1868—1886）及后来的所有者（1886—1892，详见"Glenrothes 格兰路思"）詹姆斯·斯图尔特建造了格兰司佩（最初是一家玉米磨坊，名为罗西斯蒸馏厂磨坊）。在买下麦卡伦蒸馏厂后，他以 11 000 英镑的价格，将格兰司佩卖给了位于伦敦的葡萄酒和烈酒商 W. & A. 吉尔比公司（W. & A. Gilbey）。这是英格兰公司第一次购买苏格兰威士忌蒸馏厂。1904 年，他们又打造了龙康得蒸馏厂。

1962 年，吉尔比公司同 J. & B. 珍宝合并。后者是伦敦另一家久负盛名的葡萄酒和烈酒商，在美国靠珍宝特选调和威士忌获得了巨大的成功。新公司被命名为 I. D. V.。格兰司佩的产能在 1970 年翻了一番。两年后，它被卖给了酿酒商沃特尼·曼恩，同年又被大都会公司收购。1997 年，大都会与健力士合并，组建了现在称为帝亚吉欧的 U. D. V.。

格兰司佩长期以来一直是珍宝调和威士忌的关键基酒。有段时间它是酒类持照销售商昂温（Unwin）的自有麦芽威士忌品牌。直到 2001 年，格兰司佩才由其所有者 U. D. V. 以单一麦芽威士忌的形式装瓶。

趣闻 Curiosities

格兰司佩低调地藏身于罗西斯的主要街道旁，就在曾经令人生畏的罗西斯城堡残存的外墙下。城堡的历史可以追溯到 13 世纪，英格兰国王爱德华一世 1296 年就住在那里。1309 年时，它由强大的莱斯利家族拥有。这个家族在 16 世纪冠上"罗赛斯"伯爵头衔，1680 年成为罗西斯公爵（该头衔仅维持了一年）。1662 年，城堡和相邻的建筑被当地人烧毁，防止盗贼窝藏在里面。

● 在使用燃煤直接加热和明火照明的日子里，酒厂频繁受到火灾袭扰（详见"Talisker 泰斯卡""Glenrothes 格兰路思""Glenlossie 格兰洛希"等）。1920 年，格兰司佩因大火严重受损。

Glentauchers
格伦托赫斯

麦芽
威士忌

"最不寻常的是，失败的可能性从来没有出现在我的身上。
我始终把酒厂放在心头，成功是迟早的事。"
——詹姆斯·布坎南

产区：Speyside 电话：01542 860272 地址：Mulben, Keith, Banffshire
网址：无 所有权：Chivas Brothers 参观：无 产能：4.2m L. P. A.

原料：由罗莎莉溪（Rosarie Burn）和托赫斯溪（Tauchers Burn）供给的两个水库供水。前者供应工艺用水，后者供应冷却用水。1968年，发麦车间关闭。现使用来自独立发麦厂的无泥煤麦芽。

设备：2007年安装的全劳特/滤桶式糖化槽（12吨）。8个落叶松发酵槽。3个普通型初次蒸馏器（10 000升），3个普通型烈酒蒸馏器（6 300升）。由蒸汽盘管间接加热，配壳管式冷凝器。

熟成：重装美国橡木桶。

风格：中等酒体，斯佩塞甜美水果风。

熟成个性：一种主要用于调和的麦芽威士忌。基本是斯佩塞风格，甜美，芬芳，果香，酯味，格伦托赫斯增加了一丝椰子、杏仁和谷物的味道。尝起来味道甜美，酒体过轻却令人愉悦，夏天的感觉。轻酒体。

历史事迹
History ▸▸▸

　　格伦托赫斯由詹姆斯·布坎南公司与他们的烈酒供应商 W. P. 劳里公司合作创立于1897年。1906年，前者买下了后者的权益。公司在距基思3英里的地方修建了一座迷人的建筑，由约翰·阿尔科克在传奇人物查尔斯·多伊格的监督下设计建造。和这个时期的其他许多酒厂一样，选择这里是因为供水和交通等原因——酒厂后面修建了一条铁路侧轨。1898年5月投产。

　　饶有兴味的是，格伦托赫斯在1910年左右进行了连续蒸馏麦芽威士忌的试验。"连续壶式蒸馏器计划"如今是埃尔金市马里区图书馆多伊格馆藏区的一部分。除此之外，还有一个来自康法摩尔蒸馏厂的案例，收藏在达夫镇的威士忌博物馆里。

詹姆斯·布坎南公司在 1925 年大合并中加入 D. C. L.。1930 年，格伦托赫斯被划给 S. M. D 管理，但执照被授予布坎南，直到 1949 年。

20 世纪 60 年代中期，酒厂全面翻新。1966 年，格伦托赫斯从 2 个蒸馏器扩产到 6 个，并在发麦车间旁修建了一个新的蒸馏室。这些都在 1968 年关闭，但两座宝塔式的多伊格烧窑仍然保留，建筑内也保存着一个可以追溯至 1925 年的滚筒发麦装置。

到了 20 世纪 80 年代中期，摇摆不定的形势走向了另一个方向。1985 年，格伦托赫斯被封存，然后在 1989 年被出售给同盟蒸馏者。同年 8 月，生产得到恢复。

2005 年，保乐力加购买了同盟蒸馏者的大部分苏格兰威士忌权益，格伦托赫斯的所有权再次发生变化。2006 年，蒸馏室内的铸铁收集箱（其中一些可追溯到 20 世纪 30 年代）被替换，但保留了木制的中间酒精接收器。糖化车间于 2007 年升级。当时格伦托赫斯已经确定将继续采用人工操作的方式运营（与芝华士兄弟的其他酒厂不同），这为包括管理层在内的所有员工提供了一个实用的培训基地。

自 2011 年起，格伦托赫斯的纯酒精产能从 340 万升增加到 420 万升。为实现增产，酒厂改为全天候运营，并从被拆除的卡普多尼克蒸馏厂搬来两个发酵槽。

趣闻 Curiosities

1879 年，30 岁的詹姆斯·布坎南前往伦敦，成为查斯·麦金莱公司（Chas MacKinlay & Company）的代理人。他在 86 岁去世时身为贵族阶级的一员（伍拉文顿勋爵），在四个郡拥有庄园，曾两次赢得德比赛马冠军，并为慈善事业和医院捐赠了巨额资金。他留下了 700 多万英镑的遗产，这在 1935 年可是一笔巨资。

Glenturret
特睿谷[1]

麦芽
威士忌

特睿谷以一只叫"托泽"的蒸馏厂猫闻名，专门有为其打造的纪念铜像。托泽于 1987 年去世，享年 24 岁，一生共抓了 28 899 只老鼠——这一事实已载入吉尼斯世界纪录！

产区：Highland (South)　电话：01764 656565
地址：The Hosh, Crieff, Perthshire　网址：www.theglenturret.com
所有权：Lalique Group　产能：340 000 L. P. A.
参观：导览、商店、咖啡厅及莱俪水晶精品店。

原料：来自塔湖的软质水。来自辛普森家的轻度泥煤烘烤麦芽。

设备：无盖不锈糖化槽（1 吨），苏格兰独家木桨手动搅拌。8 个花旗松发酵槽（不同寻常的是每批次使用 2 个发酵槽的麦酒汁供应一次初次蒸馏器所需的量）。1 个鼓球型初次蒸馏器（12 600 升），1 个普通型烈酒蒸馏器（6800 升；在 1972 年之前，这个烈酒蒸馏器被用作初次蒸馏器）。两者均由蒸汽间接加热，配壳管式冷凝器。

熟成：重装美国、西班牙橡木桶，酒厂内有 6 个保税仓库。一些橡木桶在毕晓普布里格斯的巴克利保税仓库里长年熟成。

风格：果味（橙子），花香，略带药味，带有谷物调。

熟成个性：年轻的产品很好地保留了酒厂的特色，花香，坚果香，麦芽香，带有一丝烟熏感。尝起来味道甜美，有蜂蜜味，坚果和麦片的味道，还有一丝丝烟熏感。中等酒体。

1　曾译作"格兰塔"。——中文版编者注

　　早在 1775 年时，霍什地区（The Hosh）就有一家非法农场蒸馏厂。基于这点，特睿谷称自己是苏格兰最古老的蒸馏厂。1818 年，第一份执照被授予约翰·德拉蒙德。他一直经营到 1842 年破产为止。约翰·麦卡勒姆接替了德拉蒙德（1852—1874），但也难逃破产的命运。酒厂随后被托马斯·斯图尔特接管，他在 1875 年将酒厂的名字从"霍什"改为"特睿谷"（附近原先还有另一座特睿谷蒸馏厂，但在 19 世纪 50 年代关停了）。

　　酒厂在 1903 年再次易手，转到米切尔兄弟有限公司（Mitchell Brothers Ltd）旗下。1921 年，生产停止。1929 年，米切尔进入清算阶段，酒厂也被拆除。

　　特睿谷的复兴要归功于詹姆斯·费尔利。他于 1957 年购买了该厂并在 1959 年至 1960 年恢复了设备——通常为二手——并将新老建筑融为一体。当时，他怀抱的愿景是"保存对麦芽威士忌蒸馏和发展至关重要的工艺传统"。他向公众开放酒厂，并设计了一系列导览路线和品鉴项目。如果说格兰菲迪是第一个在 1969 年这样做的蒸馏厂，那么特睿谷一定是紧随其后的第二个。1964 年，英国首相亚历克·道格拉斯-霍姆爵士访问了酒厂。

　　1981 年，詹姆斯·费尔利将酒厂卖给了人头马君度，后者大大扩建了游客设施。当时，人头马与高地蒸馏公司建立了贸易关系。1993 年，特睿谷加入高地蒸馏公司（现属于爱丁顿集团）。2002 年，爱丁顿集团投资 220 万英镑用于进一步升级游客设施，现名为"威雀体验之旅"，尽管酒厂以前与威雀威士忌并无关联。

2018 年 12 月，爱丁顿集团将特睿谷卖给了法国奢华水晶制造商莱俪（Lalique），特睿谷放弃了与威雀品牌的联系，并开设了一家高端酒吧、餐厅。2022 年，"特睿谷莱俪餐厅"（The Glenturret Lalique Restaurant）荣获米其林一星。

趣闻 Curiosities

霍什地区可能在 1775 年之前就已经涉足非法蒸馏了。教区记录可以追溯到 1717 年，显示该地区曾经拥有大量蒸馏器。也许是因为这片区域覆盖了两座山，为观察敌情和税务专员提供了良好的视野。

● 19 世纪 80 年代，酒文化史家阿尔弗雷德·巴纳德觉得特睿谷有些落后，它至今依然故我。"威雀体验之旅"在 2013 年接待了 90 000 名游客，据称是当年"访问量最大的酒厂"。从那以后，它一直保持领先地位。酒厂靠近大受欢迎的克里夫温泉镇，这一点起到了关键的作用。

● 早在 1965 年，特睿谷就已首次作为单一麦芽威士忌装瓶，但只在当地销售。

● 2018 年 12 月，酒厂被瑞士企业风格与风土公司（Art & Terroir SA）收购，这家公司同时也是莱俪水晶（Lalique crystal）的所有者。

Glenugie

格兰乌吉（已拆毁）

格兰乌吉得名于一条在因弗乌吉汇入大海的河流，该地位于彼得黑德北部，是 20 世纪 80 年代的主要渔港。

产区：Highland (East)　　最后的所有权：Whitbread & Company Ltd
地址：Invernettie, by Peterhead, Aberdeenshire　　关停年份：1983

历史事迹
History ▸▸▸

　　蒸馏厂建于 19 世纪 30 年代早期，在一架古老的风车旁边（其残躯至今仍在）。1837 年之前，它一直叫 Invernettie，那一年蒸馏厂被改建成酿酒厂。1875 年，苏格兰高地蒸馏有限公司再次将其改建回蒸馏厂，但该公司在 6 年后被清盘。之后酒厂又几经易手，并数度关停，包括 1925—1937 年间。

　　1937 年，它被伦敦的金酒蒸馏商西格·埃文斯公司（Seager Evans）收购。这家公司曾于 1927 年创立斯特拉斯克莱德谷物酒精蒸馏厂（Strathclyde Grain Spirit Distillery，详见相关条目），还在 1936 年收购了调和威士忌品牌长脚约翰。1956 年，西格·埃文斯被卖给纽约的申利工业公司（Schenley Industries Inc.），在调和苏格兰威士忌进军世界之际提供了一个更好、更快捷的资本注入机会。苏格兰高地蒸馏公司的所有权被转让给了长脚约翰蒸馏有限公司，格兰乌吉也彻底翻新了设备，新增 2 个蒸馏器和壳管式冷凝器，产能翻了一番。该公司还在斯佩塞的托莫尔建立蒸馏厂，并在斯特拉斯克莱德建造了金克拉思蒸馏厂。

1962 年，该公司购买了拉弗格蒸馏厂（详见相关条目），并于 1970 年更名为长脚约翰国际公司。1975 年，它被卖给了惠特布雷德有限公司。1990 年 1 月，这家公司的烈酒权益以 4.54 亿英镑的价格被同盟利昂公司收购。但此时格兰乌吉已经关闭了 7 年之久。1983 年后不久，该厂被两家北海石油工程公司分拆收购。原来的建筑物也被拆除。

趣闻 Curiosities

酒厂的主建筑拥有不同寻常的铸铁框架结构。蒸馏厂只有过一对蒸馏器。

Glenury Royal

皇家格兰乌妮（已拆毁）

麦芽
威士忌

约瑟夫·霍布斯在酒厂四周种植了观赏花灌木和树木。他还在格兰乌妮设立了一个小型实验室，配有一对实验用微型蒸馏器。

产区：Highland (East)
地址：Glenury Road, Stone-haven, Aberdeenshire
最后的所有权：D. C. L./S. M. D.
关停年份：1985

历史事迹

History ▸▸▸

在 1825 年之前，尤里庄园曾有一家蒸馏厂，据当时《阿伯丁日报》报道，大火烧毁了酒厂的发麦车间。1838 年，另一家阿伯丁的报纸称"格兰乌妮酒厂最初是已故的戈登公爵建立的，为的是控制走私"，但报纸上并没有具体说明时间。

格兰乌妮首次出现在消费税记录中是在 1833 年，显示它为尤里的领主罗伯特·巴克莱上尉（1779—1854）所有。上尉的先祖于 1648 年买下了这个庄园，他本人还当过金卡丁的议员，同时也是贵格会教徒和一位进步的农民。他建造（或者说重建）酒厂是为当地的大麦开拓市场。他在宫廷里有一位被他唤作"温莎夫人"的朋友，他还说服威廉四世允许他在 1835 年后使用"皇家"作为酒厂名前缀。

巴克莱于 1847 年去世后，蒸馏厂被公开拍卖，并以 3000 英镑的低价被买走；10 年后，杜诺塔尔的威廉·里奇买下了蒸馏厂并在其家族手中一直运营到 1936 年。之后，里奇家族以 7500 英镑的价格将酒厂卖给约瑟夫·霍布斯。蒸馏厂自 1925 年以后一直关闭，但在 1937

年复产。1938 年，霍布斯以 18 500 英镑的价格将其卖给了苏格兰联合蒸馏厂有限公司。该公司是美国国家蒸馏者公司的子公司，后者与霍布斯约定协同收购蒸馏厂：1934—1938 年，他们先后买下了布赫拉迪、格兰埃斯克、费特肯、格兰洛奇、本诺曼克和斯特拉斯迪（Strathdee），当然还有格兰乌妮，后者成了公司总部所在地（详见"Ben Nevis 班尼富"）。1953 年，美国国家蒸馏者公司从苏格兰撤出，并将苏格兰联合蒸馏厂有限公司及其酒厂卖给 D. C. L.（布赫拉迪和费特凯恩当时已被出售，斯特拉斯迪也已关停）。

1965—1966 年间，格兰乌妮扩产到了 4 个蒸馏器并进行了大规模重建。

酒厂于 1985 年关停，并在 8 年后卖给了住宅开发商。

趣闻 Curiosities

巴克莱上尉是一个体魄强健的人，也是一名运动健将。1799 年，他在两天内从伦敦经剑桥徒步至 150 英里以外的伯明翰。两年后，他在五天内从尤里走到约克郡的巴勒布里奇。他在当地很得人心。9 年后，他在 1000 小时内步行了 1000 英里（并赢得了 1000 几尼[1] 的赌注）——成为有记录以来第一个实现这一壮举的人。1838 年，有两百个邻居在酒厂的发麦车间里请他吃饭。

---

1 英国首款以机器铸造的金币，1 几尼原先等值 1 英镑，现今不再流通。——中文版编者注

Glen Wyvis

格兰威维斯

 麦芽威士忌

格兰威维斯百分百使用再生能源，由现地风力发电机、水力发电装置和太阳能电池板供电，同时用"木片燃料生物质能锅炉"加热产生的蒸汽运转蒸馏器。酒厂还拥有一辆电动汽车，正在考虑购买一辆电动巴士为访客服务。预计年接待访客 10 000 名。

产区：Highland (North)　　电话：01349 862005
地址：1 Upper Dochcarty, Dingwall IV15 9UF
网址：www.glenwyvis.com　　所有权：Community-owned
参观：计划中　　产能：140 000 L. P. A.

原料：来自高地谷物合作社的当地大麦，由因弗内斯的贝尔德发麦，不使用泥煤。酒厂内钻井取水。

设备：不锈钢半劳特 / 半滤桶式糖化槽（0.5 吨）。6 个不锈钢发酵槽。1 个普通型初次蒸馏器（2300 升），1 个灯罩型烈酒蒸馏器（1700 升），均配有壳管式冷凝器。

熟成：主要是首次或重装美国橡木桶。目前仓库里有 900 只桶在长年熟成。

风格：青草感。

历史事迹
History ▸▸

　　格兰威维斯蒸馏厂于 2017 年 11 月 30 日开业，是第一个众筹成立的蒸馏厂。这是不屈不挠的约翰·麦肯齐的主意。他是一名前陆军军官和直升机驾驶员，被称为"飞翔的农民"。他曾动员当地社区筹集100 万英镑，在丁沃尔建造一座共用的风力发电机。

　　酒厂的社区众筹方案于 2015 年提出，在 77 天内筹集了 260 万英镑，然后又从 40 个国家的 3000 人手中筹集了 380 万英镑，其中 60% 以上是当地人，70% 以上来自苏格兰。

"从一开始我们设想的这个项目就不仅限于一个蒸馏厂。我们意识到，这是让所有社会投资者有机会帮助重振丁沃尔镇，并借由社区所有权建立我们的威士忌文化遗产……当所有人聚集在一起时，真的可以做些大事，这就是我们现在所做的。不是从一个人手里拿出 300 万英镑，而是通过 3000 人达到了这个目标，他们都将受益，而不仅仅是一个人。"

合资企业的利润将再投资于相关项目，尤其是将公司目前的金酒生产转移到丁沃尔——目前在设得兰群岛安斯特岛上的萨克萨沃尔德蒸馏厂（Saxa Vord Distillery，2015 年投产）生产——以便促进当地旅游业。

第一款威士忌于 2021 年 12 月发布，随后是 "02/18 批次"，这是一款由 15 个首次填充田纳西橡木桶、5 个首次填充欧罗洛索雪利桶和 3 个再填猪头桶调配而成的酒龄为 4 年的威士忌。

趣闻 Curiosities

格兰威维斯蒸馏厂的开幕标志着麦芽威士忌生产重归丁沃尔。在本威维斯第一蒸馏厂（1879—1926）和相邻的格兰思齐亚克蒸馏厂（Glenskiach Distillery，1897—1926）及本威维斯第二蒸馏厂（在因弗高登谷物蒸馏厂厂区内，1965—1977）关闭后，这一天终于来临。

● 本威维斯第一蒸馏厂于 1893 年更名为 Ferintosh，建于丁沃尔东南两英里的布莱克半岛上。1689 年，流亡的詹姆斯二世的支持者烧毁了这座世界上第一家"商业"酒厂，因为酒厂的主人卡洛登的邓肯·福布斯是一个热情的辉格党人。起义被镇压后，福布斯获得了政府的赔偿，包括蒸馏许可以及威士忌免税等补偿。到 18 世纪 60 年代，他的后代占据了三分之二的（合法）市场。当这个家族的"永久权利"在 1785 年被撤销时，罗伯特·伯恩斯在《苏格兰酒》中哀叹道：

> 费林托什啊，我失去了你！　Thee Ferintosh! O sadly lost!
> 苏格兰全境都为你哀悼！　Scotland lament frae coast to coast!
> 我心若刀割，痛苦万分，Now colic grips, an' barkin' hoast
> 我们悲痛欲绝；ay kill us a'
> 为忠诚的福布斯；宪章的鼓吹者啊 For loyal Forbes; charter'd boast
> 怎可如此出尔反尔。Is ta'enawa.

Isle of Harris

哈里斯岛

麦芽
威士忌

产区：Highland (Island)　　电话：01859 502212
地址：Tarbert, Isle of Harris
网址：www.harrisdistillery.com　　所有权：Isle of Harris Distillers Ltd
参观：开放　产能：400 000 L. P. A.

原料：麦芽来自独立发麦厂，含大约 15ppm 泥煤酚值。软质水来自卡兰河（Abhainn Cnoc a'Charrain）。

设备：传统的半劳特／半滤桶式糖化槽（1.2 吨）。8 个北美黄杉发酵槽（6000 升）。1 个普通型初次蒸馏器（7000 升），1 个普通型烈酒蒸馏器（5000 升）。配壳管式冷凝器。蒸馏器来自意大利锡耶纳的佛丽装备公司（Frilli Impianti）。

熟成：主要使用来自水牛足迹蒸馏厂（Buffalo Trace Distillery）的橡木桶，还有一些欧罗洛索雪利大桶。仓库位于哈里斯岛西部迎风的海岸，有效利用了那里的极端气候条件。

风格：中度泥煤，厚重浓郁的酒体。

历史事迹

History ▸▸▸

　　安德森·贝克韦尔和他的家人与哈里斯岛有着深厚的渊源，深爱着这片土地和它的人民。事实上，引用蒸馏厂主页上的一句话："酒厂概念源于这样一种认知，即我们必须通过驾驭岛屿的自然资产，让更多人知道这个特别的地方和它的品质来解决当地严峻的经济问题。"

　　有了业内资深人士、格兰杰前销售和市场总监暨哈里斯岛蒸馏厂现任总监西蒙·厄兰格的建议，苏格兰政府提供的 190 万英镑补贴，以及高地与岛屿发展机构（Highland and Islands Enterprise, H. I. E.）的 90 万英镑资助（总耗资估算为 1000 万英镑），这家于 2014 年春季破土动工的"社会蒸馏厂"于 2015 年 12 月 17 日正式投产。这是一家高度依赖手工制作的蒸馏厂，平均每日蒸馏两桶左右，在酒厂内熟成和装瓶，与当地社区紧密联结。

除了麦芽威士忌外，哈里斯岛还使用含糖海藻制作优质的金酒。包括游客中心工作人员在内，酒厂可提供 20 个岗位。

趣闻 Curiosities

这是哈里斯岛的第一家合法蒸馏厂。为了与"办社会蒸馏厂"的时代精神保持一致，聘用的 4 位蒸馏师都是当地人，初次接触手工蒸馏工作，蒸馏团队和品酒小组各由 6 名社区志愿者组成。酒厂产生的糟粕将赠予当地的农户。

Highland Park
高原骑士

麦芽
威士忌

1914 年亚历山大·沃克爵士在收到样品后写道："我渐渐认为，高原骑士是唯一值得喝的威士忌，而尊尼获加只适合用来糊弄撒克逊人。"

产区：Highland (Island)　　电话：01856 874619/885632
地址：Holm Road, Kirkwall, Orkney
网址：www.highlandpark.co.uk　　所有权：Edrington Group Ltd
参观：开放并配有商店　　产能：2.5m L. P. A.

原料： 硬质水从凯蒂湖（Crantit Lagoons）和一口涌泉泵入酒厂内。地板发麦可提供 20% 的需求量，泥煤酚含量约为 20ppm，剩下的麦芽来自独立发麦厂。使用来自当地霍比斯特山（Hobbister Hill）的泥煤。

设备： 带穹顶的不锈钢全劳特 / 滤桶式糖化槽（5.5 吨），12 个北美黄杉发酵槽，2 个西伯利亚落叶松发酵槽。2 个普通型初次蒸馏器（14 600 升），2 个普通型烈酒蒸馏器（9000 升），均由蒸汽间接加热，配壳管式冷凝器。

熟成： 25% 首次雪利桶，60% 重装雪利桶，15% 重装猪头桶。19 个传统垫板式仓库和 4 个货架式仓库，在酒厂内有 45 000 只桶熟成。另外 62 000—63 000 只橡木桶在其他地方熟成。

风格： 麦芽香，带有一丝丝烟熏气息。

熟成个性： 嗅香呈现石楠花和液体蜂蜜的香气，带有焦糖、橙子、麦芽糖及一丝橡木和一股闷烧石楠花的味道。尝起来口感顺滑，甜，微咸，然后偏干，有太妃糖和香料（肉桂、生姜）的痕迹，还有一丝烟熏感。中等酒体。

高原骑士蒸馏厂所在的山丘可以俯瞰奥克尼群岛的主要城镇柯克沃尔。这片公共土地长期被称为罗斯班克高地公园。酒厂自诩"世界最北端的苏格兰威士忌蒸馏厂"。

从 1798 年 开 始， 一 位当地酿酒师曼齐（或马格努

斯）·尤恩森就在这里进行非法蒸馏。他被描述为"奥克尼最伟大，也是最成功的私酿者"，同时也被称为"暴徒和小偷小摸者"。他受到柯克沃尔市长的庇护，后者的儿子接管了蒸馏厂的运作，直到 1814 年被迫关闭。

1813 年，罗斯班克高地公园圈被封并拆分成几个地块，名称也改为"高原公园"[1]，尽管酒厂直到 1876 年一直被称为柯克沃尔蒸馏厂（Kirkwall Distillery）。颇具讽刺意味的是，包含酒厂的那个地段被当地税务专员约翰·罗伯逊接收，他曾长期追捕曼齐·尤恩森（最终坐到了伦敦消费税主管的位置）。另一块地皮由约翰·罗伯逊的女婿罗伯特·博里克拿下。1826 年，博里克收购了包括酒厂在内的整块地皮，并立即取得了蒸馏执照。

博里克管理酒厂到 1840 年去世为止，之后酒厂被传给他的儿子乔治。1860 年，乔治"厌倦了生意"，并将设备租给当地一家公司。1869 年，他去世后，酒厂的所有权被转交给了他的儿子——牧师詹姆斯·博里克。后者以 450 英镑的价格将酒厂公开售卖，他认为拥有一

1　高原骑士的英文原名本意为"高原公园"。——中文版编者注

家酒厂与他的神职工作是不相容的。酒厂被卖给了当地一个农民，又于 1876 年被转售给弥尔顿达夫蒸馏厂的老板威廉·斯图尔特。

斯图尔特与表兄詹姆斯·麦凯成为合伙人，着手改进高原骑士。第一个季度生产了 19 300 加仑威士忌，1882—1883 年间产量增加一倍多。格拉斯哥代理商罗伯森巴克斯特公司成为其主要客户。

詹姆斯·麦凯于 1885 年去世。威廉·斯图尔特则与詹姆斯·格兰特合作，后者成了斯图尔特未来十年唯一的合伙人。

詹姆斯立即换上 2 个更大的蒸馏器，并在 1897 年安装了 2 个新的蒸馏器。但 19 世纪 90 年代的繁荣很快转为萧条。1904—1905 年间，罗伯森巴克斯特公司的订单从 60 000 加仑下降到 107 加仑。但在整个第一次世界大战期间，酒厂都维持生产。

1908 年，詹姆斯·格兰特将他的儿子和女婿带进了公司。他的儿子沃尔特·格兰特将企业转型为有限公司，并卖给了罗伯森巴克斯特的姐妹企业——高地蒸馏公司。该交易于 1937 年完成。

1979 年，高地蒸馏公司开始将高原骑士作为单一麦芽威士忌进行推广。1986 年，酒厂设置了一个游客中心，2000 年被苏格兰旅游局评为五星景点。所有者公司的名称也在 1999 年改为爱丁顿。

"彭布罗克城堡号"在 1883 年 9 月首航之前曾在柯克沃尔停泊。船主唐纳德·柯里爵士和他的客人受到该镇领导议员的热情欢迎,"酿制了一大瓶久闻大名的老高原骑士威士忌。在场的宾客们品尝过这款著名的威士忌后,都迫不及待地表示,他们从未喝过如此优秀的威士忌,它与在英格兰喝到的苏格兰威士忌的区别,好比奶酪和粉笔之别"。于是 12 加仑高原骑士威士忌被运上船并驶向哥本哈根,在那里"招待了丹麦国王、俄国沙皇,还有盛大的聚会。所有人一致认为高原骑士是他们尝过的最好的威士忌"。

● 一桶 1877 年蒸馏的高原骑士猪头桶威士忌在 1892 年爱丁堡的拍卖会上创下了拍卖纪录。

● 收购高原骑士蒸馏厂后,高地蒸馏公司不得不买下"占地四分之一英亩、据说毫无价值且不可开采的蓝石采石场——凯蒂·玛姬采石场",以确保酒厂的供水。采石场内的池塘与酒厂所用泉水相连,并提供了独特的风味。

● 爱丁顿集团每年花费 2000 万英镑用于购买高原骑士所需的雪利桶。

Holyrood
荷里路德

麦芽
威士忌

产区：Lowland　　电话：0131 285 8977
地址：19 St. Leonard's Lane, Edinburgh EH8 9SH　　产能：250 000 L. P. A.
网址：www.holyrooddistillery.co.uk　　所有权：The Holyrood Distillery Ltd.
参观：2021 年最佳游客中心大奖，配有商店、导览和品鉴项目

原料：使用的酿造麦芽包括水晶麦芽（Crystal）、琥珀麦芽（Amber）、维也纳麦芽（Vienna）、慕尼黑淡色麦芽（Light Munich）、巧克力麦芽（Chocolate）和重度黑麦芽（Black Patent）。传统麦芽包括谢瓦利尔艾尔麦芽（Chevalier）、黄金诺言麦芽（Golden Promise）、玛丽斯奥特麦芽（淡色艾尔麦芽）和箭羽麦芽。使用的啤酒酵母包括 US-05、比利时艾尔酵母（Belgian Ale Yeast）、爱丁堡艾尔酵母（Edinburgh Ale Yeast）。新型酵母包括清酒酵母（Sake）、勃艮第葡萄酒酵母（Burgundy Wine）、香槟酵母（Champagne）、波尔多酵母（Bordeaux）和雪利酒花酵母（Sherry Flor Yeasts）。使用来自彭特兰丘陵（Pentland Hills）的水。

设备：半劳特／半滤桶式糖化槽（1—1.2 吨）。6 个不锈钢发酵槽。2 个鼓球型初次蒸馏器（5000 升），1 个鼓球型烈酒蒸馏器（3750 升），均为间接加热，配壳管式冷凝器。

熟成：欧洲橡木雪利、PX 雪利润桶，配以美国橡木首次或再填桶。在柯克利斯顿的皇家伊丽莎白场（Royal Elizabeth Yard）设有垫板式仓库。

风格：多种多样。由于使用了多种酵母和大麦的组合，产生了不同的风格特型。蒸馏厂个性是比较干净、清新的风味，从热带水果和绿色水果（梨和甜瓜），再到麦芽主导和柑橘泥煤风，不一而足。

荷里路德蒸馏厂于 2019 年投产，坐落于荷里路德公园边缘一座经过翻新的有着 180 年历史的工业建筑中，背靠引人注目的死火山亚瑟王座（Arthur's Seat）。

蒸馏厂内的酒吧享有壮丽的山景；荷里路德的口号是"我们孕育生命之水，城市孕育我们"(We make the Spirit, the City makes Us.)。

爱丁堡曾经是一个重要的蒸馏中心，尽管其中大部分是非法蒸馏：1777 年，雨果·阿诺特（Hugo Arnot）曾写道，这里估计有多达 400 座非法蒸馏厂，而只有 8 家拥有执照。到了 19 世纪中叶，大约有 10 家蒸馏厂拥有合法执照，其中一些规模非常大，包括爱丁堡蒸馏厂，就位于现如今离荷里路德蒸馏厂不远的地方。这家蒸馏厂自 1849 年以来一直在运营 [又名格兰欣斯（Glen Sciennes），然后是纽因顿蒸馏厂（Newington Distillery）]，1859 年被安德鲁·厄舍公司（Andrew Usher & Company）收购后更名为爱丁堡，该公司在 1853 "发明"了调和苏格兰威士忌。公司声称拥有世界上最大的保税仓库，其中至少有一部分建筑直到今天依旧存在，尽管已经不再用作保税仓库之用途。蒸馏厂于 1925 年关停。

荷里路德的创始人是罗布·卡彭特（Rob Carpenter）、凯莉·卡彭特（Kelly Carpenter）和大卫·罗伯逊。卡彭特家族是苏格兰麦芽威士忌协会 [（Scotch Malt Whisky Society（详见条目）] 在加拿大的长期经销商，麦卡伦酒厂的前任经理罗伯逊先生是一位经验丰富的蒸馏师。

荷里路德的生产重点是让爱丁堡重新回到单一麦芽威士忌的生产版图中。爱丁堡作为酿酒之都的历史渊源和该市作为酿酒知识中心的现代定位构成了荷里路德在此生产威士忌的理论基础。蒸馏厂也特别关注酿造麦芽、传统麦芽和新型酵母的作用。蒸馏厂正在与赫瑞 - 瓦特大学（Heriot Watt University）合作，通过设立两个博士课程探索这些研究领域，建立特种麦芽和传统麦芽对威士忌生产的科学理解。

蒸馏厂发布了新酒（New Make Spirit）产品，用以展现酿造过程在影响酒体风格中的作用；前四款产品展现了酿酒酵母和蒸馏酵母的共同作用，水晶麦芽和巧克力麦芽在风味创造中的作用，最后展示了如何将这四种特性结合起来创造出独特的爱丁堡版本，也成为荷里路德的第一个公开发售产品，并被冠之以"爱丁堡制造"（*Made by Edinburgh*）的名头。这是一款混合了当地种植的洛锡安大麦、基于 80 先令 [1] 配方的啤酒麦芽和爱丁堡啤酒酵母组合的产品。

蒸馏厂工作人员在提供导览服务时也会特别关注酿造环节——"我们立志于提供亲身参与、感官驱动的教育体验，当游客在参观工作中的蒸馏厂时，这些体验将启发他们探索风味的世界并乐在其中"。

蒸馏厂计划于 2023 年初推出第一款荷里路德单一麦芽威士忌。现在，你可以在蒸馏厂买到一系列名为"Height of Arrows"（几箭高）的金酒，以亚瑟王座的旧盖尔语命名。几箭高展示了以威士忌制造商的心态创造的金酒。为了还原金酒的核心风味成分，几箭高仅使用杜松子作为其唯一的植物原料，然后通过使用海盐和蜂蜡等作为修饰剂，来探索不同的风味质地和层次。几箭高获得了威士忌交易所的年度金酒奖项。

1　英国的旧辅币单位，1 英镑 =20 先令，1 先令 =12 便士，在 1971 年英国货币改革时被废除。——中文版编者注

Imperial

帝国（已拆毁）

麦芽威士忌

据当地一名记者报道："帝国威士忌的冠盖一旦镀金就会像土耳其尖塔上的新月一样在日光下闪闪发亮……在卡隆的黑松林和环抱奔腾向前的斯佩河的棕色山丘间。"

产区：Speyside 地址：Carron, Moray
最后的所有权：Chivas Brothers 关停年份：1998

历史事迹
History ▸▸▸

酒厂由托马斯·麦肯齐建于 1897 年。他还是附近大昀蒸馏厂以及遥远的斯凯岛上的泰斯卡蒸馏厂的所有者。帝国蒸馏厂的建筑（配有一个支撑厚红砖墙的铁框架，用于抵御火灾）在当时的苏格兰称得上新奇。该酒厂的名字是为了纪念维多利亚女王钻石婚，查尔斯·多伊格设计的原始发麦装置头顶一只巨大的铸铁王冠。

然而当时并不是一个开酒厂的好时机，19 世纪 90 年代的威士忌繁荣在 1899 年突然破灭。帝国在运营了一个季度后关闭，1919 年重开，但污水处理的问题导致酒厂在 1925 年再次关闭，那时它已归 D.C.L. 所有。发麦车间仍继续运作，但接下来的 30 年，因为废物处理要求与市场需求问题，它迟迟不能重开。1955 年，糖化车间和蒸馏室进行了现代化改造。1964 年，酒厂增加了第二对蒸馏器和一个萨拉丁箱设备。

S.M.D. 在 1985 年关闭了帝国蒸馏厂，并在四年后将其卖给了同盟蒸馏者公司。后者在 1991 年对酒厂进行了翻新并重新投入生产，但七年后将其再次封存。事实上，在蒸馏厂存在的历史上，它有 60% 的时间处在关停状态。

当同盟蒸馏者公司于 2005 年被拆分出售时，帝国蒸馏厂被划归给芝华士兄弟。保乐力加于 2012 年 10 月宣布将拆除并重建帝国蒸馏厂（1998 年圣安德鲁日关停）。它已经被极致现代化的达姆纳克蒸馏厂（Dalmunach Distillery）取代了（详见相关条目）。

趣闻 Curiosities

据说帝国的问题之一与它的 4 个蒸馏器的大小有关，体积太大以至于不能灵活运转。废水处理的问题在 20 世纪 50 年代得到解决，当时人们发现可以干燥回收糟粕和酒糟中的营养元素，来制作高蛋白质的动物饲料。

● 新酒厂于 2015 年 6 月开业。

InchDairnie

英志戴妮

 麦芽威士忌

产区：Lowland　　电话：01595 510010
地址：Whitecraigs Road, Glenrothes, Fife
网址：www.inchdairniedistillery.com　　所有权：John Fergus & Co.
参观：无　产能：2m L. P. A.

原料：当地种植的冬季和春季大麦，当地发麦。使用冬季大麦是不寻常的，分别用两种大麦酿酒的想法是独一无二的。来自五月花和山羊奶山的泉水。

设备：锤磨机将麦芽粉碎，然后使用莫拉麦芽糊过滤器（详见"Teaninich 第林可"）进行处理，使用混合酵母菌株，以高于正常的比重在四个外部不锈钢发酵槽中发酵。一个六层罗蒙德蒸馏器（目前还没连上，但可能用于三重蒸馏或作为备用酒精蒸馏器），1 个意大利佛丽初次蒸馏器（18 000 升），1 个佛丽烈酒蒸馏器（11 000 升）。

熟成：首次和重装波本桶、雪利大桶和葡萄酒桶的混合。所有橡木桶均在酒厂内长年熟成，目前两个仓库中，每个仓库容纳 44 000 只橡木桶。已经批准了另外 7 个仓库的规划许可。

风格：厚重浓郁且复杂的酒体，微微甜。

历史事迹
History ▸▸▸

　　这个占地 7 公顷的新酒厂曾经属于英志戴妮庄园，靠近法夫的金格拉西（Kinglassie）。InchDairnie 意为"靠近水源的隐秘之地"，Inch 是一片靠近河流、湖泊或海洋的低洼土地，Darne 意为"秘密、隐蔽或隐藏的地方"。

　　有了苏格兰政府提供的 160 万英镑拨款和来自苏格兰企业的 24

万英镑捐助，再加上丹麦的私募股权投资和格拉斯哥调和商麦克达夫国际（MacDuff International）的战略协作，酒厂于 2014 年 7 月开工，2015 年 12 月正式投产。

酒厂的外观极其现代，一个巨大的、棱角分明的灰色建筑，被一端的"玻璃幕墙"点亮。与之毗邻的是办公室／接待大楼，部分包覆着灰色石头和木板。现地有 2 个大型灰色仓库，还有多余空间可以再建 6 个相同的仓库。

该项目是母公司约翰·弗格斯公司（John Fergus & Co., 2011 创办）的总经理兼创始人伊恩·帕尔默的心血结晶。伊恩的职业生涯始于因弗高登蒸馏厂，任工艺工程师，之后历任怀特马凯公司蒸馏总经理，JBB 公司和金德尔国际公司（Kyndal International）的运营总监，以及格兰特纳有限公司（Glen Turner Company Ltd）总经理。在格兰特纳，他负责斯塔罗蒸馏厂（Starlaw Distillery）的建设（详见相关条目）。

伊恩为英志戴妮设计了一个高度创新的生产系统，旨在探索和增强风味，并减少浪费，节约能源。

将麦芽在锤磨机中磨成面粉，并在比利时制造的配有 22 个过滤板的麦芽糊转化容器中加工，这样可以提取出非常清澈的麦芽汁。只有第林可蒸馏厂（详见相关条目）采用类似的系统。蒸馏器采用复杂的"热蒸气再压缩系统"，每个蒸馏器配备 2 个冷凝器，增加了酒液与铜的接触，并通过回收热量驱动蒸馏器，节省了 40%—50% 的能源成本。

通过使用不同的酵母，酒厂正在制作两种不同的核心产品：英志戴妮将作为酒厂自有的单一麦芽威士忌产品装瓶，特拉斯恩（Strathenry）将用于和其他酒厂交换，特别是和劳德（Lauder's）、艾雷迷雾（Islay Mist）、大麦克尼什（Grand McNish）调和威士忌的所有者——酒厂的战略合作伙伴麦克达夫国际。麦克达夫将在酒厂内保有部分库存，并在厂区内建造调和设施。第一年，英志戴妮蒸馏厂的目标是生产 200 万升纯酒精，保留产能翻倍的可能。酒厂将在 2 个仓库中陈年 44 000 桶，并计划增加到 7 个仓库。

Inchgower
英志高尔

麦芽
威士忌

和所有蒸馏厂一样，英志高尔也将经营农场作为其业务之一。1885 年，来自蒸馏厂的糟粕和酒糟喂养了 100 头牛、200 头绵羊和猪。

产区：Speyside　电话：01542 836700
地址：Buckie, Moray
网址：www.malts.com　所有权：Diageo plc
参观：需预约　产能：3.2m L. P. A.

原料：来自伯格黑德的无泥煤麦芽。来自明达夫山（Minduff Hills）的泉水。

设备：糖化槽（8.2 吨）。6 个北美黄杉发酵槽。2 个普通型初次蒸馏器和 2 个普通型烈酒蒸馏器。均为间接加热，配壳管式冷凝器，带后冷却器。

熟成：主要是重装美国橡木桶。

风格：坚果辛香料，麦芽香。

熟成个性：嗅香是麦芽香，焦糖和轻微雪利酒香气，但整体感觉偏干。有一些咖啡和巧克力的味道，有时还有一股烟熏的气息。尝起来味道甜而干，带有一丝海盐的味道，熟透的苹果和榛子味。中等酒体。

历史事迹
History ▸▸▸

英志高尔坐落在巴基的渔港外。该酒厂于 1871 年由亚历山大·威尔逊公司（Alexander Wilson & Company）建造，以取代他们在附近托钦尼尔的蒸馏厂（这家酒厂太小了，而且房东将房租涨了一倍）。托钦尼尔的设备被搬到了新的蒸馏厂。威尔逊公司经营英志高尔直至 1936 年公司破产，酒厂和家宅由巴基市政府以 1600 英镑的价格买下。两年后，这家酒厂被以 3000 英镑的价格卖给了贝尔父子公司。

贝尔于 1985 年被健力士收购，健力士又在 1987 年收购了 D. C. L., 英志高尔随之划归帝亚吉欧所有。

英志高尔于 2012 年关闭了 16 周，进行升级改造。加上之后每年运营 51 周，使其纯酒精产能从每年 190 万升增加到了 320 万升。

趣闻 Curiosities

英志高尔是贝尔拥有的第三家蒸馏厂，另外两家分别是布勒尔阿索和达夫镇。它由公司董事长亚瑟·金蒙德·贝尔和他的长子买下。亚瑟·金蒙德是一位著名的慈善家，在 20 世纪 30 年代建造了 150 栋高质量的楼房，并以低廉的价格提供给珀斯的贫困和失业人群。1942 年，他在收购英志高尔四年后去世。《珀斯郡广告报》称他为珀斯"有史以来最伟大的捐助者"。

● 酒厂为贝尔调和威士忌提供基酒。随着品牌受欢迎程度提高，酒厂在 1966 年扩产到 4 个蒸馏器，大干快上，对产品质量没有起到好作用。

● 自 1979 年以来，贝尔旗下产品一直是英国最畅销的苏格兰威士忌（至今仍保持这一地位）。

Invergordon

因弗高登

1916 年，根据《国土防卫法》，劳合·乔治在因弗高登和卡莱尔尝试对所有酒吧实行国家管制并建立卖酒执照制度。这些措施在卡莱尔一直持续到 20 世纪 70 年代。

地址：Invergordon, Ross-shire　　电话：01349 852451
所有权：Whyte & Mackay Ltd　　产能：32m L. P. A.

原料：来自格拉斯湖（Loch Glass）的水。

设备：从最开始因弗高登就有一台连续蒸馏器。1963 年增加了 2 个蒸馏器。1978 年，又增加了 1 个。这个新的、更大的科菲蒸馏器被用于制作中性酒精。

熟成：美国橡木桶。在酒厂内长年熟成。

风格：轻盈甜美。

熟成个性：新鲜甜美，有梨和丙酮的味道。与麦芽威士忌相比，酒体更轻更干净，但跟麦芽威士忌相比，有些过于单一。

历史事迹
History ▶▶▶

　　1958 年，政府对威士忌蒸馏的限制全面放宽。战后对麦芽和谷物威士忌迅速增长的需求导致巨大的产能缺口。针对这样的需求，新建了不少谷物威士忌蒸馏厂，比如湖畔、格文、莫法特（Moffat）和因弗高登。

　　因弗高登港位于克罗默蒂湾北岸。根据《帝国地名录》（1854 年）

的说法，这是一个"相当大的地方"，"基建完善，交通便利，位置优越，在与周边国家的农产品运输方面的地位愈发重要"。那时人口近1000 人。港口以 18 世纪晚期的所有者威廉·戈登爵士的名字命名。

自第二次世界大战以来，已经有过多次将工业活动带到因弗内斯北部高地的尝试。其中一次就是建造因弗高登蒸馏厂，因弗内斯市长詹姆斯·格里戈尔在 20 世纪 50 年代后期力主推行。酒厂选址在这里是有充分理由的：海路和公路交通条件非常好，位于一个著名的大麦种植区边缘，同时拥有一流水质。

因弗高登蒸馏公司于 1959 年 3 月成立，在高地建造了第一家也是唯一一家谷物威士忌蒸馏厂。1961 年 7 月投产，拥有一个每周生产 25 950 升纯酒精的科菲蒸馏器，斯坦利·P. 莫里森被任命为代理人。1963年，增加了 2 个科菲蒸馏器。1978 年，又增加了 2 个，这两个蒸馏器在敦巴顿型（详见相关条目）的基础上添加了额外的柱栏以生产中性酒精。这些都是由酒厂的工程师自己设计的。

1985 年，因弗高登蒸馏厂以 780 万英镑的价格收购了历史悠久的威士忌公司查尔斯·麦金莱公司（详见"Jura 吉拉""Glenallachie 格兰纳里奇"等）。三年后，四位董事实施了管理层收购。他们的独立性并没有持续多久：占 41% 股份的怀特马凯公司在 1991 年试图接管公司但没有成功，不过在 1993 年 10 月获得了足够多数，取得了公司的管理权。

因弗高登蒸馏厂后续的历史同怀特马凯的起落有关（详见"Jura 吉拉"）。2007 年，因弗高登的所有者怀特马凯以 5.95 亿英镑的价格被联合烈酒公司（United Spirits Ltd, U. S. L.）收购，后者是印度最大的酿酒商和蒸馏商联合酿酒集团（United Brewers Group）的一个部门。

2013 年，帝亚吉欧收购了联合烈酒公司 28% 的股份，后来宣布有意收购另外 26% 的股份。英国公平交易办公室宣布帝亚吉欧对联合烈酒公司的收购有悖竞争法，可能导致英国威士忌价格上涨。作为回应，帝亚吉欧表示将出售怀特马凯。

2014 年 5 月，总部位于菲律宾的白兰地蒸馏商皇胜以 4.3 亿英镑收购了怀特马凯及其蒸馏厂。皇胜是全世界销量第二的烈酒，2013 年售出 31 950 300 箱（相比之下，世界上最畅销的苏格兰威士忌尊尼获加售出 19 288 300 箱）。

趣闻 Curiosities

1965 年，一个名为本威维斯的壶式蒸馏麦芽威士忌蒸馏厂建造在了因弗高登建筑群内。它于 1977 年停产（详见 "Ben Wyvis 本威维斯"）。

- 1990 年，怀特马凯发布了因弗高登单一谷物威士忌，但现已不再发售。

Inverleven
因弗列文（已拆毁）

麦芽
威士忌

产区：Lowland　　地址：Glasgow Road, Dumbarton
最后的所有权：Allied Distillers　　关停年份：1991

历史事迹
History ▸▸▸

在盖尔语中，"inver" 的意思是 "水的汇合 / 汇集"。利文河和克莱德河在邓巴顿汇合，邓巴顿是布立吞人建立的斯特拉斯克莱德王国的首都。因弗列文于 1938 年在希拉姆·沃克公司的敦巴顿谷物威士忌蒸馏厂内破土动工，同年开业。两者均授权给了沃克的子公司巴兰坦父子，旨在为百龄坛调和威士忌提供基酒。

因弗列文有 2 个传统的蒸馏器和 1 个罗蒙德蒸馏器（1959 年后）。后者于 2007 年被布赫拉迪蒸馏厂买下，并命名为 "丑陋的贝蒂"。汤姆·莫顿形容它 "像一个由铜制成的超大倒置垃圾箱"。他们拿它来制作一款大获成功的金酒 "植物学家"，共用了 31 种植物，其中 22 种来源于艾雷岛。

蒸馏器最初是直火加热，但在 20 世纪 60 年代初改为蒸汽加热。因弗列文于 1991 年关闭。产能为 130 万升纯酒精。

蒸馏厂的厂址——敦巴顿岩石的阴影下，利文河河口上——曾是一个造船厂（1933 年后废弃），酒厂高大的红砖建筑本身是在美国设计的。用菲利普·莫利斯的话说，风格上属于那种"更可能在美国中西部而不是苏格兰低地找到"的建筑。酒厂于 2006 年拆除。

● "据说，如果 D. C. L. 的总裁亨利·罗斯爵士没有让希拉姆·沃克公司的哈利·哈奇等那么长时间，酒厂可能不会建成。当时，哈奇得过来采购谷物威士忌，最终宣布干脆自己建一家谷物蒸馏厂。"（查尔斯·多伊格）

● 因弗列文从未被其所有者装瓶，只是偶尔由独立装瓶商装瓶。

图片来源：吉拉

Isle of Jura
吉拉

麦芽
威士忌

20 世纪 40 年代后期，乔治·奥威尔住在吉拉岛上一个偏僻的小屋里，在那里完成了《1984》。

产区：Highland (Island)　　电话：01496 820385
地址：Glasgow Road, Dumbarton
网址：www.jurawhisky.com　　所有权：Whyte & Mackay Ltd
参观：开放并配有公寓　　产能：2.4m L. P. A.

原料：无泥煤麦芽和一些泥煤烘烤麦芽来自波特艾伦发麦厂、因弗内斯、阿伯丁和彭凯特兰。水来自马克特湖（Market Loch）。

设备：半劳特/半滤桶式糖化槽（4.75 吨）。6 个不锈钢发酵槽。2 个灯罩型初次蒸馏器（容量 25 000 升，使用 24 150 升）。2 个灯罩型烈酒蒸馏器（容量 22 000 升，使用 15 500 升）。均为间接加热，配壳管式冷凝器。

熟成：装单一麦芽威士忌的 27 000 只橡木桶在酒厂内的货架式仓库内长年熟成。50% 的首次波本桶，50% 的二次或三次波本桶，5% 雪利桶，用于某些风格。33% 的产能被用于单一麦芽威士忌装瓶。

风格：油脂感，泥土的香气，带有柠檬味。

熟成个性：新酒带有油脂感，长年熟成后有松油、橙皮和干果的香气。尝起来有油脂感，麦芽味；前调很甜，然后变干，带有少许盐味。中等至轻盈的酒体。

令人惊讶的是，作为天高税收官远的地方，吉拉岛早在1810 年就出现了一家带执照的酒厂——在克雷格豪斯，这既是酒厂现在的位置，也曾是非法蒸馏的小岛蒸馏厂（Small Isles Distillery）的所在地。拿到许可的是吉拉岛的领主阿奇博尔德·坎贝尔。

几个租户先后经营酒厂，但收效甚微。第一位是威廉·阿伯克龙比（坚持到 1831 年），然后是阿奇博尔德·弗莱彻（坚持到 1851 年）。当弗莱彻放弃租约时，只有 5450 升威士忌存储在保税仓库内。坎贝尔的儿子想要把蒸馏器（价值 400 英镑）作为废品卖掉。很快，格拉斯哥的诺曼·布坎南买下了酒厂（他在同时期还收购了卡尔里拉蒸馏厂），但十年后破产。隔了几年，1876 年，当地领主与格拉斯哥的詹姆斯·弗格森签订了 34 年的酒厂租约。不过，这位领主在 1901 年放弃了该酒厂（带走了他买下的所有设备）。领主为了避免支付税费拆除了酒厂的屋顶，原酒厂沦为废墟。

1963 年，酒厂被两位当地地主罗宾·弗莱彻和托尼·莱利－史密斯（后者是《威士忌杂志》创始人的叔叔）重建，目的是为岛上创造更多就业机会。在麦金莱·麦克弗森公司 [Mackinlay Macpherson & Company，很快就被苏格兰和纽卡斯尔酿酒商公司（Scottish & Newcastle Brewers）接管] 的支持下，聘请了曾在 20 世纪 40 年代末设计并建造了图里巴丁蒸馏厂的威廉·德尔梅－埃文斯。他写道："我们打算生产一种高地型麦芽威士忌，不同于那种典型泥煤的玩意儿——最后一次生产还是在 1900 年。"第一瓶单一麦芽威士忌于 1974 年发布。

艾伦·卢瑟福博士（1976—1978 年担任 U. D. 的生产部主管）将产能从 2 个蒸馏器扩产到 4 个。因弗高登蒸馏厂于 1985 年收购了麦金莱公司及其酒厂，十年之后被怀特马凯公司收购。

趣闻 Curiosities

由德尔梅－埃文斯设计的蒸馏器异乎寻常地高，可以生产出更轻盈的麦芽威士忌。

● 前经理家宅中的公寓于 2006 年翻新，用于出租。吉拉一直使用一款与众不同的收腰玻璃瓶，优雅甚至有些性感。这种形状的瓶子最初被麦金莱与伯妮公司（MacKinlay & Birnie）用于他们的格兰摩尔麦芽威士忌。吉拉从一开始就使用了这样的玻璃瓶。

● 近年来，吉拉单一麦芽威士忌的销量大幅增加，从 2010 年的 35 万瓶增加到了 2014 年的 190 万瓶，成为英国第三大畅销的麦芽威士忌。这部分归功于怀特马凯公司的传奇调配大师理查德·帕特森，他负责挑选橡木桶和酒液。

Kilchoman
齐侯门

麦芽
威士忌

可以说，齐侯门是苏格兰蒸馏业的摇篮。

产区：Islay　　电话：01496 850011
地址：Rockside Farm, Isle of Islay, Argyll　　网址：www.kilchomandistillery.com
所有权：Kilchoman Distillery Company Ltd
参观：开放　　产能：500 000 L. P. A.

原料：来自格林奥斯梅尔溪（Allt Glean Osmail Burn）的软质泥煤水。使用在酒厂旁农场种植的大麦，地板发麦，泥煤来自迪赫沼泽（泥煤酚值 30ppm），还有一些来自波特艾伦发麦厂（重泥煤 50ppm）。自己种植的麦芽占产量的 25%，这些麦芽生产出来的威士忌与来自波特艾伦的麦芽分开装桶。

设备：半劳特/半滤桶式糖化槽（1 吨）。4 个不锈钢发酵槽。一个普通型初次蒸馏器（2700 升）。1 个鼓球型烈酒蒸馏器（1500 升）。均由蒸汽盘管间接加热，配壳管式冷凝器。

熟成：85% 的全新桶（目前使用水牛足迹蒸馏厂的橡木桶）和重装波本桶，以及 15% 的欧罗洛索雪利大桶。均在酒厂内陈年熟化。

风格：异常甜美，果香和烟熏味。

熟成个性：嗅香是海洋感的，通常带有淡淡的干果味。尝起来口感甜美，有些咸味，酸度，烟熏味的收尾。

齐侯门坐落在艾雷岛狂野的西海岸，隐藏在海崖后面，靠近马希尔湾宽阔的白色海岸，十分引人注目。这片土地极具历史意义，这里曾被群岛的领主们赠送给他们的医生比顿家族或麦克白（MacBeatha）家族。这些家族于 1300 年从爱尔兰抵达苏格兰，很可能同时带来了蒸馏的秘密。1609 年，弗格斯·麦克维伊被詹姆斯一世授予齐侯门教区的精雕十字架。这尊十字架存在时间可能更早，是用来纪念另一位家族成员的。

建这家酒厂是安东尼·威尔斯的点子。他是葡萄酒和烈酒商人，2000 年搬到艾雷岛，几年前娶了岛民凯茜·威尔斯。一年后，他租用并翻新了齐侯门洛克赛德农场的部分半废弃建筑物。农场的主人马克·弗兰彻在附近种植可供蒸馏的大麦，并有一群优质的奶牛可以消耗酒糟和糟粕。酒厂于 2005 年 6 月 3 日由笔者剪彩，并在当年 12 月投入生产。2015 年，安东尼和凯茜收购了这个农场。

齐侯门单一麦芽威士忌第一批 3 年陈酿装瓶发售于 2009 年，并且大受欢迎，在全世界拥有坚定的拥趸。这主要得益于所有者三个儿子的品牌大使工作。

2007 年，酒厂在原来的 2 个发酵槽的基础上又增加了 2 个发酵槽，2016 年又新加了 2 个。2015 年，公司收购了岩边农场（Rockside Farm），农场可满足酒厂 25% 的生产需求，产出的大麦会在酒厂进行发麦，并用于生产齐侯门 100% 艾雷岛麦芽威士忌（Kilchoman 100% Islay malt）。2019 年 5 月，酒厂启用了新的糖化室和蒸馏室，将产能翻了一番。

趣闻 Curiosities

齐侯门的口号是"让威士忌回归本源"，因为它是一个名副其实的农场蒸馏厂，和许多过去存在过的蒸馏厂一样——19 世纪初仅在艾雷岛就有 13 家农场蒸馏厂。齐侯门如今在这方面并不是独一无二的（详见"Daftmill 达夫特米尔"），但它能以现地完成所有生产环节自夸——从种植大麦到装瓶威士忌。

● 蒸馏厂设有一间迷人的咖啡厅以及凯西·威尔斯经营的商店。整个企业给人一种家的感觉。

● 2010 年，经验丰富的知名蒸馏经理约翰·麦克莱伦从布纳哈本来到齐侯门，同年齐侯门被美国顶级威士忌杂志《麦芽威士忌倡导者》评为"年度蒸馏厂"。约翰被《威士忌杂志》评选为 2013 年"年度蒸馏经理"。令人痛惜的是，他于 2016 年去世，享年 60 岁。

Kinclaith

金克拉思（已拆毁）

麦芽
威士忌

产区：Lowland　　　地址：40 Moffat Street, Glasgow
最后的所有权：Allied Distillers　　关停年份：1975

历史事迹
History ▸▸▸

1956—1957 年间，金克拉思建于斯特拉斯克莱德蒸馏厂内，为长脚约翰调和威士忌提供所需基酒（详见"Strathclyde 斯特拉斯克莱德"）。在长脚约翰国际公司出售给惠特布雷德之后，它在 1976 年到 1977 年间被拆除，给斯特拉斯克莱德扩产腾出空间。

一瓶 50 毫升的"金克拉思 1966"在 2002 年的拍卖中拍出了 107 英镑的高价。

金克拉思从未由其所有者装瓶，高登与麦克菲尔（G. & M.）、卡登汉和圣弗力这三家装瓶商都曾发售过一些独立装瓶的产品，都在拍卖中拍出了高价。

Kingsbarns
金岸逐梦

麦芽
威士忌

产区：Lowland   电话：01333 451300
地址：East Newhall Farm, Kingsbarns, St Andrews, Fife
网址：www.kingsbarns.com   所有权：Wemyss family
参观：开放   产能：600 000 L. P. A.

原料：本地大麦来自法夫的东纽克。无泥煤麦芽由独立发麦厂制作。软质水从酒厂正下方 100 米凿孔直取。

设备：不锈钢半劳特/半滤桶式糖化槽（1.5 吨）。4 个钢制发酵槽，还有空间可以再放置两个。1 个初次蒸馏器（7500 升）和 1 个烈酒蒸馏器（4500 升），均为间接加热，配壳管式冷凝器。

熟成：主要是重装波本桶，在酒厂外长年熟成。

风格：低地，清新和青草香。

2009 年，高尔夫球童道格·克莱门特为彼得·厄斯金爵士的金宝庄园农场构思了一个改造计划。金宝庄园靠近金岸逐梦，风景如画。在召集爱丁堡建筑师辛普森、布朗以及来自塔斯马尼亚的蒸馏师比尔·拉克组成专业团队之后，克莱门特从一些小投资者那里筹集了一些种子资本，并获得了法夫市政府的建筑许可。

2012 年底，克莱门特从苏格兰政府那里获得了 67 万英镑拨款，这笔资金使他能够加入威姆斯家族的董事会。该家族在 2013 年初接管了项目，当时只有克莱门特仍留任创始董事和游客中心经理。新酒厂经理是彼得·霍尔罗伊德，他是斯特拉斯艾文酿酒厂（Strathaven Brewery）的首席酿酒师。威姆斯家族的祖屋也在法夫的威姆斯城堡（Wemyss Castle），自 2005 年以来，他们一直是苏格兰威士忌独立装瓶商，拥有总部位于爱丁堡的威姆斯麦芽威士忌品牌（Wemyss Malts）。

农场的建筑——包括鸽舍、马拉磨坊和各种旧谷仓——可以追溯到 18 世纪晚期，现在是舒适的游客中心和酒厂的所在。金岸逐梦于 2014 年的圣安德鲁日（11 月 30 日）投产，并在建厂一周年之际成立了创始人俱乐部（详见酒厂网站）。

Kininvie

奇富

麦芽威士忌

产区：Speyside　　电话：01340 820373
地址：Dufftown, Mora
网址：无　　所有权：William Grant & Sons Ltd
参观：无　　产能：4.8m L. P. A.

原料：康瓦尔山的泉水。来自独立发麦厂的无泥煤麦芽。

设备：使用位于百富蒸馏厂的半劳特／半滤桶式糖化槽，但专供奇富（11.25吨）。9个花旗松发酵槽。3个普通型初次蒸馏器（14 600升），6个鼓球型烈酒蒸馏器（8600升），均由蒸汽盘管间接加热，配壳管式冷凝器。

熟成：重装波本桶和重装雪利桶。

风格：花香。

奇富蒸馏厂建于 1990 年，毗邻格兰父子公司的格兰菲迪和百富蒸馏厂。建厂同年 7 月 4 日投入生产。酒厂在 2009 年 12 月被封存做库存调整，可能与前一年 12 月艾尔萨湾蒸馏厂开业有关（详见相关条目），但在 2012 年恢复生产，产能从 440 万升纯酒精扩大为 480 万升。

趣闻 Curiosities

酒厂由威廉·格兰特的孙女，同时也是苏格兰最长寿女性纪录保持者珍妮特·希德·罗伯茨剪彩。她在 2012 年 4 月去世，享年 111 岁。格兰父子公司一共发布了 11 瓶格兰菲迪以纪念珍妮特的 110 岁生日：第一款于 2011 年 12 月在邦瀚斯以 46 850 英镑的价格售出，另一款于 2012 年 3 月在纽约以 59 252 英镑的价格售出。所有收益都捐献给了慈善机构。

● 限量发售"黑兹尔伍德"（珍妮特在酒厂附近的家）珍藏版 17 年威士忌。

● 为了防止独立装瓶商使用酒厂名，在售卖奇富、百富和格兰菲迪威士忌之前，格兰特父子会采用"一茶匙法"（即在酒液中加入少量其他酒液），并赋予它们不同的名称：奥达尼（Aldunie，奇富），伯恩塞德（百富）和沃德黑德（Wardhead，格兰菲迪）。

Knockando

龙康得

麦芽
威士忌

龙康得是斯佩塞第一家安装电力的蒸馏厂。

产区：Speyside　　电话：01340 882000

地址：Knockando, Aberlour, Moray

网址：www.malts.com　　所有权：Diageo plc

参观：需预约　　产能：1.4m L. P. A.

原料：来自卡德纳克泉（Cardnach Spring）的软质工艺用水，来自斯佩河的冷却用水。地板发麦一直用到 1968 年，现在使用来自伯格黑德的轻泥煤烘烤麦芽。

设备：全劳特／滤桶式糖化槽（9.5 吨）。4 个北美黄杉木发酵槽。2 个灯罩型初次蒸馏器（16 000 升），2 个鼓球型烈酒蒸馏器（16 000 升），均为间接加热，配壳管式冷凝器。

熟成：重装波本猪头桶。

风格：麦芽香，谷物感。

熟成个性：标准 12 年款是一种谷物早餐的风格，准确地说是糖松饼的感觉，含有蜂蜜、核桃和一丝橄榄油味。尝起来口感甜美而简单，含有谷物和坚果味。中等至轻盈的酒体。这是一款可搭配早餐的麦芽威士忌！

该蒸馏厂是查尔斯·多伊格为约翰·泰勒·汤姆森设计的，后者是埃尔金的特许会计师和烈酒经纪人，以龙康得－格兰威特蒸馏公司（Knockando-Glenlivet Distillery Company）的名义经商。酒厂位于斯佩河北岸，被斯特拉斯佩铁路横穿，1905 年安装了一条专用侧轨。酒厂的名字就是教区的名字，源自 Cnoc-an-Dubh，意为"黑暗的小丘"。

生产始于 1899 年，即利斯的帕蒂森公司倒闭那年——该公司是当时业内领先的调和商和威士忌基酒买家。随着威士忌行业陷入衰退，龙康得也于次年关停，并于 1904 年以 3500 英镑的价格被卖给伦敦葡萄酒和烈酒商 W. & A. 吉尔比公司。

吉尔比公司于 1962 年与联合葡萄酒贸易商（United Wine Traders）合并（其中有一部分是 J. & B. 珍宝），成立了 I. D. V.，龙康得成为 J. & B. 珍宝的关键基酒，后来又成为其"品牌之家"的所在地（如今仍是）。1969 年酒厂的规模增加了一倍，达到 4 个蒸馏器。

I. D. V. 于 1972 年被沃特尼·曼恩接管，同年卖给了大都会。大都会/I. D. V. 和健力士/U. D. 在 1997 年合并成为 U. D. V.，后为帝亚吉欧。

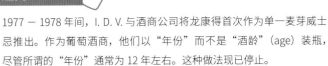

趣闻 Curiosities

1977 － 1978 年间，I. D. V. 与酒商公司将龙康得首次作为单一麦芽威士忌推出。作为葡萄酒商，他们以"年份"而不是"酒龄"（age）装瓶，尽管所谓的"年份"通常为 12 年左右。这种做法现已停止。

● 从 1978 年到 2006 年，龙康得由英尼斯·肖管理，他从从小到大在酒厂工作，成年后依然。酒厂初建时雇他的曾祖父当细木匠，游客中心专门陈列了他的发票凭据，他后来成为克拉格摩尔的经理和税务专员。

Knockdhu

诺克杜/安努克

麦芽
威士忌

1940 年至 1945 年间，该酒厂被一支印度部队占据，在麦芽谷仓里临时扎营，安置他们的马骡。

产区：Speyside　　电话：01466 771223
地址：Knock, by Keith, Moray
网址：www.ancnoc.com　　所有权：Inver house Distillers Ltd
参观：需预约　　产能：2m L. P. A.

原料：工艺用水来自诺克山（Knock Hill）的泉水。冷却用水来自特尔纳米溪（Ternemny Burn）。麦芽来自独立发麦厂。

设备：传统的深床，铸铁糖化槽，但配有半劳特搅拌齿轮（4.15 吨）。6 个花旗松发酵槽。1 个高大的鼓球型初次蒸馏器（10 500 升），1 个高大的鼓球型烈酒蒸馏器（11 000 升）。均为间接加热，两个蒸馏器共用一个虫管冷凝器。

熟成：主要是美国波本桶。酒厂内有 4 个垫板式仓库和 1 个用于单一麦芽瓶装的货架式仓库，可容纳约 7600 只酒桶。

风格：斯佩塞风格，果香、花香，带有柠檬香味，但因为采用虫管冷凝器使酒体更加饱满。

熟成个性：轻盈的斯佩塞风格，甜，花香（毛茛属植物），谷物，柠檬，有香草奶油的香气。尝起来质地轻盈，味道甜美，搭配煮熟的苹果和柠檬蛋白酥皮派。

酒厂掩映在诺克山幽暗的圆形驼峰之下，Knockdhu 意为"黑暗的小丘"。这是 D. C. L. 委托修建的第一座麦芽威士忌酒厂。1893—1894 年间，酒厂专注于谷物威士忌生产。选在这里的原因是山上的泉水，既靠近"优质大麦产区"，又有"取之不尽的优质泥煤田"，还靠近苏格兰北部铁路线阿伯丁和埃尔金之间的路段。酒厂的出品主要用于黑格调和威士忌（Haig blends）。

一位访客在 1925 年评论说，"酒厂保养良好"，"漂亮的大道"通往"齐整的建筑"，还有一个修整得当的苹果、樱桃和李子果园。那时候，酒厂就已经配备了"强大的照明设备"。1930 年，酒厂被转移到 S. M. D. 旗下管理。

诺克杜是 20 世纪 80 年代初世界经济衰退的牺牲品。它于 1983 年关闭并在 5 年后卖给了因弗豪斯。他们在 1990 年发布了第一款单一麦芽威士忌装瓶，然后将品牌名改为"安努克"（an Cnoc，详见下文）。因弗豪斯于 2001 年成为领先的远东烈酒公司泰饮料股份有限公司的一部分。

威士忌百科全书：苏格兰

趣闻 Curiosities

新落成的诺克杜是一家非常现代化的蒸馏厂。它的制冷设备在苏格兰北部酒厂中领先，经理和消费税官员配有"漂亮的别墅"和"私人卫生间"。酒厂位于基思以东三英里处，在斯佩塞产区的极边缘，所以也有人把它划归斯佩塞产区。

● 1960 年，一辆拖拉机取代了在酒厂和火车站之间运输货物的马车。"每个人都很悲伤，"一名员工写道，"特别是那个和马一起工作的人，失去了亲爱的朋友。"

● 在因弗豪斯接手酒厂后不久，根据君子协定，酒厂名仍用诺克杜，而其麦芽威士忌名称则改为"安努克"，以避免与龙康得混淆。品牌的定位是年轻化和艺术化，主要赞助艺术相关活动。

Ladyburn

雷迪朋（已拆除）

麦芽
威士忌

产区：Lowland　　地址：Girvan, Ayrshire
所有权：William Grant & Sons Ltd　　关停年份：1975

历史事迹

History ▸▸▸

　　大获成功的格兰特斯坦法斯特调和威士忌 [Grant's Standfast blended whisky，现为"格兰特家族珍藏"（Grant's Family Reserve）] 的所有者格兰父子公司于 1966 年在加文建造了一家大型蒸馏厂（详见相关条目）——内设的小型麦芽威士忌蒸馏厂于同年建成——为其调和威士忌提供麦芽基酒。

　　酒厂有两对蒸馏器。该酒厂于 1975 年废弃并拆除。

　　雷迪朋是苏格兰第一家全自动麦芽威士忌蒸馏厂。

趣闻 Curiosities

只有少量雷迪朋作为单一麦芽威士忌发售，不过圣弗力曾以"珍稀艾尔郡"（Rare Ayrshire）为名发售过单桶，格兰父子公司在 2014 年发布了 40 年和 41 年的产品。

● 根据《苏格兰威士忌蒸馏厂》作者鹈户美佐子的说法，格兰父子公司仍然拥有 30 桶雷迪朋，可能在不久的将来装瓶。

Lagavulin
乐加维林

"只有少数苏格兰蒸馏厂能够生产用作单一麦芽威士忌的酒，乐加维林制作的威士忌可以说是其中的佼佼者。"——阿尔弗雷德·巴纳德，1887 年

产区：Islay　　　电话：01496 302749
地址：Port Ellen, Isle of Islay, Argyll
网址：www.malts.com　　　所有权：Diageo plc
参观：开放　　　产能：2.6m L. P. A

原料：地板发麦一直用到 1974 年，现在使用来自波特艾伦的重度泥煤烘烤麦芽（30—35ppm 泥煤酚值）。索罗姆湖（Solum lochs）的深色软质水。

设备：全劳特／滤桶式糖化槽（4.32 吨）。10 个北美黄杉发酵槽。2 个普通型初次蒸馏器（10 500 升），2 个普通型烈酒蒸馏器（12 200 升），均为间接加热，配壳管式冷凝器。

熟成：主要是重装美国橡木桶，还有一些重装欧洲橡木桶。少部分在现地及波特艾伦蒸馏厂和卡尔里拉蒸馏厂熟成，大多数在中部地带熟成。

风格：丰富，甜美，泥煤。

熟成个性：乐加维林是艾雷岛麦芽威士忌中最丰富、最复杂的。嗅香有浆果、正山小种、雪利酒、甜海藻、蜡抛光剂、樟脑、碳酸和烟熏的气息。口感丰富，前段非常甜蜜，尾段有大量泥煤烟熏气息，尾韵很长。浓郁饱满的酒体。

历史事迹
History ▸▸

杜尼维格城堡（Dunyveg）把守着乐加维林海湾口，如今仅剩摇摇欲坠的遗迹。这里曾是群岛领主的权力基础，也是领主们存放战船之地。

早在 18 世纪，这个遮风挡雨的"空心磨坊"中就已经有非法蒸馏器了。最早的合法威士忌蒸馏业务是约翰·约翰逊于 1816 年发展起来的。19 世纪 20 年代，他收购了邻近一家酒厂阿德莫尔。1837 年，他的儿子将两家酒厂合并成一家。

1852 年，约翰·克劳福德·格雷厄姆买下了这家蒸馏厂。他是来自格拉斯哥的葡萄酒商亚历山大·格雷厄姆的兄弟，也是詹姆斯·洛根·麦基的合伙人。他的另一位兄弟沃尔特·格雷厄姆在他隔壁租用拉弗格蒸馏厂，将两者合并运营了四年。詹姆斯·洛根·麦基于 1860 年接管了这项业务，并派他的侄子彼得在乐加维林做学徒。

彼得·麦基参与了他叔叔的业务，并于 1890 年成为管理合伙人。同年，他创造了白马调和威士忌。这款威士忌如此成功，以至于 1908 年时麦基公司（Mackie & Company）被评为五大品牌之一（与尊尼获加、帝王、布坎南和黑格并列）。1924 年，彼得·麦基去世那一年，该公司变成白马蒸馏公司。它与 D.C.L. 在 1927 年合并。

乐加维林
图片来源：帝亚吉欧

趣闻 Curiosities

1886 年，阿尔弗雷德·巴纳德访问乐加维林时，称其 8 年威士忌"风味绝佳"。后来他写道："只有少数苏格兰蒸馏厂能够生产用作单一麦芽威士忌的酒，乐加维林制作的威士忌可说是其中的佼佼者。"2016 年，为了纪念该酒厂第二个百年庆典，帝亚吉欧发布了一款"限售一年"的乐加维林 8 年单一麦芽威士忌。彼得·麦基是射击方面的权威，他还撰写了《猎场看守人手册》（*The Gamekeeper's Handbook*）。他坚持要求他的酒厂工人适当节食（详见"Craigellachie 克莱嘉赫"），是威士忌行业不知疲倦的发言人。他在 1920 年受封男爵。

● 1908 年，麦基在乐加维林酒厂内建造了第二家酒厂，并将其命名为"麦芽磨坊"。1907 年之前，他一直是拉弗格的经纪人，但是他与所有者们争吵不休，于是决定制作与拉弗格高度相似的威士忌，来破坏对方的市场。该计划最终失败了，但麦芽磨坊一直运营到 1962 年。蒸馏出来的酒被用于调和威士忌。

● 一桶（虚构的）麦芽磨坊威士忌是肯·洛奇的获奖电影《天使的一份》的故事核心，最终卖出了超过 100 万英镑的高价！

● 麦芽磨坊曾经的厂房如今是乐加维林的游客中心。

Lagg
拉格
麦芽威士忌

产区：Highland　　　电话：01770 870565
地址：Kilmory, Isle of Arran
网址：www.laggwhisky.com　　所有权：Isle of Arran Distillers Ltd
参观：游客中心，咖啡厅和餐厅　　产能：750 000 L. P. A

原料：来自独立发麦厂的重泥煤麦芽（50pppm），泥煤来自苏格兰的各个地区。用水来自酒厂内钻井。

设备：半劳特/半滤桶式糖化槽（4吨）。4个花旗松发酵槽。1个普通型初次蒸馏器（10 000升），1个灯罩型烈酒蒸馏器（7000升），均为间接加热，配壳管式冷凝器。

熟成：主要是首次填充美国橡木波本桶，在酒厂内设有货架仓库。

风格：烟熏、泥土气息。

历史事迹
History ▸▸▸

　　拉格小村庄坐落在靠近艾伦岛南海岸的陡峭且树木繁茂的峡谷中。岛上唯一一家获得蒸馏许可的蒸馏厂曾设在这里，但那都是1825年到1837年之间的事情了。那时，艾伦岛上非法蒸馏泛滥，但在这里生产的，被称为"艾伦之液"（Arran Water）的威士忌却享有极高的声誉——甚至被鉴赏家们描述为有着"勃艮第的年份酒"一般的品质——尤其是在岛屿肥沃的南半部——拉格蒸馏厂所在的基尔莫里（Kilmory）教区。1784年，在岛上发现的32座蒸馏器中，有23座位于这个教区，1797年，估计有50座蒸馏器矗立于岛的最南端。

到了 19 世纪 30 年代，那时非法蒸馏已经几乎被取缔殆尽，基尔莫里教区的牧师谈起对走私者的态度时这样说道：

> 非法蒸馏直到不久前还很盛行……它带来的负面影响并不像其他地区那般突出，毕竟，在这里非法蒸馏并不被认为是一件不光彩的事。在教区内，很少有人在他的一生中没从事过某些走私活动。走私者并没有因为他的工作而蒙受耻辱。相反，它被认为是一项相当光荣的职业，因为它展现出了某种勇敢和艺术，需要他们的同伴与众不同。

第一家拉格蒸馏厂的失败主要是由于南阿盖尔郡（尤其是坎贝尔镇）合法蒸馏的急剧扩张，1837 年，那里有多达 28 家获得蒸馏许可的蒸馏厂。艾伦的农民将他们种植的大麦出售给这些蒸馏厂，并且获利颇丰。

新的拉格蒸馏厂由艾伦蒸馏公司委托建造，这家公司同时也是该岛北部罗克兰扎的艾伦蒸馏厂的创始人（详见相关条目）。艾伦的经典威士忌风格是无泥煤的，但蒸馏厂每年都会蒸馏少量泥煤麦芽，用于其麦克摩产品线。以后泥煤威士忌的生产将转到拉格蒸馏厂进行。

新蒸馏厂位于拉格村的西部，朝南，高高地耸立在本嫩角（Bennan Head）的悬崖之上，可以欣赏到克莱德湾（Firth of Clyde）的壮丽景色，远处是塘鹅[1]聚集的艾尔萨岩。蒸馏厂于 2017 年开工建设，2019 年 3 月收集到第一批酒液。蒸馏厂建筑低矮而现代，屋顶覆盖着景天属植物毯，上面种植的植物随季节变化颜色也会略有不同。

业主计划通过使用从苏格兰各地，甚至是国外的不同地点采集来的泥煤，在这家蒸馏厂探索其对酒体风格产生的影响。他们还计划探索

---

1 隶属于鲣鸟科的海鸟。

不同的大麦品种、酵母菌株和橡木桶类型。

　　蒸馏厂周围的庄园里种植了 2000 棵苹果树，拉格蒸馏厂还计划生产自己的苹果酒和苹果白兰地。

趣闻 Curiosities

在拉姆拉什（Lamlash）的怀特豪斯旅馆（Whitehouse Lodge）曾在 18 世纪 90 年代短暂存在过一家拥有蒸馏许可的蒸馏厂。20 世纪初，这座建筑进行了现代化改造，成为达夫·库珀（Duff Cooper，战争国务卿和 20 世纪 30 年代第一海军大臣）和他的妻子，即著名的美女戴安娜·曼纳斯女士（Lady Diana Manners）的度假胜地。这座房子被重新命名为"库珀安格斯"（Cooper Angus），但在 20 世纪 50 年代又恢复为"怀特豪斯旅馆"的原名。最后在 80 年代被拆除。

拉弗格
图片来源：宾三得利

Laphroaig

拉弗格

麦芽
威士忌

拉弗格可能是第一个在美国以单一麦芽苏格兰威士忌形式推广的品牌，当时禁酒令仍然有效，但法律上的一个漏洞允许威士忌"因药用目的"出售。

产区：Islay　　电话：01496 302418
地址：Port Ellen, Isle of Islay, Argyll
网址：www.laphroaig.com　　所有权：Beam Suntory
参观：开放，并有一个组织良好的"拉弗格之友"　　产能：3.3m L. P. A.

原料：来自基尔布赖德水库的软质泥煤水，还有一部分来自布赖斯山南湖（Loch na Beinne Brice）。自有地板发麦供应总需求量的15%，其余来自波特艾伦和大陆麦芽（含35—40ppm泥煤酚值）。酒厂自有的泥煤来自麦克里莫斯沼泽（Machrie Moss），并仍然采用人工切割。

设备：不锈钢全劳特/滤桶式糖化槽（8.5吨）。6个不锈钢发酵槽。自2001年以来使用麦酒汁收集器。3个普通型初次蒸馏器（10 500升），4个灯罩型烈酒蒸馏器（1个9400升，3个4700升）。均为蒸汽间接加热，配壳管式冷凝器。

熟成：主要是从美格蒸馏厂（Maker's Mark）买来的首次波本桶。过去是美国和欧洲橡木桶混合，近年来经常使用1/4桶。现地有8个垫板式和货架式仓库，有55 000只桶在长年熟成。还有5000只桶在雅伯蒸馏厂熟成，40%的产出会被罐车运送到格拉斯哥长年熟成。当前260万升纯酒精产量的65%—70%作为单一麦芽威士忌瓶装。

风格：甜，香料感和泥煤。

熟成个性：拉弗格将自己定位为"艾雷岛麦芽威士忌典范"，因为它代表了经典的艾雷岛风格。它还在标签上自称"所有苏格兰威士忌中味道最丰富的"。嗅香是辛辣和烟熏感（烧煤的烟熏感），有煤焦油和碘酒味。尝起来前段的味道出人意料地甜，然后是咸和干，伴随着焦油烟熏和碘酒的香气，海藻般的味道。浓郁厚重的酒体。

历史事迹
History ▸▸▸

　　1810 年之前，亚历山大·约翰斯顿和唐纳德·约翰斯顿兄弟在塔兰特（Tallant）和基尔达尔顿务农。1815 年，他们在拉弗格创立了蒸馏厂。他们的祖先是来自格伦科的麦克莱恩斯家族，15 世纪末来到艾雷岛。

　　他们的房东是沃尔特·弗雷德里克·坎贝尔，一个开明的改良者。他创立了以他妻子的名字命名的波特艾伦和以他母亲名字命名的波夏，并热衷于支持蒸馏事业。

　　唐纳德·约翰斯顿于 1836 年买下其兄弟的股份，但是他在 1847 年因跌进一桶酒糟里去世，他 11 岁的儿子杜加尔德继承了他的事业。拉弗格由杜加尔德的叔叔打理，由邻近的乐加维林蒸馏厂的沃尔特·格雷厄姆管理，直到杜加尔德 1857 年成年为止。拉弗格的酒标上印的依然是 "D. Johnston & Company"（唐纳德·约翰斯顿公司）。酒厂直到 20 世纪 60 年代一直都是家族管理。

　　也许这个家族最杰出的后裔是唐纳德的曾外孙伊恩·亨特（Ian Hunter），他于 1908 年成为拉弗格的经理，20 年后成为该公司的唯一所有人。他的首要任务之一是解雇酒厂的代理商——格拉斯哥的麦基公司。不同寻常的是，拉弗格那时就以单一麦芽威士忌的形式出售。乐加维林蒸馏厂的老板彼得·麦基（后来的彼得爵士）非常愤怒，毕竟，麦基已经"创立了品牌"（详见"Lagavulin 乐加维林"）。

　　20 世纪 20 年代，伊恩·亨特开始在美国销售他的威士忌，尽管当时酒水销售是被禁止的。他在国外时，酒厂由他的秘书贝西·威廉姆森管理。他在 1954 年去世时将拉弗格蒸馏厂留给了她。

20 世纪 50 年代中期，酒厂急需维修。为了筹集资金，贝西·威廉姆森将其三分之一的股份卖给了美国蒸馏商申利公司（Schenley Corporation）。到 1970 年时，申利完全拥有了酒厂。私人拥有蒸馏厂的日子已经结束，和其他许多酒厂一样，拉弗格也成为跨国公司资产负债表上的一项：长脚约翰国际，惠特布雷德，同盟利昂，同盟多梅克（Allied Domecq），以及 2005 年的财富品牌——金宾波本威士忌的所有者。

宾国际公司于 2011 年 10 月从财富品牌中拆分出来，于 2014 年 3 月被日本蒸馏商三得利收购。公司更名为宾三得利（详见"Ardmore 阿德莫尔"）。

趣闻 Curiosities

贝西·威廉姆森是现代第一位管理蒸馏厂的女性（之前也有过其他例子，特别是卡杜的伊丽莎白·卡明）。

● 惠特布雷德在 1989 年被卖给同盟利昂，但在那之前，他们任命了日后成为威士忌贸易传奇人物的伊恩·亨德森做拉弗格酒厂经理。新老板想要大力宣传这个品牌，伊恩·亨德森作为品牌大使走遍世界，将酒厂的销售额从 1989 年的 20 000 件提高到 2002 年退休时的 170 000 件。他还宣传了"拉弗格之友"（Friends of Laphroaig）的概念，麦芽威士忌的爱好者可以通过这个称号获得 1 英尺艾雷岛土地（在酒厂后面的一块土地上）。目前已分配了 470 000 个地块，它们的得主来自 165 个国家。其中还包括威尔士亲王，他于 1994 年将自己的皇家特许证授予拉弗格。

Lindores Abbey

林多斯修道院

麦芽
威士忌

酒厂生产的麦芽烈酒 25% 先用当地采摘的欧洲没药之类的草药浸泡，最后用酒厂果园内新近栽培的果物浸渍，这一切都是为了接近当年僧侣们酿造的那种"生命之水"。

产区：Lowland　　电话：01337 842547
地址：Lindores Abbey House, Abbey Road, Newburgh, Fife KY14 6HH
网址：www.lindoresabbey-distillery.com
所有权：The Lindores Distilling Company Limited
参观：开放　　产能：225 000 L. P. A.

原料：当地种植的大麦由曼顿斯负责发麦，轻度泥煤烘烤。酒厂内有钻井提供软质水。与华威大学合作开发的一种古老中世纪酵母菌株。

设备：不锈钢半劳特 / 半滤桶式糖化槽（2 吨）。4 个花旗松发酵槽。1 个鼓球型初次蒸馏器（10 000 升），2 个鼓球型烈酒蒸馏器（3000 升），均配备壳管式冷凝器。

熟成：酒厂内有一个带温控的垫板式仓库。首次或重装美国橡木桶。

风格：此时酒厂正在尝试模仿约翰·科尔蒸馏出的"生命之水"的风格，并以新酒的产品形式进行销售，用植物精华调味。我目前尚未有幸品尝。

历史事迹

History ▸▸▸

　　苏格兰最早提到蒸馏的书面记录资料出现在 1494 年的国库卷（Exchequer Roll）中："国王命令……约翰·科尔修士……使用八博耳麦芽……蒸馏'生命之水'（即蒸馏酒）……"下令者是詹姆斯四世，

一位对所有科学和艺术，包括炼金术、药物和火药感兴趣的君主，所有这些都得益于调和"生命之水"的过程。

传统上认为约翰修士是一位来自林多斯修道院的提洛尼西亚僧侣（本笃会的一个分支），尽管有争议（详见下文），但这一说法让酒厂老板可以自豪地称这里是"1494年以来苏格兰威士忌的精神家园……一个朝圣之地"。

林多斯修道院本身由"狮子"威廉一世的兄弟于1191年创立。它现在是一个"残破不堪且杂草丛生的废墟"。在Bright 3D设计的建筑上出类拔萃的新蒸馏厂位于一个经过改造和扩建的修道院农庄内。按照设计，该建筑使用了原始的修道院石头

建造，并用当地采购的石材和木材强固。酒厂带落地窗的蒸馏室俯瞰着修道院的土地。

酒厂的创始人是德鲁·麦肯齐·史密斯（他的家族自1912年以来一直拥有林多斯修道院的土地）和他的妻子海伦，此外还得到了三位欧洲投资者的支持。他们的顾问是传奇的吉姆·斯旺博士，但他于2017年去世，就在酒厂计划开业的前一天（出于对他的尊重，开业时间推迟了）。酒厂最终于当年10月开放。

趣闻 Curiosities

麦肯齐·史密斯在 2013 年启动了这个耗资 1000 万英镑的项目，但在开工之前，他们在修道院遗址周围进行了大量考古挖掘工作，并在地表下面很浅的地方发掘出一道 18 米长的古墙，以及一根 12 世纪的铅管。

● 酒厂所有者希望林多斯修道院能成为"世界级的旅游景点"，向游客介绍威士忌酿造，游客中心将与参观者分享修道院的历史和迪龙会（Order of Tiron）僧侣的手工艺与生活方式。

● 迪龙会以其位于法国的母修道院命名，大约于 1106 年由一位本笃会修士创立，力图恢复圣本笃苦行禁欲的修行戒律。成立不到五年，迪龙会拥有并建立了 117 个小修道院和修道院，遍布苏格兰、塞尔柯克、凯尔索、阿布罗斯和基尔温宁。 这些"灰僧"素以工匠和建造者之名著称。有一派思想坚持认为约翰·科尔修士是爱丁堡的多明我会僧侣，不过他与林多斯的关系被记录在法夫的麦芽生产商历史上——牛顿的本斯容（Bonthrone of Newton）家族——可追溯到 1600 年。

Linkwood

林可伍德

麦芽
威士忌

创始人的兄弟是将军乔治·布朗爵士，他在克里米亚战争期间担任轻骑兵指挥官。

产区：Speyside　　电话：01343 862000
地址：Elgin, Moray
网址：www.malts.com　　所有权：Diageo plc
参观：无　　产能：5.6 m L. P. A.

原料：地板发麦一直用到 1963 年，现在使用来自伯格黑德的无泥煤麦芽。从米尔比斯湖（Millbuies Loch）附近的泉水处引来工艺用水，林可伍德小溪和沼泽小溪的冷却用水。

设备：全劳特 / 滤桶式糖化槽（12 吨）。11 个落叶松发酵槽。3 个普通型初次蒸馏器（14 500 升），3 个普通型烈酒蒸馏器（16 000 升），均为间接加热，配壳管式冷凝器。

熟成：主要是重装美国猪头桶，一些重装欧洲大桶。酒厂内有 2000 只桶，主要是放在中部地带长年熟成。

风格：花香，芳香。

熟成个性：轻盈的斯佩塞风格。酯味，带泡泡糖、丙酮、柠檬果子露、玫瑰花茶的香气——干净、清新、甜美。尝起来味道也很甜，带有白葡萄酒（琼瑶浆的风格）、柠檬皮和果子露的味道。较轻的酒体。

历史事迹
History ▸▸▸

　　林可伍德蒸馏厂由林可伍德庄园的代理商、农业改良师彼得·布朗于 1821 年创建，三年后投入运作。1842 年之后，亚伯乐蒸馏厂的詹姆斯·沃克［后来成立了詹姆斯·沃克公司（James Walker & Company）］为他管理酒厂。彼得·布朗于 1868 年去世后，酒厂传给了他的儿子威廉，后者于 1874 年拆除并重建了酒厂。家族企业在 1897 年转型为有限公司，即林可伍德－格兰威特蒸馏有限公司（Linkwood-Glenlivet Distillery Company Ltd）。来自埃尔金的威士忌经纪人英尼斯·卡梅伦五年后加入董事会，未来将掌控该公司，直到 1932 年去世，同年酒厂被 D. C. L. 收购。

　　1963 年酒厂进行了大规模整修，于 1971 年在隔壁建造了一个"滑铁卢街"风格的新酒厂，并增配至 4 个蒸馏器，这表明酒厂的出品出色且备受追捧。林可伍德被列为顶级麦芽威士忌，且是好几款著名的调和威士忌用来"增色"的重要基酒。新的蒸馏厂被称为林可伍德 B，并与原来的林可伍德 A 并行运营，直到 1985 年旧林可伍德酒厂关闭。A 和 B 出品的烈酒在装入橡木桶之前会被混合在一起。2011 年，为了安装新的糖化槽和控制系统，酒厂关闭了 6 个月。2013 年 4 月，为了扩建林可伍德 B 的蒸馏室，老酒厂的建筑被拆除，包括剩余的 2 个林可伍德 A 的蒸馏器和 6 个新的发酵槽。

趣闻 Curiosities

1936 年，罗德里克·麦肯齐被任命为林可伍德的新经理，他是讲盖尔语的土生土长的韦斯特罗斯人，多年来以一丝不苟的态度监管酒厂的生产。他坚持除非必要绝不更换任何设备。即使是蜘蛛网，他也因为担心会改变酒厂的风格特点，而没有清扫（R. J. S. 麦克道尔教授）。

● 麦克道尔教授指的是 1962—1963 年间的翻新，新换的蒸馏器完全是老蒸馏器的翻版，这是 S. M. D. 的传统。

Littlemill
小磨坊（已拆毁）

麦芽
威士忌

小磨坊是"苏格兰最古老蒸馏厂"奖项的有力竞争者。

> 产区：Lowland　　　地址：Dumbarton Road, Bowling, Dunbartonshire
> 最后的所有权：Loch Lomond Distillery　　　关停年份：1984

历史事迹
History ▸▸▸

小磨坊一直称自己至少在 1772 年就已经成立了（那一年税务专员的公寓刚刚建成），但在此之前，该厂址上有一家酿酒厂，依附于毗邻的邓格拉斯城堡，其历史可以追溯到 14 世纪。

几经易手，小磨坊在 1875 年由威廉·海伊修缮扩建，而后又转手多次，直到 1931 年被美国绅士邓肯·托马斯买下，他住在前税务专员公寓里。他将在 1965 年与格兰威特在美国的代理商——芝加哥的巴顿品牌（Barton Brands）合作建立罗曼湖蒸馏厂（详见相关条目）。后者在 1971 年收购了邓肯·托马斯在小磨坊和罗曼湖的剩余股份。

1984 年，两家酒厂都被封存。次年，罗曼湖被出售给格兰卡特琳保税仓库有限公司（Glen Catrine Bonded Warehouse Ltd）。

现如今公司已更名为巴顿蒸馏（苏格兰）有限公司 [Barton Distilling (Scotland) Ltd]，由格拉斯哥的联合蒸馏产品公司

[Amalgamated Distilled Products，阿盖尔集团（Argyll Group）的一部分] 控制。1987 年，联合蒸馏产品公司将其威士忌权益出售给了吉布森国际。小磨坊于 1989 年恢复生产，当时该公司还在坎贝尔镇收购了格兰帝蒸馏厂。两年后，吉布森国际及其蒸馏厂在一起涉及 "数百万英镑" 的管理层并购中，被公司总经理伊恩·洛克伍德和财务总监鲍勃·默多克收购。这家重组的公司于 1994 年进入破产管理程序，其资产由格兰卡特琳保税仓库买下，后者在两年后拆除了小磨坊蒸馏厂。

在接下来的几年中，建筑物年久失修，并在 2003 年遭遇了火灾。该厂址已基本被清理干净。现存的小磨坊库存由罗曼湖集团拥有，该集团于 2015 年发售了一款 25 年的产品。

趣闻 Curiosities

1821 年政府对威士忌进行的第一次普查显示，小磨坊每年生产 20 000 加仑酒精（超过 90 000 升）。阿尔弗雷德·巴纳德在 19 世纪 80 年代中期访问酒厂时，它年产 150 000 加仑，并送往 "英格兰、爱尔兰、印度和殖民地" 销售。

● 巴纳德将这个地方描述为 "充满与泰晤士河畔的里士满不同的迷人景色。山坡和树木繁茂的种植园富有静谧之美，缀满夏季玫瑰的树篱，层峦叠嶂，使这个地方成为艺术家最爱的度假胜地"。

● 酒厂曾酿制过 "邓巴克"（Dumbuck，重度泥煤）和 "邓格拉斯"（Dunglass，轻泥煤）风格的酒液，用于调和威士忌。

小磨坊酒桶，摄于罗曼湖蒸馏厂
图片来源：罗曼湖集团

lochlea

洛赫丽

麦芽威士忌

产区：Lowland　　电话：01770 870565
地址：Lochlea Farm, Craigie, Kilmarnock KA1 5NN
网址：www.lochleadistillery.com　所有权：Lochlea Distilling Company
参观：未开放　产能：530 000 L. P. A.

原料：本地种植大麦，并且发麦工作也在本地进行，使用的是无泥煤麦芽。用水来自农场内的钻井水。

设备：半劳特/半滤桶式糖化槽（2 吨）。6 个木制发酵槽。1 个普通型初次蒸馏器（10 000 升），1 个鼓球型烈酒蒸馏器（7000 升），均为间接加热，配壳管式冷凝器。

熟成：主要使用来自美格的首次装填美国橡木波本桶，还有一些来自赫雷斯（Jerez）的欧洲橡木雪利润桶。酒厂内设有货架式仓库。

风格：相对低地风格来说是十分强劲的。

历史事迹
History ▸▸▸

位于南埃尔郡（South Ayrshire）的洛赫丽蒸馏厂在 2022 年 1 月 25 日的彭斯之夜（Burns Night）[1] 推出了第一款单一麦芽威士忌，这绝非巧合：245 年前，罗伯特·彭斯的家就位于塔博尔顿附近的洛赫丽农场。

1777 年圣灵降临节时，罗伯特·彭斯的父亲威廉·彭斯（William Burnes）租用了 130 英亩农场，一家人直到 1784 年他去世之前都生活在洛赫丽农场。当时 20 岁的年轻的罗伯特在 1779 年加入一所乡村舞蹈学校，这让他父亲很反感，一年后罗伯特创立了塔博尔顿单身汉俱

1　彭斯之夜，起源于苏格兰，是纪念苏格兰著名诗人罗伯特·彭斯诞辰的活动。

乐部（Tarbolton Bachelors'Club），这自然也没有得到父亲的支持。1781年罗伯特加入当地的共济会，历史没有记载他对此的感受，但他肯定不认可儿子与理查德·布朗（Richard Brown）的友谊。理查德·布朗是一位退休的船长，他鼓励罗伯特成为一名诗人，并向他介绍了"一种比他以往更自由的思维和生活方式，共济会的社群使他准备好跨越迄今为止束缚他的僵化的美德界限"，他的兄弟吉尔伯特这样说道。

洛赫丽农场的所有者是尼尔·麦吉奥赫（Neil McGeoch）。2014年，他卖掉了他的肉牛群，并提出了在农场内建造蒸馏厂的申请，申请于第二年获批。2018年8月，第一批酒液从蒸馏器中流出。农场和蒸馏厂都由尼尔的家人经营，蒸馏厂最初由齐侯门和安南达尔蒸馏厂的前经理马尔科姆·伦尼（Malcolm Rennie）领导。

现任生产总监是威士忌界的传奇人物约翰·坎贝尔（John Campbell），他曾任职拉弗格蒸馏厂经理27年(详见相关条目)。他形容洛赫丽的第一款产品为：

> 这可能与您印象中对典型的低地麦芽威士忌的期望不太一样……它闻起来充满了新鲜的果园水果和浓郁的柑橘类香气，后调中带有香草软糖和诱人的谷物味。品尝起来酒体丰富而甜美，带有焦糖和榛子的味道，在唇齿间停留的时间很长，尾端仍能感受到那种水果调的味道。

蒸馏厂发布的第一个版本使用了首次装填波本桶熟成，并在PX调味雪利桶中进行了收尾。品牌随后将推出季节性小批量产品（春季、夏季、秋季和冬季），"每一款都会以不同的方式来展现洛赫丽单一麦芽威士忌"。

Loch Lomond

罗曼湖

麦芽
威士忌

谷物
威士忌

"罗曼湖"是阿道克船长最喜欢的威士忌（详见埃尔热的《丁丁历险记》），但这部作品写于 1929—1958 年间，所以他喝的不是同一个罗曼湖威士忌！酒厂所有者照着书喷涂了一辆罐车：亮黄色和醒目的黑色字。

产区：Highland (West)　电话：01389 752781
地址：Alexandria, Dunbartonshire
网址：www.lochlomondwhiskies.com　　所有权：Loch Lomond Group Ltd
参观：无　产能：5 m L. P. A. 麦芽 , 18 m L. P. A. 谷物

原料：来自独立商的麦芽和小麦。来自钻井和罗曼湖的水。

设备：全劳特/滤桶式糖化槽。13 个 25 000 升和 8 个 50 000 升的不锈钢发酵槽。6 个传统的壶式蒸馏器和 4 个用整流头替代天鹅颈的罗蒙德蒸馏器，用以生产更加轻盈风格的酒体；还有一种改良科菲蒸馏器（专门用于制作麦芽威士忌。至于谷物威士忌生产，另有 12 个 100 000 升的发酵槽和 8 个 200 000 升的发酵槽，以及另 1 个科菲蒸馏器）。

熟成：主要是美国橡木波本桶。

风格：酒厂网址上写道："我们生产全系列的麦芽威士忌，从重度泥煤烘烤（典型的艾雷岛风格）到复杂的水果味（典型的斯佩塞风格），再到浓郁的果香（典型的高地风格），还有柔软和果味（典型的低地风格）。" 它们通常以 "酒厂精选"（Distillery Select）的标签装瓶，品牌名称为罗曼湖、迈伦岛（Inchmurri，早期成熟）、克罗芬盖加（Croftengea）、缦安岛（Inchmoan）、法德岛（Inchfad）、克雷格洛奇（Craiglodge）和格兰道格拉斯（Glen Douglas）。饶有兴味的是，品牌命名不是遵循风格——"泥煤" "重泥煤" 等，或者 "木桶收尾"。

罗曼湖
图片来源：罗曼湖集团

历史事迹
History ▸▸▸

罗曼湖蒸馏厂是一个大型实用的厂区，几乎没有美学设计元素，未设游客中心，以生产为首要目的。它坐落在亚历山德里亚边缘的工业区，距罗曼湖约一英里半路程。

酒厂于 1965—1966 年间建成，将曾经很有名气的联合土耳其红公司的染色厂进行了改造。这项工程由美国出生的小磨坊蒸馏厂所有者邓肯·托马斯与格兰威特在美国的代理商——芝加哥的巴顿品牌合作完成。后者在 1971 年收购了邓肯·托马斯在小磨坊和罗曼湖的剩余股份。

此时罗曼湖蒸馏两种风格的威士忌，罗斯杜（Rossdhu）和迈伦岛（Inchmurrin），出自一对带有整流头的蒸馏装置（见下文）。建筑改建以后成为第一个安装深酒糟设备的酒厂。

和许多蒸馏厂一样，罗曼湖于 1984 年被封存，然后在 1985 年出售给因弗豪斯蒸馏公司，后者于次年将其卖给格兰卡特琳保税仓库有限公司。该公司是家族饮品批发商（当时也做零售商）A. 布洛克公司旗下的装瓶子公司，他们买下这家企业是为了确保麦芽威士忌的供应。1992 年，酒厂添加了第二对蒸馏器——复制自第一对蒸馏器，并装有整流头；1994 年，新增了一个科菲蒸馏器用于制作谷物威士忌；1998 年安装了第三对带有窄颈的传统壶式蒸馏器；在 2007—2008 年间又增加了第四对，当时还添加了一种独特的改良科菲蒸馏器用以制作麦芽威士忌。

2014 年 3 月，罗曼湖蒸馏有限公司被一群高级经理人在私募股权公司倡导者（Exponent）的支持下以 2.1 亿英镑的价格收购。该交易还包括了格兰帝蒸馏厂（详见"Glen Scotia 格兰帝"），格兰卡特琳保税仓库公司位于埃尔郡的装瓶厂和仓库，还有其他一堆品牌。新所有者已经在这项业务上投入了超过 100 万英镑，并在罗曼湖蒸馏厂安装了 2 个新的蒸馏器和 3 个新的发酵槽。

2019 年 6 月，罗曼湖集团被成立于 2005 年的中国全球私募股权公司高瓴资本集团（Hill House Capital Group）买下，并着手在亚洲市场推广罗曼湖麦芽威士忌。

趣闻 Curiosities

结合不同的泥煤水平，罗曼湖不同的蒸馏器可以生产出 8 种不同风格的麦芽威士忌和谷物威士忌，作为调和商来说基本上可以自给自足。这里制作的大多数威士忌大都用于他们自家非常有名（在出口市场）的高司令（High Commissioner）调和威士忌，但新所有者已经理顺并正大力推广罗曼湖单一麦芽威士忌的各种版本，以及优质的单一谷物威士忌。目前，只有格文 / 艾尔萨湾（详见相关条目）在同一酒厂同时生产麦芽威士忌和谷物威士忌。

● 罗曼湖独树一帜的带整流头蒸馏器，其灵感来自小磨坊蒸馏厂的类似装置。头部装有穿孔板（就像连续蒸馏器一样），可以制造不同酒精强度和不同纯净度的威士忌，最高可以达到约 85% A.B.V.（而不是传统壶式蒸馏器可以达到的 70%）。

● 使用新改良的科菲蒸馏器蒸馏，从塔盘沿着塔柱一路往下，在任何一段都可以截取不同度数的酒液。它比经过改良的壶式蒸馏器更加可控、稳定。

● 罗曼湖是英国最大的湖泊。它长 24 英里，宽 5 英里，深达 600 英尺，共有 38 个岛屿。自 18 世纪以来一直是世界闻名的美景。

● 一首关于"罗曼湖的美丽湖畔"的名曲，副歌是：

Oh ye'll tak' the high road and I'll tak' the low road,

An' I'll be in Scotland before ye',

But wae is my heart until we meet again

On the bonnie, bonnie banks o' Loch Lomond

（你走阳关大道，我过独木小桥，

苏格兰的土地，却是我先来到，

与你重逢之前，我心万般烦恼，

美丽罗曼湖畔，徘徊游荡飘摇。）

歌曲纪念 1745 年雅各比派叛乱后被关押在卡莱尔的两名雅各比派囚犯，其中一人被绞死，另一人被释放，利用非法门路回家。

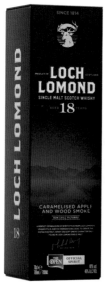

Lochside

麦芽
威士忌

湖畔（已拆毁）

1973 年 11 月，酒厂所有权转交给马德里的 D. Y. C.，这是欧洲公司首次进军苏格兰威士忌行业。

产区：Highland (East)　　地址：Montrose, Angus
最后的所有权：Allied Distillers　　关停年份：1992

历史事迹
History ▸▸▸

　　1957 年，湖畔蒸馏厂在前杜卡酿酒厂（Deuchar's）内建成，坐落在美丽的蒙特罗斯安格斯港。这家酿酒厂的历史可以追溯到 1781 年，但是在 19 世纪末进行了重建，因为它"对麦芽威士忌酒厂来说太大了"。尽管如此，勇敢的约瑟夫·霍布斯——班尼富蒸馏厂的所有者，以麦克纳布蒸馏有限公司（MacNab Distilleries Ltd）的名义进行贸易活动——依然坚定地支持改建（详见"Ben Nevis 班尼富"）。

　　他的第一个目标是制作谷物威士忌，但是当其他更大的谷物蒸馏厂建成后（特别是 1959 年的因弗高登），他仿效其在班尼富时的做法，1961 年又安装了 4 个壶式蒸馏器。与班尼富一样，霍布斯还尝试了"装桶前调和"的点子，即在灌装橡木桶之前将谷物和麦芽新酒加以调和。这个试验在他 1964 年去世后停止了，但酒厂仍在进行装瓶与调和工作，并且桑迪·麦克纳布调和威士忌还有着不少坚定的拥趸。

　　新所有者不久便停止了谷物威士忌的的生产，但直到 1992 年都一直在生产麦芽威士忌，原先的产能为 250 万升纯酒精（后来削减了 60%），并大量出口西班牙。在其鼎盛时期，酒厂雇了 35 名员工。1992

年在同盟多梅克接管了 D. Y. C.（Destileríasy Crianza del Whiskey S. A.）以后，酒厂的生产立即被停止，熟成的库存在 1996 年耗尽后，湖畔蒸馏厂于次年被关闭并拆除。保税仓库于 1999 年被拆除，其余部分于 2005 年 3 月拆除，当年早些时候发生火灾，导致部分屋顶损毁。住宅建设申请随即被提交了。

趣闻 Curiosities

杜卡于 1830 年买下了该厂址，后来雇查尔斯·多伊格以"欧陆"风格重建厂区，其高耸的塔楼像一座城堡，但带有一个倾斜的屋顶。这里的啤酒被沿海驳船直接运到纽卡斯尔销售。

Longmorn

朗摩

麦芽
威士忌

当地报纸的酒厂开业报道开头写道："又一家酒厂！ 显然，最新开业的朗摩并不是该地区最后一家……这一切何时才能结束？"然而，《国家卫报》在1897年报道说："酒厂出品一跃成为买家新宠，从发布起就供不应求。"

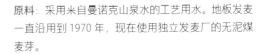

产区：Speyside　　电话：01343 554139
地址：Longmorn, by Elgin, Moray
网址：无　　所有权：Chivas Brothers
参观：需预约　　产能：4.5 m L. P. A.

原料：采用米自曼诺克山泉水的工艺用水。地板发麦一直沿用到1970年，现在使用独立发麦厂的无泥煤麦芽。

设备：全劳特／滤桶式糖化槽（8.5吨）。10个不锈钢发酵槽。4个普通型初次蒸馏器（10 000升），4个普通型烈酒蒸馏器（6600升）。1970年前全部使用直火加热，1990年之前初次蒸馏器仍在使用直火蒸馏，现在都改为蒸汽盘管间接加热。均为壳管式冷凝器。

熟成：重装美国橡木猪头桶和标准桶，一些欧洲橡木大桶。

风格：果味，酒体饱满。

熟成个性：朗摩是一款酒体饱满并得益于长时间雪利桶熟成的威士忌。 15年和16年的版本都有明显的雪利痕迹，并配以水果（橙子，干无花果）和一些麦芽香气，还有一种有趣的辛辣味：肉桂？肉豆蔻？尝起来口感饱满而圆润，味道偏甜（水果，焦糖，麦芽）尾段略微偏干，很长并带有一些单宁感。中等酒体。

历史事迹
History ▸▸▸

　　1893 年，约翰·达夫与一些当地商人合作，一起创建了朗摩蒸馏厂。1876 年，他在距离这里四分之一英里外的地方建造了格兰洛希蒸馏厂，其家族拥有弥尔顿达夫的土地，一直延伸到斯佩河对岸的西部，并将在两年后，在隔壁建立本利亚克蒸馏厂。酒厂的选址靠近优良的水源和铁路。这里曾经是一个 16 世纪的磨坊的所在地，再往前算是一座古老的小教堂。

　　酒厂只坚持了五年。随着利斯的帕蒂森的崩溃和整体行业的急剧下行，约翰·达夫不得不放弃对朗摩和本利亚克的控制，到了 1901 年，剩下的董事会成员包括 J. A. 杜瓦（杜瓦父子公司）、亚瑟·桑德森（VAT 69 调和威士忌）和詹姆斯·安德森（利斯的 J. G. 汤普森）。

　　1899 年，管理权传给了詹姆斯·R. 格兰特，后来又传给了他的两个儿子，他们被称为"朗摩的格兰特"；1970 年，他们与格兰威特的格兰特家族和格兰冠的格兰特家族以及希尔·汤普森公司（Hill Thompson & Company）合并，成立了格兰威特蒸馏有限公司，该公司于 1977 年被施格兰公司收购。

　　该蒸馏厂在 1972 年扩产到 6 个蒸馏器，并在 1974 年再次扩产到 8 个，但多年来它的外观变化不大。施格兰在 2001 年被保乐力加集团收购，而朗摩现在由其子公司芝华士兄弟来经营。

　　2013 年，集团在朗摩建造了新的糖化车间和发酵车间，配备了新的布里格斯劳特糖化槽和 2 个额外的发酵槽，产能从 350 万升纯酒精提升到了 450 万升。

一条铁路线将朗摩蒸馏厂与本利亚克蒸馏厂连接在一起，并一直运行到 1980 年。一辆"puggie"（猴子）内燃机车将麦芽从本利亚克运送到朗摩。该机车现在保存在阿维莫尔。

● 朗摩这个名字来源于 7 世纪一个名叫伊兰的英国圣徒，朗摩教堂就是献给他的。教堂被命名为"Lannmoeran"，意思是"挚爱的（圣）伊兰的修禁地"。另一个说法来自圣马诺克（Saint Marnoch 或 Maernog），他于 625 年去世，许多苏格兰城镇都会在这一天举行纪念活动，其中包括位于英国苏格兰东艾尔郡的基尔马诺克。第三种信息来源称这个名字来自"Lhanmorgund"（圣人之地）。

● 朗摩被描述为"调和大师的第二选择"（第一个是他们自家酒厂的产品！），我知道一位已退休的调配大师就很同意这个观点！

慕赫
图片来源：帝亚吉欧

Macallan

麦卡伦

麦卡伦作为单一麦芽威士忌推广始于 1980 年，并立即销量激增：1984 年时在苏格兰境内排名第三，世界范围内排名第五，两次获"女王出口成就奖"，分别是 1983 年和 1988 年。

麦卡伦拥有斯佩塞最小的蒸馏器（印在苏格兰银行发行的 10 英镑钞票上），以及欧洲最大的单顶仓库。

产区：Speyside 电话：01340 871471
地址：Easter Elchies, Craigellachie, Moray
网址：www.themacallan.com 所有权：The Edrington Group Ltd
参观：开放 产能：15 m L. P. A.

原料：现地钻井抽取砂石含水层的软质水。地板发麦一直用到 20 世纪 50 年代末。使用来自特威德河畔贝里克的辛普森家的无泥煤麦芽。

设备：全劳特／滤桶式糖化槽（一批次 17 吨）。21 个不锈钢发酵槽。12 个普通型初次蒸馏器（12 750 升），24 个普通型烈酒蒸馏器（3900 升），初次蒸馏器使用燃气直火加热，烈酒蒸馏器使用蒸汽盘管间接加热，配壳管式冷凝器。

熟成：传统麦卡伦使用干型欧罗洛索雪利桶，欧洲和美国橡木首次大桶或重装大桶，还有猪头桶，另有一些重装波本桶和美国橡木定制雪利桶用于某些产品装瓶。酒厂内设有 16 间垫板式仓库和 35 间货架式仓库。

风格：饱满，强劲，油脂感和果味。

熟成个性：传统的麦卡伦是标准的雪利风格麦芽威士忌。香气浓郁，带有巧克力、干橙皮、干果、雪利酒、坚果和微量硫味。尝起来口感顺滑且饱满；味道开始甜，但整体偏干，带有雪利酒、略微烧焦的圣诞蛋糕以及焦糖的味道。酒体厚重浓郁。

麦卡伦最初名为埃尔基斯蒸馏厂（Elchies Distillery），于 1824 年取得了蒸馏许可证，自此麦卡伦成为斯佩塞地区第一批获得许可证的合法蒸馏厂。在此之前，这里可能有一个农场蒸馏厂，因为很靠近斯佩塞为数不多的牛拉车交会路口。麦卡伦精神庄园（Easter Elchies House）的历史可追溯至 1700 年。酒厂的所有者已经对其进行了妥善的修复。

酒厂创始人是亚历山大·里德。他在 1847 年过世，租约几经易手，直到 1868 年由詹姆斯·斯图尔特获得，来自罗西斯的谷物商人，也是罗西斯磨坊的所有者（详见"Glenrothes 格兰路思"和"Glen Spey 格兰司佩"）。1886 年，他从西菲尔德伯爵那里买下了酒厂，并在同一年用石料对酒厂进行了重建（酒厂之前是木制结构的）。然后他在 1892 年将其卖给了罗德里克·坎普。坎普在 1879 年到 1892 年间拥有泰斯卡蒸馏厂，当他在收购格兰菲迪、卡杜和慕赫的事情上与合伙人闹翻后，他重建了埃尔基斯蒸馏厂，将其更名为麦卡伦－格兰威特，并大大提升了酒厂出品的品质。

坎普在 1909 年去世后，酒厂的所有权都转移到坎普后代的家族信托。哈宾森和希亚赫等家族成员一直管理着酒厂，直到现在的的所有者在 1996 年将其收购。1 个新的蒸馏室建于 1954—1956 年间，配有 2 个发酵槽和 3 个烈酒蒸馏器，都带有壳管式冷凝器（在那之前酒厂一直使用虫管冷凝器），然后在 1965—1966 年间，酒厂在另一个专门建造的蒸馏室中又新添了 7 个蒸馏器，这使酒厂的产能增加了一倍，达到年产 90 000 加仑。1967 年，麦卡伦－格兰威特成为一家上市公司，坎普的后代们持有 62.5％的股份，以资助建筑项目并储备更多的库存。

第二个蒸馏室于 1990 年关闭，但在 2008 年 9 月重新投入使用并恢复运营。

1970 年，麦卡伦首次年产达到 100 万加仑，但其中 93％用于调和威士忌。两年后瓶装麦卡伦的销量翻了一番，董事会决定保留更多的熟成橡木桶并将产量提高 24％。蒸馏器的数量又增加了两次，分别在 1974 年（18 个）和 1975 年（21 个），但 1975 年来自调和威士忌的订单大幅下降，"这是酒厂历史上最严重的下滑"，但这激励了董事们做出将库存进一步分给单一麦芽威士忌进行装瓶的决定。

1996 年，高地蒸馏公司（现为爱丁顿集团）将其持股与三得利的股权合并，成功地对麦卡伦进行了恶意收购。并在 2001 年令其退市。

2011 年至 2014 年间，麦卡伦的产能从 800 万升纯酒精增加到 1100 万升纯酒精，并计划在酒厂内建造一个巨大的，每年至少能生产 1500 万升纯酒精的新蒸馏厂，预算 1.4 亿英镑。2013 年，著名的罗杰斯建筑事务所与其合作伙伴在国际设计竞赛上获得了优胜，他们采用了令人惊叹的、独创的半地下设计，不会影响周围已有的景观。建筑工程由位于马里的罗伯逊集团负责。2017 年 11 月开始开始试生产，新酒厂在 2019 年 7 月正式开放。两个原先的蒸馏厂被封存，现阶段暂无重新开放它们的计划。

建筑师写道："在建筑内部，一系列生产单

元排成一线，开放式布局可以同时显示生产过程的所有阶段。这些单元的分布反映在建筑物上方利用木格栅形成的轻微起伏的屋顶上。出得麦卡伦庄园，绿草覆盖的山峰此起彼落。"

酒厂的整体建筑与自然完美地结合在了一起，从酒厂内望出去，景色令人迷醉。2019 年 10 月，酒厂被苏格兰皇家建筑师学会颁发"苏格兰最佳新建筑奖"。

趣闻 Curiosities

19 世纪末，麦卡伦精神家园被埃尔金伯爵用作射击小屋。正是在这里度假的时候，第九代伯爵得知他被任命为印度总督。

● 长期以来，麦卡伦的装瓶一直广受收藏家和投资者的注意。在过去 20 年间，酒厂发布了数量惊人的产品和"收藏品"，其中许多装瓶的陈酿时间较长，并装在莱俪水晶制作的精美酒瓶中，也有些价格比较实惠的产品。一些较旧的装瓶在不同的威士忌拍卖中都获得过最贵威士忌的名号，成为拍卖市场的主角。最近的几次拍卖纪录包括：一瓶瓦莱里奥·阿达米（Valerio Adami）手绘酒标的麦卡伦 1926（仅 12 瓶，1986 年灌装）于 2018 年 5 月在香港拍得 814 000 英镑，9 月拍得 848 000 英镑，12 月在纽约拍得 100 万英镑。同款带有爱尔兰艺术家迈克尔·狄龙（Michael Dillon）手绘酒标的独特装瓶，同年在伦敦以 120 万英镑的价格售出，同一桶中的另一瓶在 2019 年晚些时候以 145 万英镑的价格售出。"麦卡伦无畏者 32 年"（The Intrepid 32YO）——麦卡伦史上生产过的最大的一瓶威士忌（311 升，瓶身超过 6 英尺高）于 2022 年在爱丁堡以 110 万英镑的价格被售出，并将收益捐献给了慈善机构。

Macduff

麦克达夫

麦芽
威士忌

在英国，巍廉·罗盛调和苏格兰威士忌并不知名，但在南欧和墨西哥等国每年可以卖 1500 万瓶。几乎所有麦克达夫的酒液都被用在各色调和威士忌上了。

产区：Highland (East)　　电话：01261 812612
地址：Macduff, Moray
网址：无　　所有权：John Dewar & Sons Ltd (Bacardi)
参观：需预约　　产能：3.4 m L. P. A.

原料：现来自独立发麦厂的无泥煤麦芽。来自酒厂内钻井和周围泉水的软质工艺水。来自吉利小溪的冷却用水。

设备：全劳特 / 滤桶式糖化槽（10 吨）。9 个不锈钢发酵槽。装有 2 个普通型初次蒸馏器（15 000 升），3 个普通型烈酒蒸馏器（16 200 升）。均为蒸汽盘管间接加热，配壳管式冷凝器，烈酒蒸馏器配水平安装后冷却器。

熟成：2002 年之后就没有再在酒厂内灌装橡木桶，使用罐车将酒液运到中部地带的科特布里奇长年熟成。首次和重装猪头桶、大桶混合使用。

风格：麦芽香，坚果 - 辛香料。

熟成个性：中等饱满，嗅香甜美，带有麦芽和雪利酒的香气。尝起来味道甜美，有苹果和梨的味道，还有些许杜果和木瓜味，然后变干至坚果和谷物的味道。尾韵中长，中等酒体。

麦克达夫蒸馏厂是 20 世纪 60 年代的产物。它于 1960 年由一个
包括布罗迪·赫本（格拉斯哥的威士忌调和商，享有新近建成的图里
巴丁和汀思图蒸馏厂的部分权益）在内的财团建造，并以格兰德弗伦
蒸馏有限公司（Glen Deveron Distillers Ltd）的名义经营。酒厂由威
廉·德梅·埃文斯设计（详见"Tullibardine 图里巴丁""Jura 吉拉"），
并且结合了几种现在已经普及但在当时还算新奇的事物，例如蒸汽盘
管间接加热，壳管式冷凝器和不锈钢糖化槽。

格兰迪福伦蒸馏有限公司在 1966 年被出售给布洛克、格雷和布洛
克公司（Block, Grey & Block），他们在 1966 和 1968 年分别添加了 1
个蒸馏器，并于 1972 年将其出售给意大利公司马提尼与罗西（Martini
& Rossi）的子公司巍廉·罗盛蒸馏公司（William Lawson Distillers）。
糖化车间和蒸馏室在 1990 年重建，当时还安装了第五个蒸馏器。1992
年，百加得收购了马提尼与罗西、巍廉·罗盛有限公司、麦克达夫蒸
馏厂和格兰德弗伦品牌，1998 年百加得从帝亚吉欧手中收购杜瓦父子
公司后，前者的所有权被转移到该公司名下。

趣闻 Curiosities

模范村庄麦克杜夫于 1783 年由第二代法夫伯爵詹姆斯·达夫设计布局，
成型于马里湾周围最好的港口之一，它在 19 世纪成为一个主要的鲱鱼港
口，直接加工和出口鱼产品到波罗的海地区。麦克杜夫与距离德弗伦河
口 1 英里远的班夫皇家自治镇之间的竞争非常激烈。

● 巍廉·罗盛在 1889 年担任都柏林爱尔兰葡萄酒及烈酒商 E. & J. 伯克（E. & J. Burke）的经理，以罗盛（Lawson）为品牌销售他们的苏格兰威士忌。这个商标在 1963 年被马提尼与罗西买下，并为了避免与 D. C. L. 旗下的彼得·道森（Peter Dawson）品牌混淆而进行了修改。到了 1969 年，马提尼与罗西的所有威士忌都划归新创立的巍廉·罗盛蒸馏有限公司旗下。与此同时，D. C. L. 声称他们拥有麦克达夫这个品牌，所以酒厂出品的麦芽威士忌被命名为格兰德弗伦（Glen Deveron）。

● 蒸馏器通常成对出现，因此偶数蒸馏器是常态。只有两家蒸馏厂配备 5 个蒸馏器，分别是麦克达夫和泰斯卡。

● 20 世纪 70 年代中期，格兰德弗伦 5 年是世界销量排名第三的麦芽威士忌，因为它在意大利和法国很受欢迎。2013 年 4 月，帝王特别推出了三款免税渠道限定的格兰德弗伦产品，分别为 16 年、20 年和 30 年，名为"皇家自治镇收藏系列"（Royal Burgh Collection），并在 2015 年推出了新的 10 年、12 年和 18 年的核心系列，名为德弗伦（The Deveron），并使用了充满海洋风格的新瓶包装。

Mannochmore

曼洛克摩尔

麦芽威士忌

如今，瓶装洛赫迪尤在拍卖会上可以卖到 300 英镑一瓶。

产区：Speyside　　电话：01343 862000
地址：Birnie, Elgin, Moray
网址：www.malts.com　　所有权：Diageo plc
参观：无　产能：6 m L. P. A.

原料：来自伯格黑德的轻泥煤烘烤麦芽。水来自曼诺克山，流经巴登小溪（Barden Burn）。

设备：布里格斯全劳特 / 滤桶式糖化槽（11.5 吨）。8 个落叶松发酵槽，8 个不锈钢发酵槽。装有 4 个普通型初次蒸馏器（14 400 升），4 个普通型烈酒蒸馏器（17 000 升）。均为间接加热，配壳管式冷凝器。

熟成：重装美国猪头桶。主要在中部地带长年熟成。

风格：果味。

熟成个性：香气清淡，果香，清新明亮，有早餐麦片的气息。尝起来口感甜美，带有奶油感，新鲜水果和干木质调，尾韵偏短。酒体轻盈。

历史事迹
History ▸▸▸

曼洛克摩尔是 20 世纪 60 年代至 70 年代初苏格兰麦芽蒸馏厂办厂热的另一例。1971 年，酒厂建于母公司旗下的格兰洛希蒸馏厂附近，后者本身的产能在前十年增加了三倍。和在此期间建造的另外几家一样，酒厂采用了"滑铁卢街"风格，效率就是一切（详见"Caol Ila 卡尔里拉"）。建厂的初衷是为黑格调和威士忌提供基酒，后者曾是 20 世纪五六十年代英国市场的主导品牌，如今已式微。

1996 年，曼洛克摩尔发布了一款名为"洛赫迪尤黑威士忌"（Loch Dhu-the Black Whisky）的著名产品。[1] 浓郁的酒用焦糖色（加得有点儿多，以至于尝起来偏苦），并设计为与可口可乐或姜汁汽水等饮料调配饮用。它在丹麦很受欢迎，但在其他地方反响一般，很快就不再生产了。2013 年，通过新添一对蒸馏器和安装最先进的布里格斯糖化槽，酒厂的产能得到了提升。

1　Loch Dhu 在盖尔语中意为"黑湖"。——中文版编者注

Millburn

米尔本（再开发）

麦芽
威士忌

酒厂于 1985 年停产，1989 年被改建成一家牛排馆。

产区：Highland (North)　　地址：Millburn Road, Inverness
所有权：D. C. L./S. M. D.　　关停年份：1985

历史事迹
History ▸▸▸

　　我们没法确定米尔本创建的具体年份，可能是 1807 年，尽管关于米尔本的第一份书面记录出现在 1825 年。酒厂位于因弗内斯市中心以东约 1 英里处，毗邻前卡梅伦高地人军营。

　　生产于 1837 年停止。1853 年，永久租住权被当地谷物商大卫·罗斯取得，他将原酒厂用作面粉厂，当时有 5 家工厂从米尔溪中取水。1876 年，他成功申请到城镇供水，并委托专人在原厂址上新建一个更大的蒸馏厂。

　　这一产业在 1883 年交到大卫·罗斯的儿子乔治手里，1892 年，乔治将其出售给打造了著名蒸馏王朝的亚历山大·普赖斯·黑格和他的兄弟大卫。他们对酒厂进行了翻新："整个内部布置都进行了改造，设备和机器都是全新的。"但是，第一次世界大战后的行业萧条迫使他们在 1921 年以 25 000 英镑的价格将酒厂卖给了著名的金酒制造商布斯蒸馏有限公司。次年 4 月，大火摧毁了大部分酒厂建筑，还有大量的大麦和麦芽库存，损失约为 4 万英镑。消防队得到了卡梅伦高地人军营的"大力协助"——大卫·海格上校曾在该团担任预备役军官近 30 年。

　　重建工作委托给埃尔金的查尔斯·多伊格，新酒厂于 1887 年开业，每年可生产 15 万加仑，产能几乎翻了一倍。

1935 年，布斯收购了桑德森父子有限公司（Wm Sanderson & Son Ltd，VAT 69 调和威士忌的品牌方）。1937 年，D.C.L. 收购了布斯，并从 1943 年开始将其交由 S. M. D. 管理。酒厂在第二次世界大战期间停产。1958 年酒厂安装了机械加热装置，并在 1966 年将 2 个蒸馏器转换为蒸汽盘管间接加热。两年前酒厂安装了萨拉丁箱式发麦设备，差不多也在同时引入了电力。

趣闻 Curiosities

著名的金酒蒸馏厂布斯蒸馏有限公司用它的酒液调制自己的内阁威士忌（Cabinet），还有后来的 VAT 69。后来在 S. M. D. 的管理下，米尔本被授权给麦克利·达夫，并用于他们旗下的调和威士忌，包括一款酒龄为 12 年的调和威士忌产品。

● 原来的酒厂建筑现在被改为奥德蒸馏厂餐吧，里面可以找到一些有趣的威士忌纪念品。

Miltonduff

弥尔顿达夫

普拉斯卡登修道院曾因其自酿的啤酒远近闻名，啤酒的品质好到"让修道院满盈喜乐"。好酒得益于 15 世纪被一位神圣的修道院院长祝福过的黑溪，现在依然是酒厂的水源。

产区：Speyside　　电话：01343 547433
地址：Miltonduff, Elgin, Moray
网址：无　　所有权：Chivas Brothers
参观：需预约　　产能：5.8 m L. P. A.

原料：来自科尔卡迪（Kirkcaldy）的基尔戈（Kilgours）的无泥煤麦芽，在 20 世纪 70 年代取消了自有的地板发麦车间。处理水来自酒厂的泉水，来自黑溪（Black Burn）的冷却水。

设备：带铜质圆顶的全劳特／滤桶式糖化槽（14.5 吨），16 个不锈钢发酵槽。3 个普通型初次蒸馏器（18 100 升）；3 个普通型烈酒蒸馏器（18 400 升），皆为矮胖造型，配宽脖和陡直下降的林恩臂。均为间接加热，配壳管式冷凝器。

熟成：主要是重装美国猪头桶，一些首次桶。

风格：甜味，草香，香水感，带有一丝辛香料味。

熟成个性：弥尔顿达夫一直用于调和麦芽威士忌，很少会以单一麦芽威士忌进行装瓶。嗅香是谷物感和麦芽香，带有一些蜂蜜味道和淡淡的花香。尝起来味道甜美，有些水果和坚果味。中等酒体。

历史事迹
History ▸▸▸

为了获取优质的水源，酒厂建在埃尔金西南 6 英里外的普拉斯卡登修道院内。

毫不奇怪，18 世纪晚期许多非法蒸馏厂都是使用教会的土地——据说约有 50 家之多——而目前这家建于 1824 年的蒸馏厂就位于一处叫弥尔顿的地方，那里曾经是修道院的磨坊。达夫家族买下土地后，这里的名字被改成了"达夫的弥尔顿"（Milton of Duff），并保留了一个旧水轮。

酒厂在 1866 年被威廉·斯图尔特（高原骑士蒸馏厂的共同所有人）收购；1890 年托马斯·约尔加入了他，酒厂在 19 世纪 90 年代中期扩大了规模，当时产能超过了 100 万升纯酒精。

1936 年，约尔把酒厂卖给在前一年收购乔治·巴兰坦公司的希拉姆·沃克。1974—1975 年间，弥尔顿达夫进行了现代化改造，年产量达到了 524 万升纯酒精，成为苏格兰最大的蒸馏厂之一。接待中心也差不多同时期建成，但很快就被关闭了。

1986 年，同盟蒸馏者公司收购了希拉姆·沃克 51％ 的股权，次年完成了全部收购。2005 年，同盟蒸馏者公司的大部分威士忌权益被保乐力加收购，其中包括百龄坛和弥尔顿达夫蒸馏厂，弥尔顿达夫现由同盟蒸馏者的子公司芝华士兄弟经营。

2022 年，芝华士兄弟宣布对弥尔顿达夫以及亚伯乐蒸馏厂进行升级，并将产能翻番的计划，预计耗资 8800 万英镑，将于 2025 年完工。

普拉斯卡登最初是亚历山大二世于 1230 年捐赠的修道院。1454 年，它吸收了厄克特的旧本笃会修道院，却在宗教改革运动中被废弃。近 400 年后，由科勒姆·克里顿·斯图尔特勋爵捐赠给普林克纳什（Prinknash）的本笃会社区；1948 年，僧侣再次入住，而建筑物也被逐一修复。1974 年，它被提升到修道院的地位。

● 1964—1981 年间，2 个罗蒙德蒸馏器在弥尔顿达夫投入运转，生产莫斯托维（Mosstowie）单一麦芽威士忌（详见"Dumbarton 敦巴顿""Inverleven 因弗列文"）。罗蒙德式蒸馏器是希拉姆·沃克的首席化学工程师阿利斯泰尔·坎宁安于 1955 年发明的。它有一个非常宽的、矮胖的颈部，配有 3 个整流板，类似于连续蒸馏器中使用的样式。使用这些整流板的目的是改变回流量，从而产生不同的威士忌风格。整流板可以旋转，调整到水平位置可以将回流最大化，调整到垂直位置就会将回流最小化。它们可以全干或加水运转，后者也会增加回流。莫斯托维的酒体比弥尔顿达夫更轻盈。

● 弥尔顿达夫还容纳了同盟蒸馏者公司的麦芽蒸馏厂技术中心，设有实验室、工程部门和仓库管理办公室。芝华士兄弟的北部运营总部现在就设在那里。实验室搬到了格兰凯斯的技术中心。发酵槽的二氧化碳提取工艺就是在这里被发明出来的。

● 20 世纪 60 年代，弥尔顿达夫开创了一种加热初次蒸馏器的新方法。麦酒汁经过一系列热交换器（使用来自冷凝器的热水），在注入蒸馏器之前被加热至 75℃—80℃。蒸馏器一旦灌满会由另一个热交换器将麦酒汁抽走，用蒸汽将其加热至沸点。然后沸腾的麦酒汁通过扩散器以蒸气的形态返回蒸馏器，加热蒸馏器中的残余麦酒汁。这个过程会一直持续到蒸馏完成。

Moffat

莫法特（已拆除）

 麦芽威士忌　 谷物威士忌

据说 Killyloch（基利湖）这个名字其实应该是 Lillyloch（酒厂从此处抽取工艺用水），但印制酒厂名的模板被切错了。

地址：Airdrie, Lanarkshire　　产能：30m L. P. A.
最后的所有权：Inver House Distillers　　关停年份：1986

历史事迹
History ▸▸▸

蒸馏中心（以该厂址上曾有的一座磨坊为名）位于艾尔德里的郊区，包括 30 个高货架熟成仓库（约有 480 000 只橡木桶）、装瓶厂和办公室。酒厂本身于 20 世纪 80 年代拆除。

选择在这里建厂的原因是优良的水源供应、充足的劳动力和中心地理位置，再加上良好的交通网络。这里曾有一家造纸厂，因弗豪斯收购这个有点荒废的厂址时，造纸厂已经关闭大约三年了。

因弗豪斯此时是费城公共工业公司（Publicker Industries Inc.）的子公司，意图在同一地点生产麦芽和谷物威士忌，主要满足公司在美国市场销售的因弗豪斯绿格子调和苏格兰威士忌（Inver House Green Plaid）的需求。旧磨坊的改建于 1964 年春天开始，第一批麦芽威士忌于 1965 年 2 月开始蒸馏，一个月后制作出第一批谷物威士忌。酒厂的三对蒸馏器分别生产出三种风格和泥煤含量各不相同的麦芽威士忌 [无泥煤的基利湖、轻泥煤的格兰弗拉格勒（Glenflagler）和重泥煤的布雷岛（Islebrae）]。布雷岛最初名为格兰莫法特（Glen Moffat）。莫法特蒸馏厂出品的谷物威士忌被命名为加尼斯（Garnheath）。

1982 年酒厂关停了麦芽威士忌蒸馏，谷物威士忌蒸馏则在 1986 年停止。1988 年因弗豪斯被比尔·罗宾逊领导的管理层以 820 万英镑的价格从其美国所有者手中买下。公司前一年亏损了 212 万英镑，累计亏损高达 970 万英镑。自那以后，公司取得了瞩目的成功，董事们在 2001 年以 5600 万英镑的价格将其卖给了泰国的百富明洋酒有限公司（Pacific Spirits）。

趣闻 Curiosities

莫法特蒸馏中心在建造之初的规模决定了它可以拥有自己的发麦设备，也因此在投产后不久便安装了旺德豪芬箱型发麦系统 [知名的"移动街道"（moving street）] ——最开始是 1 条"街"，最终发展为 7 条，每天最多可处理 700 吨大麦，并配有 4 个窑炉。这是当时欧洲最大的发麦厂。发麦厂于 1978 年关闭。

● 20 世纪 70 年代的巅峰时期，莫法特蒸馏中心雇用了近千人。

● 这里生产的谷物威士忌从未被单独装瓶。市面上出现过 4 种麦芽威士忌，但极其罕见，主要是来自独立装瓶商的产品。格兰弗拉格勒于 20 世纪 80 年代中期由因弗豪斯装瓶，推出过 5 年和 8 年的产品。

Mortlach

慕赫

麦芽
威士忌

慕赫是达夫镇的第一家蒸馏厂，后来成为拥有 9 家蒸馏厂的主要蒸馏中心，其中 6 家目前仍在运营。

慕赫是尊尼获加调和威士忌的关键基酒。

产区：Speyside　　电话：01340 822100
地址：Dufftown, Moray
网址：www.malts.com　　所有权：Diageo plc
参观：需预约　　产能：3.8 m L. P. A.

原料：地板发麦一直用到 1968 年，现在使用来自伯格黑德的无泥煤麦芽。来自基德曼的诺乌涌泉（Guidman's Knowe）的软质工艺用水，康瓦尔山的泉水作为冷却用水。

设备：全劳特／滤桶式糖化槽（12 吨）。6 个落叶松发酵槽。3 个鼓球型初次蒸馏器（7500 升），3 个鼓球型烈酒蒸馏器（1 个 8000 升"小女巫"，1 个 8500 升，1 个 9000 升）。1971 年前直火加热，现均改为间接加热，配虫管冷凝器。

熟成：特殊版使用重装欧洲橡木桶。一些酒桶在厂内长年熟成，其余在中部地带长年熟成。

风格：厚重，肉感。

熟成个性：一款酒体厚重、口味丰富的威士忌。偏干的水果蛋糕味，带有微微烤焦的感觉，再用马德拉酒湿润一下。柔软、饱满的质感，尝起来有种甜胡椒粉的味道。尾韵悠长。

1823 年，慕赫首次被授权给詹姆斯·芬德莱特，他选用的厂址曾因"高地人约翰"井的优质水源而被私酿者使用过。他与两名当地人亚历山大·戈登和唐纳德·麦金托什合作经营，但在 1831 年，酒厂被以 270 英镑的价格卖给了约翰·罗伯逊。到 1842 年，酒厂归格兰父子公司（J. & J. Grant）所有，他们当时正在建造格兰冠蒸馏厂，并将慕赫的设备搬到了他们位于罗西斯的新酒厂内。慕赫的粮仓被改作自由教堂的教堂，直到达夫镇的新教堂修建完成。

19 世纪 40 年代后期，酒厂的建筑物被约翰·戈登买下，他"扩产和改进业务"后，在恢复蒸馏前先安装了一套啤酒酿造设备。他"主要在利斯和格拉斯哥销售威士忌，但以'真正的约翰·戈登'为名在该区取得了一定声望"（《埃尔金报》，1862 年）。

戈登于 1851 年恢复蒸馏，两年后乔治·考伊加入。考伊曾是铁路测量员，后来成为达夫镇镇长，1869 年成为慕赫蒸馏厂的直接拥有者。他的儿子亚历山大·米切尔·考伊博士曾在香港担任高级医务人员，1895 年回到父亲身边。考伊成了威士忌行业的领军人物和班夫郡副郡长：在接下来的 30 年里，他为慕赫建立了极高的声誉（被调和威士忌酒商列为顶级麦芽威士忌）。1897 年，与格兰杜兰共享的私人铁路支线安装就绪后，酒厂的产能翻了一番（达到 6 个蒸馏器）。

考伊博士唯一的儿子在第一次世界大战中丧生，他在 1923 年将酒厂卖给了沃克父子公司，后者也是酒厂的主要客户，借此机会，酒厂

在 1925 年加入 D. C. L.。从 1936 年起，酒厂交由 S. M. D. 管理。与大多数麦芽蒸馏厂不同，除 1944 年以外，慕赫在第二次世界大战期间一直保持运转。

大部分蒸馏厂建筑在 20 世纪 60 年代初期被拆除并重建（1964 年完工），并为蒸馏器配备了新式的机械燃煤加热装置（1971 年替换为间接燃烧加热）。

慕赫麦芽威士忌以风味饱满著称，被诸多调和威士忌品牌视为顶级产品，在鉴赏圈子里也人气爆棚。但由于它是尊尼获加调和威士忌的关键基酒，因此很难在市场上买到。情况在 2014 年发生了变化，当时该品牌在全球推出了三款产品，分别为慕赫珍藏系列（Rare Old）、慕赫 18 年和慕赫 25 年。当年还宣布了在附近复制一个酒厂的计划，不过这一计划在 2014 年 12 月搁置了。

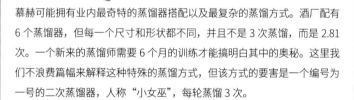

趣闻 Curiosities

慕赫可能拥有业内最奇特的蒸馏器搭配以及最复杂的蒸馏方式。酒厂配有 6 个蒸馏器，但每一个尺寸和形状都不同，并且不是 3 次蒸馏，而是 2.81 次。一个新来的蒸馏师需要 6 个月的训练才能搞明白其中的奥秘。这里我们不浪费篇幅来解释这种特殊的蒸馏方式，但该方式的要害是一个编号为一号的二次蒸馏器，人称"小女巫"，每轮蒸馏 3 次。

●"在苏格兰，可能没有哪一家酒厂像慕赫那样拥有这么多的私人客户，他们不仅将威士忌送到大英帝国的各个地方，还销往美国、印度、中国和澳大利亚，在所有这些地方都有考伊先生的客户，这些人就是喜欢慕赫多过其他品牌……"（《埃尔金报》，1893 年）

● 1866 到 1886 年的 20 年间，格兰菲迪的威廉·格兰特在慕赫学习如何做威士忌生意，面面俱到，并最终坐上了酒厂经理的位置。

Nc'nean
尼克尼安

麦芽
威士忌

Nc'nean 是 Neachneohain 的缩写，盖尔民俗中代表掌管酒的女巫王，
一位女猎手——坚强，独立，从不畏惧走自己的路。

产区：Highland (West)　　电话：01967 421698
地址：Drimnin, by Lochaline, Morvern, Argyll PA80 5XZ
网址：www.ncnean.com　　所有权：Nc'nean Distillery Limited
参观：需预约　　产能：100 000 L. P. A.

原料：来自独立发麦厂的无泥煤麦芽，100％来自苏格兰农场的有机麦芽。来自现地涌泉的软质水。计划使用不同的酵母菌株。

设备：不锈钢全劳特／滤桶式糖化槽（1 吨）。不锈钢发酵槽。1 个灯罩型初次蒸馏器（5000 升），1 个灯罩型烈酒蒸馏器（3500 升），均配有水平的林恩臂和壳管式冷凝器。

熟成：蒸馏厂房上面有 2 个温控垫板式仓库。主要是波本桶和红酒桶，还有一些雪利桶。

风格：清淡，果香和酯味。

历史事迹
History ▸▸▸

　　由已故的伟大的吉姆·斯旺设计，尼克尼安自称是苏格兰第一家纯有机蒸馏厂。酒厂目前正在寻求生物动力协会的认证，所有酿酒副产品都会作为动植物饲料回收。同时酒厂100％由可再生能源提供动力，用于生物质锅炉的木屑来自当地森林。蒸馏厂规模不大，但是很独立，他

们喊出"发乎自然，不拘成规"的口号，计划以多种方法试验蒸馏（详见下文）。酒厂于 2017 年 3 月投产，7 月份正式开业。

尼克尼安是安娜贝尔·托马斯的思想结晶，她的父母德里克·刘易斯和路易丝·刘易斯拥有德林宁庄园。托马斯放弃了她在伦敦的咨询师工作，成为德林宁蒸馏有限公司（Drimnin Distillery Limited）的首席执行官，现已改名为尼克尼安蒸馏有限公司（Nc'nean Distillery Limited）。蒸馏厂第一只装满酒液的橡木桶在 2020 年 8 月以创纪录的 41 004 英镑的价格售出，所得款项被用于慈善事业。之后还发布了许多小批量产品，并强调"有机单一麦芽威士忌"（Organic Single Malt）概念。

趣闻 Curiosities

16 世纪中叶到 18 世纪晚期，德林宁是广阔的麦克林地区的一部分。德林宁的查尔斯·麦克莱恩带领他的族人战死在卡洛登的战场上，虽然他的土地没有被政府没收，但他的儿子——也叫查尔斯——在 1797 年至 1798 年间破产时不得已将其卖掉。庄园后来几经易手，直到 1835 年被爱丁堡的著名律师查尔斯·戈登爵士买下。他造了一座大房子和一座罗马天主教教堂（2008 年至 2012 年间修复）。

● 查尔斯爵士于 1845 年去世，四年后德林宁庄园被大火烧毁；他的遗孀按照"苏格兰男爵风格"对其进行了重建，其后裔拥有这片庄园直到 1943 年。刘易斯家族在 2002 年买下它时，庄园年久失修，状态特别糟糕。新所有者对庄园宅邸和庄园内的数个农场、小屋进行了出色的翻修工作，现在可以作为度假小屋对外出租。

North British

北不列颠

北不列颠是爱丁堡硕果仅存的蒸馏厂，那里有过多家酒厂，卡农磨坊、洛赫林、邦宁顿、利斯、桑伯里、阿比希尔和爱丁堡。北不列颠目前是苏格兰第三大酒厂。

第一次世界大战期间，北不列颠一度被要求提供军用烈酒，而随着谷物供应减少，最后彻底关闭。

电话：0131 337 3363 　　地址：Gorgie, Edinburgh
网址：www.northbritish.co.uk　　所有权：Lothian Distillers Ltd
产能：73 m L. P. A.

原料：主要来自法国南部的玉米。来自彭特兰山丘水库的水。滚筒发麦直到 1948 年，萨拉丁箱发麦直到 2007 年，现在使用来自独立发麦厂的绿色麦芽。注意：它是现今唯一一家使用绿色麦芽的蒸馏厂。麦芽和谷物以 1：4 的比例混合，是所有谷物威士忌中麦芽含量最高的。

设备：2 个糖化槽。3 个科菲蒸馏器。带有 3 个整流盘的连续蒸馏器于 2007 年退役，但还未拆除。

熟成：主要是美国首次、重装波本桶，在西考尔德的穆尔霍尔（Muirhall）灌装并长年熟成。

风格：强劲的酒体。比其他苏格兰谷物威士忌有更多的肉感。

1885 年，为了应对 D. C. L. 的垄断，一群独立调和威士忌商和烈酒商联合起来在爱丁堡创立了一家供应谷物威士忌的酒厂，它们"品质参差，价格不一"，目标是"应对巨大的垄断，并保持统一的低价"。安德鲁·厄舍二世是酒厂的第一任总裁，约翰·克拉比任副总裁，威廉·桑德森任总经理。

他们选了一块绿地，位于乔治路（Gorgie Road）以北，达尔赖（Dalry，以及加勒多尼亚蒸馏厂）以西。这里有良好的铁路交通网络[特别是喀里多尼亚铁路的韦斯特达尔赖（Wester Dalry）分支连通格拉斯哥，以及同一条铁路线的格兰顿与利斯（Granton & Leith）分支连通苏格兰的主要粮食港口利斯]，以及流经此地的联合运河的充沛水源。

酒厂于 1887 年 9 月投产，最初配有一个科菲蒸馏器。第一年生产和销售了 150 万加仑。四年内，酒厂产能翻了一番，到 1897 年时产能增加到了 300 万加仑，第二年的全部产量也已被提前订完。总裁骄傲地宣称："苏格兰没有比我们更受欢迎的威士忌。"

20 世纪 20 年代的艰难时期促使酒厂与 D. C. L. 签订了一份协议，他们决定将其年产量限定为下一年的订货量。通常 D. C. L. 的销售量是北不列颠的 4 倍，因此产能被分成五分之四和五分之一，这使北不列颠的产量减少到了每年 200 万—250 万加仑。这份协议一直持续到 1934 年，当时美国废除了禁酒令，刺激销售额大幅上升。第二次世界大战时，北不列颠因粮食短缺而不得不停止蒸馏。

虽然酒厂在战后恢复了蒸馏，但谷物直到 1949 年才重新开始定量配给。20 世纪 50 年代，酒厂进行了扩张和现代化。酒厂向西延伸，覆盖了以前的电车站，南面也添置了一块地，之前是斯莱特福德路上的一家苏格兰酿酒厂。酒厂在 18 英里以外的穆尔霍尔开发了一个新的厂区，位于西考尔德（West Calder）外围，可以在 26 个仓库中容纳 4000 万加仑的库存。产能增长得很快，以满足日益攀升的订单量。1955 年，产能达到 300 万加仑，到 1961 年增加到 600 万加仑，1972 年达到了 1200 万加仑。与此同时，公司雇了大约 400 名员工。

1968 年，酒厂安装了一个用于处理糟粕的蒸发设备，以及一个生产颗粒状牛饲料的深酒糟设备。这些设备在 1976 年扩容，以处理附近喀里多尼亚蒸馏厂的糟粕和残渣。二氧化碳则会被泵送到喀里多尼亚蒸馏厂进行回收。

1993 年，北不列颠蒸馏厂的管理权被洛锡安蒸馏有限公司（Lothian Distillers Ltd）获得，该公司是 I. D. V. 和罗伯森巴克斯特的合作伙伴。I. D. V. 与 U. D. 于 1998 年合并为 U. D. V., 即后来的帝亚吉欧。罗伯森巴克斯特在 1999 年更名为爱丁顿。

趣闻 Curiosities

1947 年，北不列颠的运输车队由马车组成；1967 年，酒厂新增了 6 辆康门（Commer）卡车（负责运送酒桶，最远到阿伯丁）和 4 辆拖曳车。它还拥有 2 个柴油火车头，可以拉动"谷物专列"前往利斯港。

● 1959 年，北不列颠和贝尔父子公司（Arthur Bell & Sons）的总裁 W. G. 法夸尔森提议在酒厂建筑群内建造一个低地麦芽蒸馏厂（一如其他酒厂所做的那样），但却不了了之。

● 1970 年 11 月 12 日，第 250 万桶北不列颠谷物威士忌被蒸馏出来。它被密封在一个纪念版小木桶中，在酒厂内展出。

North Port (Brechin)

诺斯波特（布里金）（已拆毁）

麦芽
威士忌

适逢世界经济衰退，再加上 S.M.D. 的减产政策，诺斯波特于 1983 年 5 月关闭，以此来拉平熟成库存水平与预期的未来销售额。

产区：Highland（East）　　　地址：Brechin, Angus
最后的所有权：D. C. L./S. M. D.　　关停年份：1983

历史事迹
History ▸▸▸

　　Port 一词是古苏格兰语中"城门"的意思，但 1820 年酒厂建成时，布里金（Brechin）的中世纪北城门（North Port）早就被岁月侵蚀殆尽了。小镇本身历史悠久，这里的大教堂是大卫一世在 1150 年捐建的。酒厂伫立在优质的玉米田里，当地农民将他们的农货运到发麦谷仓中；创始人的家族在该地已农耕两代。

　　该蒸馏厂由当地令人尊敬的大卫·格思里建造，他于 1809 年创立了该镇的第一家银行，曾担任市长一职。酒厂的原名是镇头蒸馏公司（Townhead Distillery Company），但在 1823 年改名为布里金蒸馏公司（Brechin Distillery Company）。

　　酒厂所有权后来转交给创始人的儿子，并在 1893 年成立了一家有限公司。1922 年被 D. C. L. 与曼彻斯特的葡萄酒和烈酒商 W. H. 霍尔特公司购入并关停。酒厂和库存被出售给 S. M. D.。酒厂的出品被用于调和威士忌，除了 20 世纪 80 年代早期有少量威士忌由 D. C. L. 的子公司约翰·霍普金斯公司（John Hopkins & Company）作为单一麦芽威士忌装瓶，在意大利销售。

North of Scotland
北苏格兰（已拆毁）

谷物
威士忌

地址：Cambus, Alloa, Clackmannanshire
最后的所有权：North of Scotland Distilling　　关停年份：1980

历史事迹
History ▸▸▸

　　斯特拉思摩尔蒸馏厂（Strathmore Distillery）于 1957 年由乔治·克里斯蒂（详见"Speyside 斯佩塞"）作为私营企业创立，厂址在一片占地 1.5 英亩的土地上，原先被罗伯特·诺克斯的福斯酿酒厂（1786 年成立）使用，酿酒厂在坎布斯，靠近阿洛厄的坎布斯蒸馏厂。最初，酒厂在 3 个经过改良的科菲蒸馏器中生产麦芽威士忌，但 1960 年时改为生产谷物威士忌——也是当时苏格兰最小的谷物威士忌蒸馏厂。

　　该酒厂于 1980 年关闭，1992 年出售给 D. C. L.，1993 年解体。很快酒厂建筑被清理拆除。

趣闻 Curiosities

据说这家酒厂被前酿酒商的阴魂缠身，酒厂的蒸馏工人和消费税官员不止一次在酒厂里看到他的鬼魂。（菲利普·莫里斯）

● "北苏格兰蒸馏厂为了赋予其威士忌更多个性，在蒸馏时保留了比其他酒厂比例更高的酒头和酒尾（同系物），以至于大家一喝就知道是北苏格兰酒厂的谷物威士忌。"（菲利普·莫里斯）

● 酒厂的名称在 1964 年改为北苏格兰蒸馏厂，尽管克拉克曼南郡距离"苏格兰北部"还很远。

Oban

欧本

 麦芽威士忌

19 世纪 90 年代，在炸毁酒厂后面的悬崖为新仓库腾出空间时，人们发现了一个洞穴，里面有可追溯到中石器时代（公元前 4500 年—前 3000 年）的人类遗骸和人工制品。

产区：Highland (West)　电话：01631 572004
地址：Stafford Street, Oban, Argyll
网址：www.malts.com　所有权：Diageo plc
参观：开放并配有商店　产能：870 000 L. P. A.

原料：地板发麦一直用到 1968 年，现在使用来自茹瑟勒的轻泥煤麦芽。来自格林恩湖的软质水。

设备：带喷嘴圈的传统糖化槽（6.5 吨）。4 个欧洲落叶松发酵槽。1 个灯罩型初次蒸馏器（11 600 升），1 个灯罩型烈酒蒸馏器（7000 升）。均为间接加热，配矩形虫管冷凝器，2 个虫管共用 1 个水箱（跟克拉格摩尔一样）。

熟成：重装美国猪头桶。在中部地带长年熟成。酒厂内有大约 4000 只橡木桶。

风格：果味，淡淡的海洋感。

熟成个性：酒厂位于海边的地理位置以某种方式改变了威士忌的风味，尽管威士忌是在内陆进行的长年熟成。嗅香是清新的海洋风，新鲜水果背后有海藻和咸味，最后还带有一丝烟熏感。尝起来口感柔软，略带油脂感；甜美，干无花果和轻微的香料味，一丝海盐味和烟熏感。中等酒体。

欧本成立于 1794 年，是存活下来的最古老的威士忌酒厂之一。它的创始人是当地名士约翰·史蒂文森和休·史蒂文森，自 1778 年以来，他们在欧本及其周边一带经营，涉足石板开采、房屋建筑和造船业。欧本镇是围绕酒厂建立起来的，后者夹在小镇的主要街道和一座高耸的悬崖中间。兄弟二人最初在 1793 年将该厂址作为酿酒厂，并以欧本酿酒公司（Oban Brewery Company）的名义经商。

酒厂由史蒂文森家族管理直到 1866 年，经过一次转手，在 1883 年被 J. 沃尔特·希金买下，并对酒厂进行了现代化翻新。在他收购酒厂三年前，连接欧本和格拉斯哥的西部高地铁路线开通了。该镇成为旅游胜地，希金可以借助铁路将他的威士忌直接送往格拉斯哥的市场。

1898 年，酒厂被一个财团收购，财团领导者是业界的知名人物（详见"Aultmore 欧摩"）——可敬的亚历山大·爱德华，这次收购得到布坎南（Buchanan's）、帝王和麦基（Mackie's，白马）的支持。1923 年，布坎南 - 杜瓦公司（Buchanan-Dewar）接管了欧本蒸馏厂，由此在 1925 年加入 D. C. L.。

酒厂的出品在 1988 年被 U. D. 选中，用来代表其"经典麦芽威士忌"系列中的西高地风格。

趣闻 Curiosities

酒厂经理办公室所在的那栋楼，以前是酒厂创始人史蒂文森兄弟的住所。阿尔弗雷德·巴纳德在 1885 年访问欧本时，希金已将其改为办公室，但保留了前厅的猫眼门，当年史蒂文森兄弟安装这扇门是为了密切关注蒸馏室的运转情况。2015 年，"标准 14 年"酒款中加入了欧本小海湾（Oban Little Bay）——oban 在盖尔语中的意思是"小海湾"。

波特艾伦
图片来源：帝亚吉欧

Parkmore

帕克莫尔（已拆除）

麦芽
威士忌

"就外观而言，帕克莫尔堪称 19 世纪 90 年代晚期办厂热的完美遗留物。"——查尔斯·克雷格

电话：Speyside   地址：Dufftown, Moray
最后的所有权：The Edrington Group   关停年份：1931

历史事迹
History ▸▸▸

　　帕克莫尔是一个优雅小巧的蒸馏厂，由查尔斯·多伊格设计，典型的 19 世纪 90 年代风格，也是当时在达夫镇建造的第五家蒸馏厂。位于邓迪的著名调和酒厂 [公司成立于 1815 年，拥有奥德（Ord）和富特尼蒸馏厂，以及调和威士忌品牌巴克斯特的大麦酒（Baxter's Barley Bree）] 詹姆斯·沃森公司是该项目的幕后推手，并于 1900 年取得了蒸馏厂的完整所有权。

　　1923 年，沃森被布坎南－杜瓦公司和沃克父子公司收购，帝王品牌得到了酒厂，800 万加仑的熟成库存则被两家公司平分。这批库存被形容为"英国最重要的威士忌老酒库存之一"。这三家公司（包括沃森）后来在 1925 年全都加入了 D. C. L.。

　　1930 年，帕克莫尔被划归 S. M. D. 管理，1931 年关闭。该厂被授权给克劳福德父子有限公司（Daniel Crawford & Son Ltd）—— 一家非常小的 D. C. L. 子公司——用作仓库和贮藏室。1988 年，又基于同样的目的卖给高地蒸馏公司（现为爱丁顿集团）。

Pittyvaich
皮蒂维克（已拆除）

谷物威士忌

电话：Speyside 　　地址：Dufftown, Moray
最后的所有权：United Distillers 　　关停年份：1993

历史事迹
History ▶▶▶

1975 年，贝尔父子有限公司在他们拥有的达夫镇 – 格兰威特蒸馏厂隔壁建造了皮蒂维克 – 格兰威特蒸馏厂，两厂并行运营。同时公司又建造了一个深酒糟设备，以满足两个酒厂的需求。

酒厂建在皮蒂维克宅邸的遗址上，其起源可以追溯到 19 世纪 50 年代。该遗迹被拆除以便为皮蒂维克蒸馏厂腾出空间。新建筑被贝尔的历史学家杰克·豪斯（1976 年）形容为"超现代，与贝尔在斯佩塞一带的蒸馏厂毫无相似之处"。"他们先安装设备，然后围绕它们建造酒厂外部。"

达夫镇蒸馏厂在 1967 年就扩产到 4 个蒸馏器（1979 年又安装了一对蒸馏器）。皮蒂维克有两对蒸馏器——符合当时对贝尔特选威士忌的需求量。这家新酒厂的产能为 100 万标准加仑。

贝尔在英国的销售额从 1970 年的 880 万英

镑上升到了 1980 年的 1.59 亿英镑，并成为英国最受欢迎的苏格兰威士忌品牌，占据了 25％的市场份额。

　　到 20 世纪 90 年代初，皮蒂维克的建筑物年久失修，其石棉屋顶已经到了不得不更换的地步。于是公司决定在 1993 年关闭酒厂，并于 2002 年将其拆除。

趣闻 Curiosities

前缀"Pit-"是我们仍在使用的极少数从皮克特人传下来的语词之一，在当时代表农庄、地区或土地所有权。这个前缀很常见，特别是在东部郡，皮克特人曾经的王国所在地。Vaich 则是盖尔语，可能意味着"牛棚"，也可以指"牛场"或者"桦木林"。

Port Dundas

波特邓达斯（已拆毁）

 麦芽威士忌

波特邓达斯的猪舍给阿尔弗雷德·巴纳德留下了深刻的印象，那里养了400头猪，包括一些"精良育种"，安居畜栏，身上装饰着获奖证明。这些猪在1900年左右的猪瘟中无一幸免，从此不再养殖。

地址：North Canal, Borron Street, Glasgow　　电话：0141 332 2253
最后的所有权：Diageo plc　　关停年份：2009

原料：自1955年起使用小麦和玉米。来自卡特琳湖的工艺用水，酒厂被许可从运河中取水，但发现它既不够冷也不够干净。

设备：3个科菲蒸馏器，其中1个是不锈钢的。

熟成：主要是美国橡木首次和重装波本猪头桶。

风格：传统的风格是偏厚重的酒体，在20世纪60年代莫里斯时期声名狼藉，自20世纪70年代改进以来，波特邓达斯的酒液变得更轻盈，更纯净。

历史事迹
History ▶▶▶

历史上，在福斯和克莱德运河的格拉斯哥一头曾经有过三家波特邓达斯蒸馏厂。第一家成立于 1811 年，第二家成立于 1813 年，第三家建于 1838 年。最后一家仅运营了两年；前两家在 1845 年合并，当时他们在已有的壶式蒸馏器旁安装了科菲蒸馏器——直到 19 世纪 80 年代末，波特邓达斯还一直在壶式蒸馏器中制作谷物威士忌。

其所有者 M. 麦克法兰公司（M. Macfarlane & Company）成立于 1877 年，酒厂创始人之一丹尼尔·麦克法兰的继任者，1877 年成立之初便加入 D. C. L.（详见 "Cameronbridge 卡梅隆桥""Carsebridge 卡斯桥"），当时酒厂有 3 个科菲蒸馏器和 5 个壶式蒸馏器，其中一个壶式蒸馏器是业界最大的。当阿尔弗雷德·巴纳德在 10 年后访问酒厂时，它是全英国最大的蒸馏厂，占地 9 英亩，产能高达 1200 万升纯酒精。酒厂在 1903 年遭遇大火，损毁严重，1914 年重建，并配备了一个新的滚筒式发麦装置，安放在欧洲最早的钢筋混凝土建筑之一内（1983 年关闭并拆除）。1916 年 6 号仓库再次失火，酒厂严重损毁，还连带毁掉了 12 000 只猪头桶威士忌。

1966 年，酒厂转到苏格兰谷物蒸馏公司旗下，并在 20 世纪 70 年代进行了大规模的现代化改造，耗资 1000 万英镑实现了产能翻番。随着酒厂占地面积增加到 25 英亩，所有者又收购了邻近的发麦厂和肥料设备，1977 年用一个超高效的深酒糟设备取代了原先的老设备，并安装了 1 个二氧化碳回收装置（二氧化碳是发酵的副产品）。此时波特邓达斯是 D. C. L. 的旗舰蒸馏厂。1992 年，许可证被授予联合蒸馏公司 U. D. 的子公司联合麦芽和谷物蒸馏公司（United Malt and Grain Distillers）。

酒厂在 2009 年关停，原厂址已清理完毕。

邓达斯港（波特邓达斯所在地）是 1790 年完工的福斯和克莱德运河项目的一部分，以运河公司总裁克尔斯的劳伦斯·邓达斯爵士的名字命名。酒厂建在运河北岸，并充分利用运河和附近的铁路线运送货物。运河于 20 世纪 60 年代关闭（其中几段近年来为了休闲之用重新开放），随后所有原材料都改为公路运输。

Port Ellen
波特艾伦（再开发）

麦芽
威士忌

波特艾伦是第一家将威士忌直接出口到美国的苏格兰酒厂。

产区：Islay　　地址：Port Ellen, Isle of Islay
最后的所有权：Diageo plc　　关停年份：1983

历史事迹

History ▸▸▸

　　波特艾伦单一麦芽威士忌在喜欢烟熏风格的威士忌藏家心中享有崇高的地位。尽管酒厂的大部分建筑物还在，包括两座带宝塔顶的窑炉（第三座窑炉因为安全性原因于 2004 年被拆除），但藏家们依然伤怀难平；酒厂内的垫板式仓库是苏格兰最古老的仓库，至今仍用于贮藏长年熟成的乐加维林威士忌，其他建筑物已被改造成小型商业单位。

　　酒厂最初是一家麦芽厂，1824 年之前由亚历山大·克尔·麦凯在艾雷岛领主莱尔特·弗雷德里克·坎贝尔的大力支持下创立。1825 年时，约翰·莫里森作为转租租户开始在这里蒸馏威士忌，可能是作为他舅舅埃比尼泽·拉姆齐的代理人。拉姆齐是克拉克曼南郡的检察官，与斯坦因蒸馏王朝关系密切，并在阿洛厄地区广泛拥有蒸馏权益。不过他们的生意并没有开花结果，1833 年，拉姆齐将他的儿子和侄子分别送去艾雷岛做实地考察。他的儿子报告说在这里兴建蒸馏厂不可行，但他的侄子约翰·拉姆齐则报告了截然相反的情况。

　　约翰·拉姆齐（1815—1892）当时年仅 18 岁。在阿洛厄作为蒸馏师接受了一系列培训后，被任命为经理。在短短几年内，他还帮艾雷岛领主打理事务，并在一些商业项目上成为他的商业伙伴，包括推出首个往返艾雷岛和格拉斯哥之间的双周渡轮服务。拉姆齐成为该岛执牛耳的农学家，格拉斯哥商会主席，斯特林（1868 年）和福尔柯克（1874—1886）区自由党议员。他去世时拥有整个基尔达尔顿教区，建造了许多农舍、庄园和房屋，并为改善岛上的农业水平做了很多工作。

波特艾伦先由他的遗孀继承，再来是他的儿子，基尔达尔顿的伊恩·拉姆齐上尉。第一次世界大战（他在战争中负伤）后保持业务发展很不容易，他不得不将酒厂卖给他的前代理人詹姆斯·布坎南公司，后者与杜瓦父子公司合作拿下了酒厂。这些公司在 1925 年加入 D. C. L. 时，波特艾伦也一并加入其中。

从 1930 年起，波特艾伦转由 S. M. D. 管理，不久便被关闭（持续 37 年），虽然发麦设备仍在运作。1967 年，它在原始蒸馏厂的基础上重建，安装了 4 个机械加热的蒸馏器（1970 年转换为蒸汽加热）和虫管冷凝器。1973 年，酒厂附近又建造了一个滚筒式发麦设备，首先满足 S. M. D. 旗下三家艾雷岛蒸馏厂的需求，然后在1987 年与所有艾雷岛的蒸馏厂和吉拉蒸馏厂签署了一份协议，至少满足他们的部分发麦需求，以保持发麦设备的满负荷运转。

波特艾伦蒸馏厂于 1983 年封存，并在 1987 年关闭。

自 2001 年以来，帝亚吉欧每年都会将少量的波特艾伦作为"珍藏限量版"（Special Releases）装瓶，且都是 1978 年或 1979 年开始蒸馏的珍稀老酒。这些珍稀酒款受到收藏家们的追捧，2017 年 10 月 9 日一条出人意料的新闻引爆了威士忌世界：帝亚吉欧宣布计划在 2020 年前重开波特艾伦蒸馏厂（布朗拉蒸馏厂也将一同重获新生）。[1]

趣闻 Curiosities

所有艾雷岛蒸馏厂（新开的齐侯门蒸馏厂除外）都建在海边，以方便大麦和煤炭运输以及威士忌出口。1826 年人们在艾伦港修建了一个码头，村庄围绕码头逐渐扩大，并以艾雷岛领主莱尔特·弗雷德里克·坎贝尔的妻子埃莉诺的名字命名。

● 从 1869 年开始，酒厂的销售业务由格拉斯哥的 W. P. 劳里处理，他是使用雪利酒调味木桶的先驱，也是詹姆斯·布坎南的原始供应商，布坎南的黑白狗（Black & White）调和品牌大获成功，使他得以在 1906 年收购劳里公司。

1　截至本书出版时尚未重新开放。

富特尼

麦芽威士忌

产区：Highland (West)　　电话：01955 602371
地址：Pulteneytown, Wick, Caithness　　产能：1.8 m L.P.A.
网址：www.oldpulteney.com　　所有权：Inver House Distillers
参观：自 2004 年以来，游客中心设在一个经过改造的垫料仓库中，并设有可以自助灌装威士忌的设施

原料：来自亨普里格斯湖的软质工艺用水和冷却用水，通过泰尔福建造的欧洲最长（5.5 英里）的石制运输管道引入，该管道同时为富特尼镇供水。发麦车间在 1958 年被移除，现在使用独立发麦厂的无泥煤麦芽。

设备：铸铁配铜制穹顶的半劳特／半滤桶式糖化槽（4.94 吨）。6 个铸铁内衬耐候钢发酵槽。1 个初次蒸馏器，配 T 形林恩臂和业内最大的鼓球形（14 400 升）。1 个鼓球型烈酒蒸馏器，形状类似 "私酿者的水壶"（13 200 升）。两者均由蒸汽盘管间接加热。配虫管冷凝器。

熟成：主要是波本桶，少量的雪利桶。所有以单一麦芽威士忌装瓶的酒液都会在酒厂内的 7 个垫板式仓库（能容纳 30 000 只橡木桶）内长年熟成。

风格：果味，油脂感（杏仁油），麦芽，偏重的酒体，肉质感，十分复杂。

熟成个性：新酒的酒体非常重，不过富特尼会随着陈年逐渐变得轻盈和清新。嗅香是明显的海洋气息，带有油脂的香气和清淡的新鲜水果调。尝起来味道整体偏干，略带咸味，并有坚果调。中等至轻盈的酒体。

历史事迹
History ▸▸▸

名不见经传的富特尼镇是威克的一个渔港。它是在 1800—1820 年间建立的模范村庄，以英国渔业协会总干事威廉·富特尼爵士的名字命名。

富特尼镇由卓越的土木工程师托马斯·泰尔福设计，他还在克雷盖拉希设计了著名的斯佩河桥。到 19 世纪中叶，这里成为欧洲最大（按重量计算则是世界最大）的鲱鱼港口，捕鱼季会有超过 1000 艘船把这里当作基地，吸引了 7000 名务工者。

1826 年，詹姆斯了亨德森在镇上建造了一个蒸馏厂，他的家族一直保有酒厂的控制权，直到 1920 年酒厂被卖给邓迪（Dundee）的詹姆斯·沃森公司，三年后转给帝王，然后是 D.C.L.，后者在 1930 年将其封存。1951 年，酒厂被卖给了律师罗伯特·卡明（他还买下了巴布莱尔），但他很快就将其转手给希拉姆·沃克的子公司 J. & G. 斯托达德（J. & G. Stodart），他们在 1958 年重建了酒厂。1961 年，富特尼被转给同盟公司，后者又在 1995 年将其卖给了因弗豪斯。

威廉·富特尼爵士原名为威廉·约翰斯通，出生于邓弗里斯郡。他与巴斯伯爵的侄女结婚后改了名字，在他的夫人继承其叔叔的遗产后，威廉成为英格兰最富有的人之一。

● 他年轻的时候在邓弗里斯遇到了年轻贫穷的石匠托马斯·泰尔福，富特尼变富之后成为泰尔福的主要赞助者——在他的扶持之下，泰尔福成长为当时顶级的土木工程师。托马斯·泰尔福经常被描述为"土木工程之父"。1801 年，泰尔福制定了一项旨在改善高地交通网络的总规划，这是一个长达 20 年的大型项目。其中包括沿着大峡谷建造喀里多尼亚运河，重新设计克里南运河的部分河段，近 1000 英里的新道路，超过 1000 座新桥，32 座教堂，以及多个港口的升级改造。

● 有一种说法是，富特尼与众不同的平顶蒸馏器被截短过，之前它因为太高而无法放进蒸馏室里。（另见"Cragganmore 克拉格摩尔"）

● 受 20 世纪 20 年代美国传教士艾米·辛普尔·麦克弗森的影响，威克地区实行的禁酒令一直持续到了 1947 年。为纪念禁酒令废除 50 周年，酒厂推出了老富特尼 12 年酒款；2007 年为 庆祝解禁 60 周年，由皇家救生艇学会资助举办了一场慈善舞会。

● 老富特尼曾经被描述为"北方的曼萨尼亚"：苍白多盐。如今，它被定位为"真正的海洋麦芽威士忌"，它的酒瓶和外包装上饰有拖网渔船。2006 年担任 I. R. C. 苏格兰帆船锦标赛的主赞助商。该品牌还赞助了罗宾·诺克斯－约翰逊爵士，他在 2007 年成功完成了第二次单人环球航行。

● 富特尼是仅有的两家以人名命名的酒厂之一（另一家是格兰冠，但也可以参考波特艾伦）。

Isle of Raasay

拉塞岛

 麦芽威士忌

拉塞岛是唯一一家有"蝙蝠旅店"的蒸馏厂。在改建博罗代尔宅邸时，人们发现了英国最西北部的稀有长耳蝙蝠，于是酒厂的屋顶上有专门给它们筑巢的盒子。

产区：Highland (West) 电话：01478 470177
地址：Borodale House, Isle of Raasay, Kyle IV40 8PB
网址：www.raasaydistillery.com 所有权：R. & B. Distillers Ltd
参观：开放 产能：200 000 L. P. A.

原料：来自因弗内斯的贝尔德斯家的重泥煤和无泥煤麦芽。工艺、冷却、稀释用水来自酒厂内一口富含矿物质的古老涌泉水。酒厂将尝试一系列不同的酵母。

设备：不锈钢半劳特/半滤桶式糖化槽（1吨）。6个不锈钢发酵槽；发酵116小时。1个灯笼形初次蒸馏器（5000升），配向下林恩臂和1个选装冷却套管。1个普通型烈酒蒸馏器（3600升），配有1个小的选装净化器。两者均由意大利公司佛丽制作，配壳管式冷凝器。

熟成：美国初次橡木桶、美国黑麦橡木桶和一些法国橡木葡萄酒桶的组合。在酒厂内长年熟成。

风格：轻盈的酒体，果香，烟熏调。

历史事迹
History ▸▸▸

2015年，总部在爱丁堡的拉塞与博德斯蒸馏公司（R. & B. Distillers）在斯凯岛东海岸附近的拉塞岛上收购了博罗代尔宅邸——一栋维多利亚式别墅暨前酒店。经过18个月的整修和扩建，蒸馏厂于

2017 年 9 月投入生产。博罗代尔宅邸本身已改建为游客中心，并将为酒厂的"Na Tùsairean"（盖尔语，意为"先锋"）俱乐部成员提供住宿。

Raasay（盖尔语中的 Ratharsair）意为"狍子岛"。从 16 世纪到 19 世纪之间为麦克劳德氏族的一个分支所有。1773 年，约翰逊和博斯韦尔在拉塞宅邸受到当地领主，拉塞岛的马尔科姆·麦克劳德的款待。约翰逊博士写道：

> 我们受到的招待超出了预期。除了文明、优雅和充裕丰足之外别无其他。在例行的茶点和谈话之后，夜晚降临。地板上展开了地毯；几位音乐家被唤来演奏，大家都被邀请下场跳舞，仙女也从未如此欣然受邀……时间到了，舞蹈停止，六个人和三十个人分别坐在同一个房间里的两张桌子上。晚饭后，女士们演唱了厄尔斯语的歌曲，我就像是一个聆听意大利歌剧的英国观众，虽不解词意，但仍听得津津有味。

作为索利·麦克林（20 世纪最伟大的盖尔语诗人）、约翰·麦凯（维多利亚女王的吹笛者）和卡鲁姆·麦克劳德（他凭一己之力在岛上建造了一条长达 2 英里的道路，为雷鸟乐队的一首歌以及一部电视剧提供了主题）的出生地，岛上有大约 150 名居民。酒厂希望每年可以吸引大约 12 000 名游客前往该岛，这将大大地振兴当地经济。

拉塞与博德斯蒸馏公司的创始人是阿拉斯代尔·戴和比尔·多比。前者的曾祖父在 1895 年加入了一家拥有杂货店、酿酒和调制威士忌经营执照的公司，位于苏格兰边境。这家公司成立于 1820 年，阿拉斯代尔仍持有它的调和手册，基于这本手册，他在 2009 年发布了推特代尔（Tweeddale）调和威士忌。

2013 年时，他决定建造一家蒸馏厂，为他的调和威士忌提供基酒，为此探访了苏格兰边境的几个地方。第二年，他确定与比尔·多比合作，后者希望投资蒸馏厂，他们一起成立了拉塞与博德斯蒸馏公司。

2014 年 7 月，赫瑞瓦特大学酿酒和蒸馏专业的毕业生伊恩·罗伯逊（Iain Robertson）被任命为酒厂经理，而蒸馏师克里斯·安德森（详见"Torabhaig 图拉贝格"）负责监督头五个月的生产。

拉塞岛单一麦芽威士忌（Raasay Single Malt）已于 2020 年上市。与此同时，"守望"系列（While We Wait）46 度单一麦芽威士忌现在就可以在酒厂、专门零售店和网上买到（不会再出"守望"系列）。一个酒桶里包含两种麦芽威士忌，来自未透露名字的蒸馏厂，一款带泥煤，一款无泥煤，然后使用法国橡木托斯卡纳葡萄酒桶收尾，酒桶来自三个种植赤霞珠和品丽珠的葡萄园。

趣闻 Curiosities

酒厂正在岛上做试验，探索可供其使用的高品质大麦的种植可能。

Rosebank

罗斯班克（1993年关停，即将开放）

麦芽
威士忌

产区：Lowland　　地址：Camelon Road, Falkirk　　网站：rosebank.com
最新所有权：Ian Macleod Distillers　　产能：c. 600 000—800 000 L.P.A.

历史事迹
History ▶▶▶

　　本地杂货商詹姆斯·兰金在前卡梅伦蒸馏厂（Camelon Distillery，1817—1819 年）的发麦车间里建了罗斯班克蒸馏厂。它的位置非常理想：酒厂就建在福斯和克莱德运河沿岸，离福尔柯克 1 英里远，"紧挨着交通繁忙的主干道，还有酒厂面前的运河，小型船和汽船鳞次栉比"（巴纳德，1885 年）。但讽刺的是，正是这条繁忙的主干道导致了罗斯班克的消亡。

　　兰金于 1840 年开始运作，5 年后将厂区扩大。到了 19 世纪 60 年代，酒厂由他的儿子 R. W. 兰金管理，并在 1864 年使用红砖"将酒厂按照现代化的方式进行了重建"（巴纳德）。建筑物的一侧是运河，另一侧是道路，围绕一个庭院集中建造。次年，他拆除了蒸馏厂位于运河另一侧的主要建筑，并在那里建造了新的发麦车间，通过一座秋千桥将它们连接到酒厂。在桥的另一头，作为兰金先生的"乡间住所"，罗斯班克宅邸伫立在 3 英亩的花园中。

1914 年，在 D. C. L. 总经理 W. H. 罗斯的领导下，罗斯班克与格兰昆奇、圣玛德莲（Saint Magdalene）、格兰奇和克莱德斯代尔蒸馏厂（Clydesdale）一起组建了 S. M. D.，并在 1925 年加入了这家更大的公司。

尽管有良好的声誉，酒厂还是于 1993 年关停，部分原因是道路不畅，还有一部分原因是，升级其污水处理设备以符合欧洲标准，这样做的成本太高。已故的威士忌作家迈克尔·杰克逊（Michael Jackson）将此称为"一个惨痛的损失"。

1998 年，运河西侧的保税仓库（酒厂的主要建筑位于运河东侧）被出售和重建，其中一部分被改建为必富达酒吧与烧烤店。2002 年，

该厂的其余部分被出售给英国水道局，他们拆除了发麦车间，以便为住宅的开发腾出空间。

2008 年，福尔柯克蒸馏公司提议在附近建造一个新的蒸馏厂，使用原有的蒸馏器及其他设备，但当年晚些时候，盗铜者伪装成真心实意的商人，偷走了存放在酒厂的设备。这些小偷至今仍逍遥法外。

2017 年 10 月 10 日，就在帝亚吉欧计划重开波特艾伦和布朗拉的重磅消息宣布后的第二天，有消息称，伊恩·麦克劳德公司（格兰哥尼和檀都蒸馏厂的所有者）已与英国水道局（就厂址问题）和帝亚吉欧（就罗斯班克商标名称和现有库存归属问题）达成协议。

新业主的意图是复制罗斯班克以往的酒体风格，并尽可能多地修复现有建筑。尽管业主在 2019 年就获得了规划许可，但当一些现有建

筑物被证明结构不够稳定且无法修复时，不得不对之前的规划进行修改。他们现在已经获得了新的规划许可，用一个非常夺眼球的现代化扩建部分取代两座旧有建筑，其设计旨在整合新旧建筑，以免影响酒厂难得的历史特征。与此同时，他们正在发布从帝亚吉欧那里收购的，酒厂 1993 年之前蒸馏的限量版威士忌。

趣闻 Curiosities

罗斯班克在低地麦芽威士忌中享有最高的声誉：在 19 世纪 90 年代，"人们对该品牌的需求量非常大，许多顾客不得不接受低于他们订购量的分配额"。（斯皮勒）

● 20 世纪 20 年代和 30 年代是威士忌行业的艰难岁月。许多酒厂被迫关停。D. C. L. 在 1930 年整合了 S. M. D. 旗下所有酒厂，并利用该子公司购买和关闭经营不下去的酒厂，以控制产量和价格。1935 年时，S. M. D. 旗下有 51 家麦芽威士忌蒸馏厂。

● 像许多低地麦芽蒸馏厂一样，罗斯班克更偏爱三次蒸馏。

Roseisle

茹瑟勒

 麦芽威士忌

产区： Speyside　　　**电话：** 01343 832100
地址： Roseisle, Morayshire
网址： 无　　　**所有权：** Diageo plc
参观： 无　　**产能：** 12.5m L. P. A.

原料： 来自茹瑟勒发麦车间的麦芽。水来自酒厂内的泉眼。

设备： 2个全劳特/滤桶式糖化槽（每个13吨）。14个不锈钢封闭式发酵槽（还有额外2个用于存储来自初次蒸馏器冷凝器的热水的发酵槽，这些热水用来预热下一批加入初次蒸馏器的麦酒汁）。7个普通型初次蒸馏器（外部加热）和7个普通型烈酒蒸馏器（蒸汽盘管加热），侧面均带有独特的圆柱形构造（初次蒸馏器为20 000升，烈酒蒸馏器为12 000—15 000升）。每个烈酒蒸馏器都配有可互换的铜/不锈钢壳管式冷凝器。

熟成： 主要是来自坎伯斯制桶厂的美国橡木桶。在中部地带长年熟成。

风格： 轻盈或厚重的斯佩塞风格。

历史事迹

History ▸▸▸

2007年1月，帝亚吉欧宣布计划在茹瑟勒发麦厂附近建造一个"超级蒸馏厂"，以生产一系列不同风格的威士忌供调和威士忌使用。

该酒厂于2008年春季完工，并在当年秋天投产。总成本为4000万英镑。酒厂拥有除格兰菲迪外全苏格兰最大的产能，可生产各种风格的斯佩塞烈酒——大体上可分为"轻酒体"和"重酒体"。也可以在6

个蒸馏器中切换不同的冷凝器（铜或不锈钢材质）。茹瑟勒还是巧妙应用回收模式的最佳典范，将这种大型蒸馏厂带来的环境影响降低到与标准小型蒸馏厂同一水平。

趣闻 Curiosities

1979—1980 年间，茹瑟勒在建造发麦车间时，曾计划在旁边造一个蒸馏厂，但不是如今这般规模。

● 帝亚吉欧在环境保护方面的智慧主要表现在：

1. 将通过带式压榨机后的干燥糟粕、离心机提取的酒糟固体混合物、来自麦芽制品的副产品（茎秆和小根）相混合，在生物质燃烧器中焚烧以产生蒸气。酒厂大约一半的蒸气来自于此；

2. 来自冷凝器的热水被管道运送到酒厂的发麦车间，以及那些位于伯格黑德港的发麦车间，可以为干燥绿麦芽提供热空气。

● 由于麦芽来自邻近的发麦厂，运输成本、排放和交通影响可以忽略不计。

Royal Brackla
皇家布莱克拉

麦芽
威士忌

1860 年，詹姆斯·奥古斯特·格兰特陪伴斯皮克上尉踏上寻找尼罗河源头的最后一趟旅程，他写信给妹妹说："我们吃完晚饭，惬意得就像把脚伸在你的桌子底下，一边啜饮着布莱克拉。"

产区：Highland (East)   电话：01667 402002
地址：Cawdor, Nairn, Highland
网址：www.royalbrackla.com   所有权：John Dewar & Sons Ltd
参观：需预约   产能：4.24m L. P. A.

原料：地板发麦车间一直使用到 1966 年；来自独立发麦厂的无泥煤麦芽。来自考德溪（Cawdor Burn）的工艺用水和柯尔萨克涌泉（Cursac Spring）的冷却用水。

设备：半劳特／半滤桶式不锈钢糖化槽（12.5 吨）。6 个北美黄杉木和两个不锈钢发酵槽。2 个普通型初次蒸馏器（20 500 升），2 个普通型烈酒蒸馏器（23 000 升）。均为间接燃烧加热，配壳管式冷凝器。

熟成：5 个保税仓库，一些是垫板式，一些是 1975 年建造的货架式。如今所有帝王的自有库存都会被罐车运送到科特布里奇和格拉斯哥进行长年熟成，主要使用重装美国橡木桶。

风格：青草香。

熟成个性：新鲜，花香和青草香，带有奶油和淡椰子的味道，有时还有一丝烟熏感。尝起来口感顺滑，带有香草奶油味；前段是甜味，麦芽香，苹果和梨，草本花香调，有时会有辛香料感。中等酒体。

1773 年的考德庄园地图显示，布莱克拉蒸馏厂（Brackla Distillery, 1812）的厂址曾有一家"麦芽酒作坊"。酒厂的创始人是来自布拉克拉的威廉·弗雷泽上尉，他是一位脾气暴躁的绅士，在 1821 年议会委员会组建之前痛斥该地区的走私活动（"去年整个方圆 120 英里内连 100 加仑的酒都没卖掉，虽然人们除了威士忌之外什么都不喝"），并且在 19 世纪三四十年代，多次以莫名的罪名被海关与消费税务局罚款！

尽管如此，弗雷泽于 1835 年被威廉四世授予皇家认证，也是第一位获此殊荣的蒸馏者。爱丁堡的安德鲁·厄舍公司在 1844 年左右被任命为代理商，并成为该公司的合作伙伴。1860 年以后，少量布莱克拉（1/24 份！）被调配进他们的调和品牌"厄舍的老格兰威特调和"（Usher's O. V. G.）。1890 年考德勋爵向罗伯特·弗雷泽公司（Robert Fraser & Company）续租时，酒厂的另外两名合伙人是安德鲁·厄舍二世和他的兄弟约翰·厄舍爵士。同年，他们一起重建了蒸馏厂，安德鲁·厄舍在 1898 年去世后，公司主体变更为布莱克拉蒸馏有限公司（Brackla Distillery Company Ltd）。

1926 年阿伯丁的约翰·比塞特有限公司（John Bisset & Company Ltd）买下了租约，并在 1943 年将酒厂卖给了 S. M. D.。1964 1965 年间酒厂进行了一次大规模整修，安装了第二对蒸馏器，并将所有 4 个蒸馏器都转换为蒸汽间接加热。

皇家布莱克拉在 1985 年至 1991 年间封存，但于 1991 年恢复生产，并在 1997 年花费 200 万英镑进行了翻新——非常及时，刚好赶上次年将它与杜瓦父子公司一起打包出售给百加得。

趣闻 Curiosities

布莱克拉酒厂所处的考德庄园因莎士比亚的《麦克白》闻名于世，而"考德领主"仍然是现在的考德伯爵。该剧发生的舞台是介于因弗内斯和福里斯之间的起伏连绵的沿海平原（详见"Glenburgie 格伦伯吉"）。

● 由于弗雷泽上尉不能在当地出售自己的威士忌，他在 1828 年的《阿伯丁纪事报》上打广告说，他已安排妥当，通过陆运将这种"'备受推崇的酒精饮料'[运到阿伯丁]，可每周固定供应"。

● 阿尔弗雷德·巴纳德在 1887 提到，"威士忌被一辆牵引机车运到 6 英里外的车站，回程时会带回奈恩的煤炭"。

● 布莱克拉拥有最长的发酵时长：平均 80 小时，短发酵 72 小时，长发酵 120 小时。

● 小皇家布莱克拉（Little Royal Brackla）由所有者装瓶发售，直到 2014 年。此后，帝王对品牌进行重新包装，推出一系列不同年份的瓶装产品。

Royal Lochnagar

皇家蓝勋

麦芽
威士忌

洛赫纳加是峻拔挺立在蒸馏厂和巴尔莫勒尔庄园背后的高山。拜伦勋爵的诗句使之不朽："我多么眷恋那粗犷严峻的岩峰。那含怒的奇景，那幽暗的洛赫纳加！"

产区：Highland (Island)　　电话：01339 742700
地址：Crathie, Ballater, Aberdeenshire　　产能：500 000 L. P. A.
网址：www.malts.com　　所有权：Diageo plc
参观：开放，配有展示区，一个很棒的商店（拥有各种帝亚吉欧的稀有装瓶），预约导览

原料：从洛赫纳加山麓的泉眼中采集的工艺用水；来自 2 个水库的冷却用水。茹瑟勒发麦厂的无泥煤麦芽。

设备：开顶式铸铁耙式糖化槽（5.4 吨）。3 个苏格兰落叶松发酵槽（2 个 37 000 升；1 个 18 000 升）。1 个普通型初次蒸馏器（6300 升），1 个普通型烈酒蒸馏器（4200 升），两者均由蒸汽间接加热，配虫管冷凝器。

熟成：美国和欧洲的橡木邦穹桶和大桶。现地有 1 个垫板式仓库，可容纳 31 000 只橡木桶（以前是酒厂的发麦车间）。其余橡木桶在格兰洛希蒸馏厂长年熟成。

风格：轻柔，有青草香。小型蒸馏器和虫管冷凝器理应蒸馏出厚重肉质感强的麦芽威士忌，但皇家蓝勋的操作方式（烈酒蒸馏器不加满，预留出来的空间可以让空气冷却铜壁；在虫管冷凝器中添加温水）使酒体变成了现在的风格。

熟成个性：嗅香是轻盈的太妃糖和抛光硬木的香气，还带有一些松香，船用清漆和亚麻籽油的感觉；尝起来整体偏干。前段有甜味，然后转酸，有诱人的檀香木回甘。中等酒体。

历史事迹

皇家蓝勋是帝亚吉欧最小的蒸馏厂，因其极富魅力且风景如画的地理位置，被集团选中作为专供贵宾客户参观和培训的"麦芽品牌之家"（Malts Brand Home）。

迪赛德长期以来一直是非法蒸馏的温床。在 1823 年《蒸馏法》案颁布之后，一些之前从事非法蒸馏的酿酒商取得了许可证，他们的前同行有时候会把矛头转向他们。来自克拉西的詹姆斯·罗伯逊就是这种情况，他在迪河以北的格兰费丹（Glen Feardan）建造的一家蒸馏厂被人烧毁。1826 年他在迪河北岸又建造了第二家蒸馏厂，名为洛赫纳加（Lochnagar），也被烧毁了。于是他又锲而不舍地建造了第三家蒸馏厂，整座房舍再次"沦为灰烬。火灾发生的地点和方式至今依然成谜"（《阿伯丁日报》，1841年 5 月 12 日）。

因此，1845 年时敢在迪河的另一侧靠近巴尔莫勒尔城堡的地方建造新洛赫纳加蒸馏厂的人是真正的勇士。这位勇士就是约翰·贝格，他的名字后来被其调和威士忌的品牌口号传扬开来，"来一杯约翰·贝格吧"。1848 年维多利亚女王和阿尔伯特亲王租下了巴莫洛城堡，后将其买下并重建。

皇室成员首次来到巴尔莫勒尔的两天后，贝尔得知阿尔伯特亲王对"机械玩意儿"感兴趣，便邀请他们来酒厂品尝他的"作品"。第二天，亲王陪同女王和他们三位年长的孩子参观了酒厂，贝格给他们每人倒了一杯酒。那杯酒一定很不错，因为几天之后酒厂就获得了皇家认证。没过多久蒸馏厂便更名为"皇家蓝勋"。

　　酒厂后来传给了约翰·贝格的儿子和孙子，然后是家族信托，1902 年后成为一家私人有限公司。第一次世界大战期间，董事们与 D. C. L. 接洽，后者于 1916 年收购了该家族的股份。

趣闻 Curiosities

蒸馏厂的名字来自附近的一座山，还有靠近山顶的湖。

● 皇家蓝勋是贝尔斯登的麦克法兰勋爵最喜爱的威士忌。作为联合蒸馏公司总裁，诺曼·麦克法兰爵士开创了第一批专有麦芽威士忌装瓶。

图片来源：云顶

Scapa

斯卡帕

 麦芽威士忌

产区：Highland (Island)　电话：01856 876585
地址：St Ola, Kirkwall, Orkney
网址：www.scapawhisky.com　所有权：Chivas Brothers
参观：2015 年 4 月起开放并配有商店　产能：1.3m L. P. A.

原料：无泥煤麦芽来自科尔卡迪的基尔戈。自有地板发麦装置在 1962 年被移除。来自林格罗溪的冷却用水，来自涌泉和柯尔特兰德溪（Coltland Burn）的工艺用水。

设备：不锈钢糖化槽（3.76 吨）；6 个不锈钢发酵槽。1 个重制的罗蒙德式初次蒸馏器，内部隔板已被移除，还有 1 个净化器（13 500 升）；1 个普通型烈酒蒸馏器（9000 升）。均为间接加热，配壳管式冷凝器。

熟成：主要是重装美国猪头桶，也有一些首次桶。

风格：石楠花粉，蜂蜜和清淡的香料。

熟成个性：海洋特征，嗅香淡淡咸味，花卉 / 青草，香木调。口感偏干，略辛辣，香草和太妃糖味。酒体中等。

蒸馏厂建在林格罗溪（Lingro Burn）边上，俯瞰着斯卡帕湾宽阔的锚地；1919 年德国公海舰队在那里自沉；1939 年，一艘胆大包天的德国潜艇在这里击沉了英国海军"皇家橡树号"战舰。

一位地方部长在 1701 年报告说，当地教区举行了一场古老盛大的饮酒比赛，据称是 11 世纪的圣马格纳斯创立的，他抵达奥克尼群岛时向当地的主教赠送了"一些浓烈的饮料"。"如果主教将其一饮而尽，就会大大地认可他，向他保证他可以在自己掌权的日子里一帆风顺。"

斯卡帕蒸馏厂由格拉斯哥调和商约翰·汤森于 1885 年建立，并运营至 1919 年。那一年酒厂差点被大火焚烧殆尽，多亏有英国皇家海军大舰队的水手在斯卡帕湾驻扎，及时用水桶救火。酒厂后来几经易手，直到 1954 年被希拉姆·沃克买下；他们在五年后重建了酒厂，安装了一台罗蒙德式初次蒸馏器（详见"Inverleven 因弗列文""Miltonduff 弥尔顿达夫"）。酒厂在 1978 年又进行了一次现代化改造，当时蒸馏器中的隔板被移除，结果就成了一个上部是直筒形的传统蒸馏器。1994 年，酒厂再次被封存，但从 1997 年开始，由附近高原骑士的员工进行间歇性生产。

1986 年至 1987 年间，同盟蒸馏公司买下希拉姆·沃克，接收酒厂的所有权。2004 年他们耗资 210 万英镑对酒厂进行了大规模翻新，推出第一批专有装瓶并成立了粉丝俱乐部。2005 年生产因整修计划再次停止；当年晚些时候，酒厂的所有权转移到保乐力加旗下的芝华士兄弟公司名下，后者在 2005 年 10 月酒厂开业 120 周年之际恢复了生产。

趣闻 Curiosities

阿尔弗雷德·巴纳德在 1886 年访问斯卡帕时，发现它是"英国境内最完备的小型蒸馏厂之一"。

● 由林格罗溪驱动的大型水轮为酒厂供电。

● 从 1959 年至今，斯卡帕一直在运转 1 台罗蒙德初次蒸馏器。这台蒸馏器来自格伦伯吉蒸馏厂，尽管可调节隔板已经拆除，它依然是如今仅存的两个同类型蒸馏器之一。

● 作为一家岛屿区的蒸馏厂，斯卡帕选择生产无泥煤威士忌是异乎寻常的。

Speyburn
盛贝本

麦芽
威士忌

产区：Speyside　　电话：01340 831213
地址：Rothes, Moray
网址：www.speyburn.com　　所有权：Inver House Distillers
参观：需预约　产能：4.5m L. P. A.

原料： 自有滚筒发麦设备一直使用到 1967 年；目前使用来自独立发麦厂的无泥煤麦芽。来自斯佩河支流格兰迪溪（Granty Burn）的软质工艺用水；来自宽溪（Broad Burn）的冷却用水。

设备： 全劳特 / 滤桶式糖化槽（6 吨）。4 个花旗松发酵槽，15 个不锈钢发酵槽。1 个普通型初次蒸馏器（15 000 升），2 个烈酒蒸馏器（1 个12 500 升，另一个 11 500 升），自 1962 年以来都是间接燃烧加热。烈酒蒸馏器连接到一个虫管冷凝器上（管道长度超过 100 米）。

熟成： 主要是波本桶，还有一些欧洲橡木桶。80 % 的酒液被罐装车运到艾尔德里装桶；用作单一麦芽威士忌装瓶的橡木桶会在一个两层楼的货架式仓库中陈年，货架为三层高。

风格： 斯佩塞风。酯香，花香，青草，柠檬，但带一点肉味。

熟成个性： 轻盈的斯佩塞风格。清新的花香 / 果香，带有麦片味。尝起来主要是甜味，有青苹果、梨和草本香气，石楠花香调。酒体较轻。

历史事迹
History ▶▶▶

盛贝本藏在罗西斯外围一个树木繁茂的陡峭峡谷里，是一家景色如画的蒸馏厂。它是由埃尔金杰出的蒸馏厂建筑师查尔斯·多伊格为托本莫瑞蒸馏厂的所有者约翰·霍普金斯公司设计的，使用从相邻河床采集来的石头建造而成。酒厂于 1897 年开业。由于场地狭小，多伊格还安装了一个亨宁斯气动发麦机，这是所有麦芽威士忌酒厂中首个滚筒发麦设备，因为它占用的面积比较小。这套设备一直用到 1968 年。木质麦芽料斗至今仍在使用。

约翰·霍普金斯公司于 1916 年加入 D. C. L.，盛贝本被授权给了如今已被世人遗忘的利斯调和商罗伯逊父子公司。酒厂从 1962 年开始交由 S. M. D. 运营；他们在同年将蒸馏器改为间接加热，并在 1974 年重建了糖化车间并重新安装了糖化设备，但没有改动多伊格设计的蒸馏室。因弗豪斯蒸馏公司于 1991 年收购了盛贝本。

盛贝本是因弗豪斯最畅销的麦芽威士忌品牌，2014 年售出 50 万瓶以上，在美国尤其受欢迎。2014—2015 年间酒厂扩建，安装了新的糖化槽和 15 个新的发酵槽。现有的初次蒸馏器被改为烈酒蒸馏器，并新安装了 1 个更大的烈酒蒸馏器。

盛贝本在 1897 年最后一天开业，当年适逢维多利亚女王登基 60 周年。那是一个狂风暴雪的夜晚，酒厂工人在一个没有窗户的蒸馏室内彻夜工作。在这历史性的一天里，只有一桶酒被生产出来。

● 盛贝本在大多数市场上鲜为人知，但它却是美国销量排名前六的麦芽威士忌，在芬兰排名第一。

The Speyside
斯佩塞

 麦芽威士忌

斯佩塞蒸馏厂的重建堪称一人之功，此人就是当地建筑工人亚历克斯·费尔利。这项工作耗去他整整 20 年的时光。

产区：Speyside　　电话：01540 661060
地址：Tromie Mills, Glentromie, Kingussie, Highland
网址：www.speysidedistillery.co.uk　　所有权：Speyside Distillery Company Ltd
参观：需预约　　产能：1m L. P. A.

原料：来自特罗米河的软质工艺用水和冷却用水，河水流经前磨坊水坝。传统上使用来自独立发麦厂的无泥煤麦芽，不过每年也会固定使用重泥煤麦芽制作小批量酒款。

设备：带不锈钢圆顶的不锈钢"格兰司佩"半劳特 / 半滤桶式糖化槽 [4 吨，这是其发明者纽米尔工程公司（Newmill Engineering）制造的最后 1 个糖化槽]。4 个不锈钢发酵槽。1 个普通型初次蒸馏器（10 000 升），1 个普通型烈酒蒸馏器（6000 升）。均由蒸汽水壶间接加热，配壳管式冷凝器。

熟成：美国橡木桶和重新制作猪头桶的混合，还有少量雪利桶。酒厂内没有保税仓库；酒液在格拉斯哥的拉瑟格兰陈年，装瓶厂也设在那里。

风格：轻盈，柔软，甜美，香草，淡淡的甘草味。

熟成个性：斯佩塞的轻盈风格。主要是谷类，新鲜的苹果和梨，以及淡淡的花香。尝起来味道甜美，带有谷物和水果味。酒体较轻。

　　乔治·克里斯蒂从皇家海军（潜艇部队）复员后，作为初级合伙人加入前海军战友在格拉斯哥开办的 W. R. 帕特森威士忌经纪公司（W. R. Paterson & Company）。三年后（1949 年），他们与桑迪·格兰特合作，通过拍卖从内陆税收局购得威士忌经纪公司亚历山大·麦加文（格拉斯哥）有限公司 [Alexander McGavin & Company（Glasgow）Ltd]。乔治被任命为总经理，并在 1955 年和 1964 年收购了其他股东的股份。

　　1955 年，乔治成立了斯佩塞蒸馏和保税公司，并于次年买下了距金尤西 3 英里远的特罗米河谷的老米尔顿庄园。乔治对特罗米磨坊特别感兴趣，这是一家可追溯到 18 世纪的大麦磨坊，由当地一个家族数代经营，直到 1965 年。建筑物在 1967 年进行了修复，磨坊和水轮得以保留，至今还在运作。酒厂的第一批酒液于 1990 年 12 月 12 日被蒸馏出来，而庆祝正式开放的午宴则延至 1991 年 9 月 20 日。

　　1957 年，乔治·克里斯蒂又在阿洛厄的坎伯斯创立了斯特拉斯莫尔蒸馏厂（详见 "North of Scotland 北苏格兰"）。

　　公司总部位于格拉斯哥的拉瑟格兰（Rutherglen），酒厂的大部分酒液都在这里长年熟成，混合，装瓶。2000 年，乔治·克里斯蒂把他在斯佩塞蒸馏厂的股份卖给了他的儿子瑞奇，还有伊恩·杰曼以及詹姆斯·阿克罗伊德爵士（后者成为公司总裁）。乔治在 2011 年去世，2012 年 9 月，酒厂被出售给约翰·哈维·麦克唐纳名下的爱丁堡哈维斯有限公司（Harvey's of Edinburgh Ltd），该公司与中国台湾味丹公司（全球最大的味精生产商）关系密切。自 20 世纪 90 年代以来，哈维斯一直在中国台湾销售麦芽威士忌，其中包括诗贝（Spey）品牌，2011 年时诗贝成为这个重要市场上第三大受欢迎的麦芽威士忌品牌。来自斯佩塞酒厂的产品线也在 2014 年至 2015 年间得到大幅扩充。2019 年 4 月，根据与中国市场的分销协议，酒厂宣布产能将从 60 万升纯酒精提升到 100 万升纯酒精。

趣闻 Curiosities

斯佩塞蒸馏厂比其他任何酒厂都更靠近斯佩河这一水源，酒厂就建在斯佩河的支流特罗米河河畔，同时也靠近德拉穆什村（Drumguish）村。

● 金尤西之前有过一家"斯佩塞蒸馏厂"。它成立于 1895 年，1905 年停产，并于 1911 年被拆除。现在的酒厂曾在电视剧《莫纳山谷》(*Monarch of the Glen*) 中作为拉根摩尔蒸馏厂（Lagganmore Distillery）出场。

Springbank

云顶

麦芽
威士忌

产区：Campbeltown　　电话：01586 551710
地址：Longrow, Campbeltown, Argyl　　网址：www.springbankdistillers.com
所有权：Springbank Distillers (J. & A. Mitchell)
参观：需预约　　产能：750 000L. P. A.

原料：来自克洛斯希尔湖（Crosshills Loch）的软水。自有地板发麦车间；云顶所需的麦芽用泥煤（从坎贝尔镇机场附近采来）烘烤 6 小时，再在热空气中干燥 18—24 小时。朗格罗所需的麦芽用泥煤烘烤约 27 小时，然后再用热空气干燥。哈索本所需的麦芽不需要泥煤烘干。

设备：顶部开口的传统铸铁糖化槽（3.64 吨）。6 个斯堪的纳维亚船皮落叶松发酵槽。1 个普通型初次蒸馏器（11 000 升）既可由燃油直接加热，也可由内部蒸汽盘管间接加热，整个苏格兰仅此一家。配锅底刷。2 个普通型烈酒蒸馏器，采用间接加热（7500—8000 升）。第一烈酒蒸馏器配备虫管冷凝器，初次蒸馏器和第二烈酒蒸馏器配标准冷凝器。

朗格罗所需的麦芽使用从阿伯丁郡的皮茨莱戈（Pitsligo）采来的泥煤，完全干燥约 27 小时。哈索本所需的麦芽完全不使用泥煤烘干。云顶采用 2.5 次蒸馏。初次蒸馏器馏出的初馏低度酒 80％以惯常的方式注入第一个烈酒蒸馏器，馏出物进入废酒收集器，在那里与第三个蒸馏器馏出的酒头和酒尾混合。剩下的 20％直接进入第三个蒸馏器的初馏低度酒和废酒收集器，

在那里与废酒收集器的馏出物混合，然后在第三蒸馏器中进行蒸馏，废酒和酒头流入废酒收集器。

熟成：主要是首次填充波本桶，然后再使用首次填充雪利桶。大约20%的重装桶；还有马德拉桶、波特桶和德梅拉拉朗姆桶。酒厂内有6个保税仓库；4个传统的垫板式仓库，2个七层高的货架式仓库。所有出品都在酒厂内现地熟成。

风格：云顶有轻微的泥煤感，油脂感，甜美，酒体较重。朗格罗是重酒体，甜，明显的泥煤风。哈索本则清淡，甜美，带有干草和麦芽味。

熟成个性：云顶需要的陈化久一些，酿出来可以很好。在10—15年这个区间里，它只是很有"潜力"。嗅香可以感受到草莓，樱桃和香蕉的味道，还有明显的烟熏味。尝起来有一种奶油般的口感，带有一些奶油糖和薄荷味，一些甜麦芽味，淡淡的烟熏味。中等酒体，随着酒龄的增长会越来越饱满。

历史事迹
History ▶▶▶

云顶是仅有的3家于19世纪创立，如今仍由其创始家族持有的蒸馏厂之一。

最初酒厂的名字很有可能是"朗格罗街"（Longrow Street Distillery，容易和隔壁的朗格罗蒸馏厂搞混，所以不久后更名为云顶），据说酒厂是1828年由一位名叫威廉·里德的人建立的，他通过联姻与米切尔家族建立了联系。米切尔家是当地望族，于1600年左右从低地来到琴泰半岛（Kintyre）。事实上，在里德建造酒厂之前，阿奇博德·米切尔很可能已经在酒厂的所在地上进行非法蒸馏了。不过可以肯定的是，他很快遇到了经济困难，在1837年将所有权转给了他的姻亲约翰·米切尔和威廉·米切尔 [他们的兄弟休和阿奇博德在附近创立了里希拉先（Riechlachan）蒸馏厂，从 1825 年一直运营到 1934 年]。1838 年时，他们以每加仑 44 便士的价格向基尔马诺克的约翰·沃克（John Walker）出售威士忌。

兄弟们之间产生了矛盾，1872 年威廉离开了公司，投奔他在里希拉先的其他兄弟。约翰招揽他的儿子亚历山大作为合伙人，公司变更为今天的 J. & A. 米切尔有限公司。

大萧条期间，云顶从 1926 年到 1933 年间封厂，但它是 20 世纪 20 年代关厂潮中幸存下来的仅有的 3 家坎贝尔镇蒸馏厂之一，这场关厂潮波及镇上 17 家蒸馏厂。其余两家分别是格兰帝和里希拉先，后者于 1934 年关闭。现任总裁赫德利·莱特先生是约翰·米切尔的曾曾外孙。

2004 年，赫德利·莱特在云顶附近的路边开办了格兰盖尔蒸馏厂，这家酒厂最初是由他的曾曾叔祖于 1872 年创立的（详见"Glengyle 格兰盖尔"）。

云顶是所有苏格兰麦芽酒蒸馏厂中最传统的，制作三种不同风格的麦芽威士忌：云顶、朗格罗和哈索本，每种都具有不同的泥煤水平（见下文）。

图片来源：云顶

趣闻 Curiosities

除了蒸馏之外，约翰·米切尔还是"一位罕见的辨别羊和高地牛的好手……并租用了至少 7 个农场"。根据讣告所述，他于 1892 年去世，享年 91 岁。

● 据 1974 年 6 月 16 日的《每日邮报》报道，加拉希尔斯的一位酒店经营者以 10 便士看一次的价格向顾客们展示一瓶云顶 50 年威士忌："他为此支付了 29 英镑——相当于一瓶威士忌的批发价……有个办法保管你清醒过来：告诉你一口酒（dram）的价格是多少——如果这种液体黄金可供出售的话（可惜它是非卖品）。后来，他毫不脸红地在价签上写下 2 英镑，五分之一（及耳 [1]）。"2019 年 10 月，一瓶 1919 年蒸馏的云顶在苏富比拍卖行卖出了 22 万英镑。时代的变化真大！

● 云顶完全在酒厂内的地板发麦车间发麦（部分大麦是当地产出的），并使用本地切割的泥煤。糖化槽是犁耙式的；它有 3 个蒸馏器，采用复杂的准三次蒸馏；初次蒸馏器是燃油直火加热，配有内部锅底刷，也可以使用蒸汽间接加热。其中 1 个烈酒蒸馏器配有 1 个虫管冷凝器。酒厂内现地装瓶。整个环境古色古香，在这儿你看不到一台电脑。

● J. & A. 米切尔有限公司于 1969 年购买了成熟的独立装瓶商卡登汉（最初是阿伯丁的装瓶商）。大约在同一时期，与云顶相邻的朗格罗蒸馏厂（1824—1896）被收购。其中一个仓库目前仍在使用，其余房间被用作云顶的装瓶车间；原来的蒸馏室如今成了停车场。1973 年，第一瓶使用重泥煤麦芽的朗格罗由云顶自己的蒸馏器蒸馏而得。1997 年，第一批哈索本也加入进来，使用无泥煤麦芽，经过三次蒸馏而得。哈索本自身是另一个坎贝尔镇的酒厂，于 1925 年关闭。

● 弗兰克·迈克哈迪是一名资深威士忌从业者，分别在 1977 年至 1986 年间和 1996 年至 2013 年间担任云顶的经理。他于 1963 年在因弗高登开启职业生涯，之后曾在几家蒸馏厂工作，1986 年至 1996 年间担任北爱尔兰布什米尔（Bushmills）酒厂的蒸馏大师。

1　1 及耳相当于 0.1421 升。——中文版编者注

Starlaw

斯塔罗

谷物
威士忌

地址：Starlaw Road, Bathgate, West Lothian　　电话：01506 468550
网址：无　　所有权：Glen Turner (La Martiniquaise)
参观：无　　产能：25m L. P. A.

原料：酒厂所需谷物主要来自自产小麦和大麦麦芽。该酒厂目前正致力于发展作为主要谷物原料的玉米和小麦之间的快速转化能力，以优化效率。

设备：高度现代化的设计哲学传递了一种极为高效的"端到端"流程理念，使工厂能够最大限度地减少碳足迹并满足集团在可持续发展方面的目标。主连续蒸馏器由意大利佛丽公司设计安装，可以持续稳定地生产清澈的酒精。该设施预留出额外的蒸馏能力，用于生产中性酒精。

熟成：只在厂区内的 21 个熟成仓库中进行陈年，并且只使用波本桶。每个仓库可容纳 23 500 只橡木桶。

历史事迹
History ▸▸▸

　　马提尼克酒业集团鉴于调和苏格兰威士忌品牌雷堡 5 号（Label 5）和爱德华爵士（Sir Esward's）在（主要是）法国市场取得巨大成功，加上 2008 年收购的格兰莫雷蒸馏厂的金爵单一麦芽威士忌创下佳绩，决定在 2011 年低调开设了这家大型谷物威士忌蒸馏厂，并配有调配和装瓶设备。这是自 1964 年以来在格林菲尔德建立的第一家谷物蒸馏厂，由美国的科罗拉多集团（Colorado Group）设计，该集团在 2010 年荣获苏格兰建设中心颁发的"设计和建造杰出表现奖"。

St Magdalene
圣玛德莲（再开发）

麦芽
威士忌

历史事迹
History ▸▸▸

第一位记录在案的许可证持有人是亚当·道森，时间是 1797 年。他是低地蒸馏者的发言人，1829 年 A. & J. 道森（A. & J. Dawson）继承了许可证。

酒厂位于格拉斯哥和爱丁堡之间的主干道旁，1822 年在两座城市之间开通的联合运河以及 1842 年投入运营的铁路大大巩固了酒厂的地位。这是一个规模可观的企业，有 4 个蒸馏器（1971 年改为间接加热）和 19 个仓库，其中一个是用"无比巨大的"砖头砌成的（巴纳德）。

A. & J. 道森于 1894 年成立有限公司，但在 1912 年因经营困难进入清算流程。同年，酒厂成立了一家新公司并沿用前公司的名字，由 D. C. L.，沃克父子公司和 J. A. 拉米奇·道森（J. A. Ramage Dawson）公司共同拥有。

1914 年，董事会联合其他 4 家低地蒸馏厂共同成立了 S. M. D.（详见"Rosebank 罗斯班克"）。

圣玛德莲是 1983 年世界经济衰退的众多受害者之一，当时 S. M. D. 不得不关闭酒厂，以使陈年库存水平与预期的未来销售水平保持一致。该厂区如今已被重新开发为住宅用地。

产区：Lowland　　　地址：Linlithgow, West Lothian
最后的所有权：D. C. L./S. M. D.　　关停年份：1983

趣闻 Curiosities

酒厂名来源于林利斯戈（Linlithgow）附近一个被称为圣玛德莲十字（Saint Magdalene's Cross）的地方，18 世纪后期酒厂在此成立。这里也曾是同名医院和年间展会的所在地。蒸馏厂也被称为林利斯戈。

● 林利斯戈因其水质优越而闻名。一首古韵诗唱道：

Linlithgow for wells,

Glasgow for bells,

Peebles for clashes and lees (i.e. 'lies')

And Falkirk for beans and peas

（林利斯戈井水甘冽

格拉斯哥钟声动听

皮布尔斯兵荒马乱

福尔柯克换斗移星）

● 16 世纪时这里是粉碎和发麦的中心，18 世纪时又因酿造和蒸馏而闻名。圣玛德莲用于冷却和驱动水轮的水来自联合运河；工艺用水来自城镇供水，源头是罗曼湖。

● 巨大的林利斯戈宫矗立在湖畔。这是一座 12 世纪的皇家住所，现存的废墟可追溯至 1425 年至 1630 年这段时间。苏格兰玛丽女王于 1542 年出生于此。

● 1892 年去世的拉梅奇·道森上校曾拥有锡兰"大片价值千金的咖啡种植园"、金罗斯郡（Kinross-shire）的庄园、哈丁顿炮兵营的上校头衔，以及蒸馏厂。

Strathclyde
斯特拉斯克莱德

电话：01389 724205　地址：Moffat Street, Glasgow
所有权：Chivas Brothers　产能：40m L. P. A.

原料：来自独立供应商的小麦。

设备：2 个用于谷物威士忌的连续蒸馏器；5 个用于中性酒精的连续蒸馏器。

熟成：轻盈，甜美，略带乳脂感，还有一些泡泡糖味。

历史事迹
History ▶▶

　　斯特拉斯克莱德谷物酒精蒸馏厂由历史悠久的（成立于 1805 年）伦敦金酒公司西格·埃文斯于 1927 年建造，用于确保精馏酒精的稳定供应。酒厂坐落在格拉斯哥的克莱德河南岸，从特罗萨克斯境内的卡特琳湖取水。

　　1936 年，借由收购葡萄酒和烈酒商 W. H. 卓别林公司（W. H. Chaplin & Company），西格·埃文斯的苏格兰威士忌生产得到了显著的提升。卓别林公司在 1911 年从班尼富蒸馏厂的继承者长脚约翰·麦克唐纳（Long John Macdonald）手中收购了著名品牌长脚约翰。1937 年，西格·埃文斯买下了位于彼得黑德的格兰乌吉蒸馏厂。

　　1956 年，西格·埃文斯被来自纽约州的美国蒸馏商申利工业公司收购，当时正值调和苏格兰威士忌在世界范围内崛起，这笔注资无疑很受欢迎。苏格兰酒厂的所有权转让给了斯特拉斯克莱德与长

脚约翰蒸馏有限公司（Strathclyde & Long John Distilleries Ltd），没多久就简化为长脚约翰蒸馏公司，并在1970年之后更名为长脚约翰国际公司。1975年，它被卖给了惠特布雷德有限公司，这家公司的蒸馏权益在1990年以4.54亿英镑卖给了同盟利昂公司。

斯特拉斯克莱德曾于1973至1978年间重建，安装了2个用于谷物威士忌生产的连续蒸馏器，还有5个连续蒸馏器，用于生产中性酒精。2002年关闭了敦巴顿蒸馏厂之后，同盟花费了700多万英镑，将斯特拉斯克莱德的产能从每年3200万升纯酒精提升到4000万升。2005年同盟解散后，斯特拉斯克莱德被划拨给了芝华士兄弟公司。

趣闻 Curiosities

1956—1957年间，斯特拉斯克莱德蒸馏厂厂区内建造了一个名为"金克拉思"的新麦芽蒸馏厂，为长脚约翰调和威士忌提供基酒。长脚约翰国际公司被卖给惠特布雷德公司之后，金克拉思在1976—1977年间被拆除，为斯特拉斯克莱德的扩产让路（详见条目）。

Strathearn
诗川森

麦芽
威士忌

酒厂的糟粕残留物被当地农场用于饲养野猪。

产区：Highland　　地址：Bachilton Farm Steading, Methven, Perth
电话：01738 840100　　网址：www.strathearndistillery.com
所有权：Douglas Laing
参观：开放并配有餐厅　　产能：30 000 L. P. A.

原料：来自塔湖的软质水。目前使用来自独立发麦厂的麦芽，但计划采用地板发麦，并争取用农场内种植的大麦满足蒸馏要求。主要采用无泥煤麦芽，但也会有小批量的 20ppm 泥煤酚值的麦芽。

设备：不锈钢糖化槽（半吨，每批次 425 千克）。2 个带冷却夹套的不锈钢发酵槽。1 个小型蒸馏锅式初次蒸馏器（800—850 升）；1 个小型蒸馏锅式烈酒蒸馏器（425 升）。配壳管式冷凝器。

熟成：八度桶（50 升），由法国和美国橡木的初次桶以及一些雪利桶制成。波特、梅洛以及其他种类的橡木桶也已列入计划。目前所使用的八度桶包含 50% 的初次桶和 50% 的首次雪利桶。

风格：清淡果香；苏格兰黄油饼干，"带着一点撒上干橙皮的黑巧克力"。

撇开红河蒸馏厂不论（他们家的蒸馏器要大一些），诗川森堪称苏格兰第一家微型蒸馏厂。它于 2013 年 10 月投产，创立契机是托尼·里曼－克拉克、大卫·朗和大卫·怀特三人在爱丁堡"威士忌艺术节"（Whisky Fringe）活动之后的一次谈话。和达夫特米尔一样，这家酒厂建在一座拥有 160 年历史的石造农场中。蒸馏器属于小型蒸馏锅式样，由葡萄牙的霍加公司制造，初旨是为雪利酒行业提供强化酒精。这种蒸馏器如今被广泛地用于欧洲和北美的威士忌生产。

蒸馏厂提供数量有限的 50 升酒桶整桶出售，还自己蒸馏金酒，使用中性酒精作为基酒，并在连接单独的林恩臂、配有植物过滤托盘的烈酒蒸馏器中精馏，生产荒野玫瑰（Heather Rose）、经典（Classic）和橡木桶高地（Oaked Highland，这款建议直饮）三款金酒。

趣闻 Curiosities

诗川森特别的（或者说独一无二的？）地方在于开设了以一天、三天和五天为期的威士忌"实践"课程，课程对象为两到三人（最多）。

● 公司创始人还成立了苏格兰手工蒸馏协会。

Strathisla

斯特拉赛斯拉

麦芽
威士忌

和许多酒厂一样，斯特拉赛斯拉也养了一只蒸馏厂猫，用来消除鼠患。最近的一只是 1993 年混在一批从肯塔基州运来的橡木桶中偷渡来的。人们在一堆橡木桶中发现它时，它已经饿得皮包骨，还醉醺醺的，因此被取名叫"昏头儿"！

斯特拉赛斯拉是高地地区仍在运营的最古老的酒厂，同时也是苏格兰最吸引人的酒厂。1995 年经过精心修复后，它被列为受保护建筑。

产区：Speyside　　电话：01542 783044
地址：Keith, Moray　　网址：www.maltwhiskydistilleries.com
所有权：Chivas Brothers
参观：开放　　产能：2.45m L. P. A.

原料：地板发麦车间一直使用到 1961 年；现使用来自巴基的保罗家的无泥煤麦芽。来自布利恩斯泉（Fons Bulliens Well）的工艺用水，据信 13 世纪时，僧侣曾用这里的水来酿造啤酒。

设备：带铜圆顶的不锈钢传统犁耙式糖化槽（5.12 吨）。10 个北美黄杉木发酵槽。2 个鼓球型初次蒸馏器（12 500 升），2 个鼓球型烈酒蒸馏器（7000 升）。直火蒸馏一直用到 20 世纪 90 年代才被间接加热替代，配壳管式冷凝器。

熟成：主要是重装美国猪头桶，还有一些首次桶。

风格：甜美，果香和酯味。

熟成个性：斯特拉赛斯拉是一款浓郁饱满的优质麦芽威士忌，具有浓郁的果香，包括杏子和李子味、甜麦芽味、檀香，甚至还有一丝烟熏感。尝起来口感怡人，质地饱满，甜美，尾段能尝到单宁，整体偏干，尾韵中长。酒体中等。

　　1786 年，蒸馏厂由当地受人尊敬的乔治·泰勒（亚麻生产商，邮政局长，银行家）与戈登公爵合作创立，拥有一个 40 加仑的蒸馏器。酒厂最初被命名为米尔镇（Milltown），1825 年后更名为米尔顿（尽管其出品仍被称为"斯特拉赛斯拉"，1830 年酒厂转到银行家和谷物商威廉·朗摩手中，时机到了又被传给他的女婿 J. 格德斯·布朗，后者将它合并为威廉·朗摩有限公司（William Longmore & Company Ltd），公司的大部分股份由当地人持有。

　　值得注意的是，伦敦的金酒制造商罗伯特·伯内特爵士公司（Sir Robert Burnett & Company of London）曾在 19 世纪 80 年代以"朗摩的斯特拉赛斯拉（Longmore's Strathisla）"为名灌装了"不可计数"的单一麦芽威士忌（1885 年《马里和奈恩快报》报道）："无论走到哪里，都能发现那些懂威士忌的人热情洋溢、赞不绝口地谈起基思（Keith）的米尔顿蒸馏厂的出品。"

　　一直到 1950 年，米尔顿都归朗摩公司所有。那一年詹姆斯·巴克莱以 71 000 英镑的价格收购了酒厂，并立即将其出售给了施格兰公司。此后，酒厂也按照出品的名字改名为"斯特拉赛斯拉"。

　　朗摩公司被剔除出局后，米尔顿由一个名叫杰伊·波默罗伊的行事可疑的伦敦金融家控制。他抽取了大量熟成好的威士忌，按照法院判决书的说法是，"以不引起任何税务的方式处理了它们"。也就是说，他在黑市上将这些库存卖掉以获取巨利，导致酒厂在那段时间长期缺乏熟成威士忌。

　　施格兰立即着手扩大生产，1965 年在原有的一对燃煤加热的蒸馏器旁安装了 2 个新的蒸汽加热蒸馏器，并在附近建造了大规模的仓库。

施格兰的威士忌权益于 2001 年被保乐力加收购，而斯特拉赛斯拉则由其子公司芝华士兄弟管理。

趣闻 Curiosities

据《班夫郡日报》报道，1876 年 1 月，米尔顿酒厂发生了一场火灾，大火吞没了脱粒机旁边的牛棚："牛棚里有 66 头奶牛，有 30 头在火灾中丧生，损失高达 700 英镑；还有 500 夸特（约合 0.57 升）的大麦，一台很棒的脱粒机和一台蒸汽机……损失估计有 3800 英镑。"三年后麦芽磨坊发生了爆炸，"事故是一枚小石子引起的，石子与磨盘里的圆筒摩擦产生火花，火花点燃了颗粒细小、粉末状、高爆性的粉尘"。

- 酒厂的一大特色是 1881 年安装的用于发电的水轮，一直使用到 1965 年，以驱动初次蒸馏器中的锅底刷。

- 米尔顿 / 斯特拉赛斯拉拥有苏格兰酒厂中最高的宝塔屋顶（虽然它们看起来没那么高，因为酒厂本身很小），而且，不同寻常的是，其设计者并非查尔斯·多伊格（宝塔屋顶的发明者和蒸馏厂建筑设计大师），而是另一位蒸馏厂建筑师约翰·阿尔考克。

- 詹姆斯·巴克莱（1886—1963）是战后数十年威士忌行业中最具传奇色彩的人物之一。1902 年在班凌斯蒸馏厂开启职业生涯，之后为白马的彼得·麦基工作了一段时间。1919 年他与一位合伙人联手收购了巴兰坦父子公司，又在 1922 年收购了 J. & G. 斯托达德（调和酒商），并立即着手安排在美国的分销工作——尽管当时还处于"滴酒不沾"（禁酒令）时期。在加拿大，他与加拿大最大的蒸馏公司希拉姆·沃克、古德汉与沃兹（Gooderham & Worts）的老板哈里·哈奇建立了友谊，并在 1935 年将百龄坛卖给了他。次年他代表希拉姆·沃克买下了弥尔顿达夫和格伦伯吉两家蒸馏厂，并加入希拉姆·沃克（苏格兰）有限公司的董事会。颇为神秘的是，他在 1937 年辞职。更令人不解的是他转投到希拉姆·沃克的主要竞争对手施格兰旗下，并通过推动施格兰先后收购阿伯丁的芝华士兄弟公司和斯特拉赛斯拉酒厂（过去称米尔顿），为其进入苏格兰威士忌行业铺平了道路。

Strathmill
史特斯密尔

 麦芽
威士忌

产区：Speyside　　电话：01542 883000
地址：Keith, Moray
网址：www.malts.com　　所有权：Diageo plc
参观：无　　产能：2.6m L. P. A.

原料：从现地的泉眼中抽取的工艺用水；来自伊拉溪（Isla Burn）的冷却用水。来自埃尔金镇伯格黑德的无泥煤麦芽。

设备：带有穹顶的不锈钢劳特/滤桶式糖化槽（9吨）。6个不锈钢发酵槽。2个带有净化器的鼓球型初次蒸馏器（11 000升）和2个鼓球型烈酒蒸馏器（6700升）。配壳管式冷凝器。

熟成：重装雪利大桶和重装猪头桶，酒厂内设有6个仓库。

风格：轻盈，草本香，麦芽香。

熟成个性：轻盈的斯佩塞风格，专为调和威士忌设计（主要供给 J. & B. 珍宝）。闻起来香气扑鼻，带有明显的花香和清新的果香（让人联想到柑橘、橙子和甜苹果）。尝起来的味道也很甜美，并带有水果味。中等至轻盈的酒体。

历史事迹
History ▸▸▸

史特斯密尔诞生于 1891 年，起初名为格兰尼斯拉 – 格兰威特（Glenisla-Glenlivet），坐落在一家建于 1823 年的改建面粉厂内，这里过去被称为斯特拉赛斯拉磨坊（Strathisla Mills）。4 年后酒厂被伦敦金酒蒸馏公司 W. & A. 吉尔比买下，改为现在的名字（吉尔比当时已拥有格兰司佩蒸馏厂，后来还买下了龙康得蒸馏厂）。

1962 年，吉尔比与联合葡萄酒商 (包括 J. & B. 珍宝) 合并成立了 I. D. V.; 6 年后，史特斯密尔扩产到 4 个蒸馏器，并安装了净化器以增加反流，使酒体更加轻盈。I. D. V. 在 1972 年被酿酒商沃特尼·曼恩（Watney Mann）收购，没多久两者被大都会酒店集团（Grand Metropolitan Hotel Group）买下。大都会和健力士公司又于 1997 年合并成为帝亚吉欧。

趣闻 Curiosities

第一台威士忌罐车就是从这里出发将酒液运到调和商手中的。罐车被命名为"威士忌酒池"，可以追溯到 20 世纪 50 年代。

● "（1905 年之前）吉尔比拒绝将纯麦威士忌之外的东西称为'苏格兰威士忌'，但人们逐渐意识到，麦芽威士忌对于南方温热气候地区的人来说，口味太重了。"（《葡萄酒商》，亚历克·沃）

泰斯卡
图片来源：帝亚吉欧

Talisker

泰斯卡

麦芽
威士忌

罗伯特·路易斯·史蒂文森在 1887 年发表了其著名的评论："如我所想的那样，国王只喝泰斯卡、艾雷岛或格兰威特。"

原料：来自格兰奥德发麦厂（Glen Ord Maltings）的中度泥煤烘烤麦芽（18—25ppm 泥煤酚值，初馏酒最终含大约 7—8ppm 的泥煤酚值）。工艺用水来自酒厂背后的霍克希尔山（Cnoc nan Speireag）的涌泉，来自卡博斯特溪（Carbost Burn）的冷却用水。

设备：半劳特 / 半滤桶式糖化槽（8 吨）。6 个木制发酵槽。2 个鼓球型初次蒸馏器（14 000 升），在进入虫管冷凝器前的林恩臂上有 1 个马蹄形 U 形弯管以及一个净化器管，可以产生更多的回流。3 个普通型烈酒蒸馏器（11 300 升）。均由蒸汽盘管间接加热。配虫管冷凝器。

熟成：主要是重装美国猪头桶；少量重装欧洲橡木桶。酒厂内有 4500 只桶长年熟成；其余酒液在中部地带灌装和陈年。

风格：烟熏和辛香料，带有海洋气息和高刺激性。它的基调（对我而言）是喝下去之后的辛辣感。

熟成个性：泰斯卡总是以比其他威士忌略高的酒精强度装瓶，这增强了它的刺激性。风格上偏向自然和海洋风。海滩、海藻、盐雾、香料、干果和篝火。
尝起来的味道比预期更甜，有丰富的水果调，烟熏感和辣椒。浓郁厚重的酒体。

产区：Island（Skye）　　电话：01478 614308
地址：Carbost, Isle of Skye
网址：www.malts.com　　所有权：Diageo plc
参观：开放并配有商店　　产能：3.3m L. P. A.

历史事迹
History ▸▸▸

　　酒厂建于 1830 年，创立者是休·麦克阿斯基尔和肯尼斯·麦克阿斯基尔（当地根基深厚的佃农），他们从麦克劳德家族那里承租下泰斯卡宅邸（1764 年约翰逊博士和他的传记作者博斯韦尔曾在此居住）以及相连的庄园。

　　对内进口大麦和煤，对外出口威士忌，海运的成本很高。麦克阿斯基尔家族被迫于 1848 年向苏格兰北部银行出售酒厂，之后的两位持照者在罗德里克·坎普 1879 年购买酒厂之前相继破产（详见"Macallan 麦卡伦"）。1900 年坎普与他的搭档亚历山大·格里戈尔·艾伦（详见"Dailuaine 大昀"）联手扩建了酒厂，并兴建了码头和小屋。1916 年之后，酒厂被三巨头（Big Three）和 D. C. L. 监管，1925 年时被后者完全拥有。

　　直到 1961—1962 年间重建蒸馏室以及紧随其后的大火之前，泰斯卡一直都采用三次蒸馏。现在的蒸馏体系通过增加烈酒蒸馏器中的反流可以达到相同的效果（详见下文）。地板发麦车间于 1972 年关闭。1988 年，酒厂的游客中心对外开放，并在 2020 年重新设计并大幅扩建。

趣闻 Curiosities

在通往虫管冷凝器的路上，烈酒蒸馏器的林恩臂勾出一个倒写的"U"，在它紧前方有一个净化器（一根回流管）。这大大增加了回流量—— 一位前酒厂经理估计，到达"U"形结构的蒸气 90% 会被回流到蒸馏器中，进行再次蒸馏。

● 泰斯卡的独特之处在于喝下去之后的辛辣感，吞咽的时候甚至有辣椒的"回钩"。没有人知道这种风味来自哪里。

● 泰斯卡是 20 世纪初期极少数作为单一麦芽装瓶的威士忌之一。它的出品一直是 8 年，然后是 10 年，直到它在 1988 年被选入"经典麦芽"（Classic Malt）系列。它有点怪异的地方在于传统上以略高于标准的酒精强度装瓶。由于泰斯卡的麦芽威士忌被广泛使用在尊尼获加调和威士忌中，因此很少有独立装瓶面世。近年来帝亚吉欧大力推广泰斯卡，并推出了几款新产品。这令泰斯卡得以跻身全球最畅销威士忌排行榜前列。

● 2015 年帝亚吉欧开始赞助"泰斯卡威士忌大西洋挑战赛"（Talisker Whisky Atlantic Challenge），2019/2020 年本书作者的三个儿子参与其中，打破了三项世界纪录——最快完成赛事的三人组、最年轻的三人组、第一次一同划船跨越大洋的三兄弟！

Tamdhu

檀都

麦芽
威士忌

20 世纪 80 年代早期，檀都 10 年的酒标成为一代传奇："朝为静水，
缓映柔光；夕同奔流，逐浪斯佩。"

苏格兰铁路公司名下的北方公司预测斯特拉斯佩铁路的客流量会上升，
于是在檀都修建了一个叫达比利的车站。从 1976 年到 2009 年，这里
被用作蒸馏厂的游客中心。

原料：来自酒厂钻井及酒厂下方泉眼的软质水。
采用来自独立发麦厂的轻泥煤麦芽。

设备：半劳特 / 半滤桶式糖化槽（11 吨）。9 个北
美黄杉木发酵槽。3 个普通型初次蒸馏器（10 500
升），3 个普通型烈酒蒸馏器（13 000 升）；所有
蒸馏器均为蒸汽间接加热，配壳管式冷凝器。

熟成：现地有 4 个垫板式和 1 个货架式仓库，计
划再建 6 个托盘式仓库。单一麦芽威士忌使用雪
利桶以及大桶陈年。用作调和威士忌的酒液使用
美国橡木桶进行陈年。

风格：新鲜的蜜饯苹果，带有淡淡的烟熏味。酒
体有深度。

熟成个性：檀都是一款"文雅"的麦芽威士忌，
制作精良，展现了斯佩塞产区的所有优点。嗅香
是甜和酯香感的，有新鲜水果（包括哈密瓜味），
卸甲水和一丝烟熏感。尝起来口感丰满，味道甜
美，果味浓郁，带有一丝泥煤味。中等酒体。

图片来源：檀都

产区：Speyside　　电话：01340 810695
地址：Knockando, Aberlour, Moray
网址：www.tamdhu.com　　所有权：Ian Macleod Distilleries Ltd
参观：无　　产能：4m L. P. A.

历史事迹
History ▸▸▸

1897 年洛坎多教区有 3 家计划在建的蒸馏厂：檀都、龙康得和帝国。檀都背后的推手是威廉·格兰特，他是高地蒸馏厂的总监，也是埃尔金镇喀里多尼亚银行的代理人。酒厂地点选在洛坎多溪（Knockando Burn）旁，有充沛的泉水和纯净水供应，并且遵照当地传统，这里也曾被非法蒸馏者利用。同样重要的是毗邻斯特拉斯佩铁路。威廉·格兰特很快就从 15 家威士忌经纪人和调和商那里筹集到建造酒厂所需的资金（19 200 英镑），并委托查尔斯·多伊格设计酒厂。

两年后访问酒厂的阿尔弗雷德·巴纳德将檀都描述为"最现代化的蒸馏厂之一"，"或许可以代表这个时代的最佳设计，同时也是最高效的酒厂，在规划上展现出严谨的态度和匠心独具的设计"。有一条专门修建的道路与主干道相连，一条单独的铁路

侧轨，以及为工人和消费税官员建造的房舍；酒厂招募了20名男性，大多数人的工资是每周1英镑（桶匠的薪水最高，每周1.35英镑）。该酒厂于1897年7月中旬投入生产。

1903年之前酒厂产能节节攀升，之后回落，1906年至1910年间减半。酒厂于1911年12月关停，在1913年重新开放并持续繁荣至1925年。随着大萧条开始，它在1928年再次关闭，一直持续到1948年。1950年，萨拉丁发麦设备取代了早期的地板发麦。这些设备如今仍然留在酒厂内，只是不再使用。1972年，檀都的规模增加了一倍（达到4个蒸馏器），1975年又增加了2个蒸馏器。酒厂在2010年被封存，第二年被卖给了伊恩·麦克劳德公司，他们在2012年将酒厂重新投入生产，并在2013年推出了第一款核心产品：檀都10年。

趣闻 Curiosities

开头几个月，酒厂发现初馏酒不具备其他"格兰威特风"威士忌的"酒体"。经理认为是酒厂采用的泉水的缘故，于是开始试验从洛坎多溪抽取工艺用水，他的说法是，这样可以蒸馏出"更厚重、更好的酒液"。他还开始使用当地种植的大麦（最初几个月使用的大部分大麦都是"外来的"）。不过酒厂的一些合作伙伴偏爱用泉水蒸馏的产品。

当檀都的地板发麦车间于1949年关闭时，蒸馏厂安装了萨拉丁箱发麦设备，并一直保留到了2010年。

Tamnavulin
塔木岭

麦芽
威士忌

塔木岭在 1982 年的一则广告，眉题是"会将'塔木岭'选为年度词语的人，千中无一"，后接："那就让'塔木岭'为自己代言吧。"

产区：Speyside　　电话：01807 590285
地址：Ballindalloch, Moray
网址：www.whyteandmackay.co.uk　　所有权：Whyte & Mackay Ltd
参观：游客中心暂时关闭　　产能：4.2m L. P. A.

原料：来自独立发麦厂的无泥煤麦芽。工艺用水来自伊斯特顿（Easterton）周边的山泉；冷却用水来自利维特河（盖尔语为 Allt a'Choire）。

设备：不锈钢全劳特 / 滤桶式糖化槽（10.52 吨）。4 个不锈钢发酵槽，4 个低碳钢发酵槽。3 个普通型初次蒸馏器（18 000 升）；3 个普通型烈酒蒸馏器（15 000 升）。均为间接加热，配壳管式冷凝器。

熟成：雪利桶、波本桶和重装猪头桶混合使用。在酒厂内的货架式仓库里长年熟成。

风格：清淡，甜美，略带胡椒味和草本香。

熟成个性：新鲜的草本香，干欧芹，绿色蔬菜，柠檬草，一丝樟脑，带有薄荷的口感，柠檬酥皮蛋糕和甘菊茶的味道。酒体较轻。

塔木岭由因弗高登蒸馏有限公司的子公司塔木岭－格兰威特蒸馏公司（Tamnavulin-Glenlivet Distillery Company）于 1965—1966 年间建造。它是当时利威山谷仅有的两家蒸馏厂之一（另一家是格兰威特；1973—1974 年间，布拉佛－格兰威特加入了它们，最初名为"格兰威特的布拉斯"）。塔木岭配备了 6 个蒸馏器，反映出当时市场对苏格兰威士忌的需求。

酒厂在设计上强调实用主义，虽然酒厂位置绝佳，坐落在被利维特河雕琢出来的陡峭峡谷中。20 世纪 80 年代中期，塔木岭因之得名的旧梳理磨坊被改建成一个游客中心，但目前处于关闭状态。

怀特马凯于 1993 年买下因弗高登，并在两年后将酒厂封存。2007 年 1 月，该公司将酒厂大规模翻新，同年 8 月完工，当时怀特马凯已经被印度联合酿酒集团的烈酒部门（Spirits Division of United Breweries of India）收购了（2007 年 5 月），后者旋即开足马力投入生产，酒厂出品的麦芽威士忌几乎全部用于调和威士忌。

2014 年 5 月，怀特马凯被出售给菲律宾白兰地制造商皇胜（详见"Dalmore 大摩""Invergordon 因弗高登"）。

趣闻 Curiosities

Mhuilinn 在盖尔语中是"磨坊"的意思；Tamnavulin 意为"山上的磨坊"。

图片来源：塔木岭

Teaninich

麦芽
威士忌

第林可

"酒厂亭亭玉立于海边……因弗内斯北部唯一一家电力照明的酒厂……
除此之外还配备了电话。"

——阿尔弗雷德·巴纳德，1887 年

产区：Highland (North)　　电话：01349 882461/885001
地址：Alness, Ross and Cromarty
网址：www.malts.com　　所有权：Diageo plc
参观：需预约　　产能：10.2m L. P. A.

原料：来自戴尔里维尔泉（Dairywell）的工艺和
冷却用水。来自格兰奥德发麦厂的无泥煤麦芽。

设备：新的（并且颇为独特的）不锈钢麦芽浆转
化容器（7 吨），18 个北美黄杉木发酵槽，4 个不
锈钢发酵槽。6 个鼓球型初次蒸馏器（18 500 升），
6 个鼓球型烈酒蒸馏器（15 000 升）。均为间接加
热，配壳管式冷凝器。

熟成：主要是重装波本猪头桶，有一些雪利大桶。
初馏酒会被罐车运送到门斯特利（Menstrie）进行
装桶和陈年。

风格：草本香，油脂感。

熟成个性：第林可是一款强劲的麦芽威士忌，具
有北高地的风格。嗅香甜且略带蜡质感，有蒲公
英、绿叶植物、青苹果和醋栗的味道。尝起来口
感柔滑，饱满，并且带有淡淡香甜的柠檬味以及
一点点烟熏感。中等酒体。

第林可在阿尔内斯周边一个叫作蒙罗（Munro）的小镇上。过去这里被称为费林多纳德（Ferindonald），源自盖尔语 Fearainne Domnuill，或曰多纳德的领地——与当地氏族部落的奠立者有关，他从马尔科姆二世（1005—1034 年）那里获得土地以助其抵御北欧入侵者。"第林可"一词源自盖尔语 Taigh an Aonaich，意为"山上的房子"。

休·蒙罗上尉拥有第林可庄园，并于 1817 年在当地领主们的支持下建造蒸馏厂。领主们决心扑灭在该郡分布广泛的非法蒸馏活动，希望为农民提供种植和销售大麦的合法替代渠道。这项举措仅实现了他们的部分诉求：当时在罗斯郡成立的四家合法蒸馏厂中有三家以失败告终。

酒厂的权益由长期居住在印度的约翰·蒙罗将军继承，他将该厂租给了罗伯特·帕蒂森（1850 年），后来又租给了约翰·麦吉尔克里斯特·罗斯（1869 年）。蒙罗将军是一位模范地主。在"饥饿的四十年代"里，他不仅在金钱上帮助他的贫困租户，而且"用日常的个人访问来缓解他们的痛苦，通过提供药品、粮食和其他食品，并在严酷的冬季为他们提供取暖所需的燃料"（《新统计记录》，1845 年）。

罗斯在 1895 年放弃了租约，由埃尔金的威士忌商和烈酒商蒙罗和卡梅伦公司（Munro & Cameron）接手。他们在 1899 年扩大并翻新了第林可酒厂，1904 年英尼斯·卡梅伦成为独资经营者。他于 1932 年去世，第二年他的受托人将酒厂卖给了 S. M. D.（D. C. L.）。由于战时对大麦的限额供应，酒厂在 1939 年至 1946 年间关闭，但在其漫长的生命史中一直保持不间断生产（除了 1985—1990 年间）。

　　酒厂蒸馏室于 1962 年进行了改建，并增加了第二对蒸馏器——一对"超小的蒸馏器"，1946 年被拆除——所有 4 个蒸馏器都被转换为蒸汽内部加热。1970 年，一个全新的蒸馏室连同 6 个蒸馏器在原蒸馏室旁边建成，这是当时 S. M. D. 旗下蒸馏厂的标配（详见"Linkwood 林可伍德""Glendullan 格兰杜兰""Brora/Clynelish 布朗拉 / 克里尼利基""Glenlossie/Mannochmore 格兰洛希 / 曼诺克摩尔"）。它被简单地称为 A 侧；三年后公司重建了原酒厂（B 侧）的磨麦车间、糖化车间和发酵车间，并于 1975 年在酒厂内建造了一个深酒糟设备。此时第林可已是 S. M. D. 旗下最大的蒸馏厂，年产能达到 600 万升纯酒精。酒厂的 A、B 两侧分开运作，在酒液熟成前将它们混合装桶。B 侧于 1984 年被封存，1999 年退役。

　　2014—2015 年间，酒厂的产能从 600 万升纯酒精增加到 1000 万升，原因是安装了新的糖化和蒸馏设备，包括一个更大的麦芽浆转化容器和麦芽浆过滤器，10 个新的发酵槽，3 个新的初次蒸馏器，并将 3 个已有的初次蒸馏器转换成烈酒蒸馏器。集团还宣布将在邻近地点建立一个全新的蒸馏厂，这将使第林可的产能增加到 1300 万升纯酒精，但由于中国和南美市场的低迷，这项计划在 2014 年 10 月被搁置。

休·蒙罗上尉被称为"盲上尉",他在拿破仑战争期间负伤并丧失了视力,当时年仅 24 岁。

● 英尼斯·卡梅伦对班凌斯、林可伍德和檀都蒸馏厂拥有实体权益,后来成为麦芽蒸馏协会主席。

● 第林可用一台独特的锤磨机来研磨麦芽,而不是更常见的辊磨机。它还采用了一种独特的麦芽浆转化容器,在其中涡旋状搅动稀粥般的麦芽汁。随后"稀粥"被送到压滤机那里进行 24 层布料挤压,最后得到的麦汁会被收集起来。这时会第二次加入清水,然后通过过滤器;剩下的液体被称为"弱麦芽汁",成为下一批麦芽浆的第一道水。接着拆除布料滤板收集糟粕。每次挤压需要两个小时,填满一个发酵槽需要三次挤压才能完成。这项技术被用于啤酒酿造行业,但除了英志戴妮之外,再无其他威士忌蒸馏厂使用(详见相关条目)。第林可于 2000 年安装了这套设备。

Tobermory

托本莫瑞

麦芽
威士忌

酒厂建在下风岸上，在水流湍急的托本莫瑞河河口，托本莫瑞河满足了酒厂运转的全部需求：水，大麦，燃料，更别提威士忌酒桶运输了。

产区：Highland (Island)　　电话：01688 302647
地址：Tobermory, Isle of Mull, Argyll
网址：www.tobermorydistillery.com　　所有权：Distell Group Ltd
参观：开放并配有商店　　产能：1m L. P. A.

原料：软质泥煤水来自酒厂上方的吉尔阿布基（Gearr a'Bkimm）湖。来自绿芯发麦厂的尢泥煤麦芽和来自波特艾伦发麦厂的重泥煤（35ppm 泥煤酚值）麦芽。

设备：带铜冠的铸铁耙式糖化槽（5 吨）；没有切换器的 4 个北美黄杉木发酵槽。2 个鼓球型初次蒸馏器（18 000 升）。2 个鼓球型烈酒蒸馏器（14 500 升）。均为间接加热，配壳管式冷凝器。

熟成：主要是首次或重装波本桶，以及一些雪利酒桶。只在酒厂内完成少部分熟成工作，其余酒桶在汀思图酒厂长年熟成。

风格：麦芽香（托本莫瑞）；烟熏风格（利得歌）。

熟成个性：历史上，托本莫瑞的风味一向多变。标准（Standard）的 10 年款带有一些海洋风格，还有点工业感（油脂般的烟熏感）；谷物味充足，带有轻微的果味。尝起来口感柔软，偏干，有坚果和苹果白兰地的味道，还有一丝烟熏味。酒体较轻。

托本莫瑞蒸馏厂有一段大起大落的历史。19 世纪 80 年代，和富特尼（详见相关条目）一样，在英国渔业协会的推动下，当地领主第五代阿盖尔公爵计划将村庄本身修建成一个钓鱼站。这项工作交由"欧本的史蒂文森先生"（详见"Oban 欧本"）和公爵的管家负责，但该计划受到另一位史蒂文森——罗伯特·史蒂文森，伟大的灯塔建造者，罗伯特·路易斯的父亲——的批评，无论如何托本莫瑞终究没能成为一个真正的渔港。

蒸馏厂可能是在这一时期（1795—1798 年）由约翰·辛克莱先生创建的，他是一位"商人"，是莫文半岛（Morvern）洛查林（Lochaline）地区的所有者——虽然他直到 1823 年才得到地契。可是从威廉·丹尼尔于 1813 年创作的以托本莫瑞为主题的版画上，我们看不到任何蒸馏厂存在过的迹象。巴纳德在介绍它时一反常态，只有寥寥数语，"酒厂成立于 1823 年"。它最初被称为"利得歌"（Ledaig）。

辛克莱先生似乎直到 1837 年都是酒厂的持牌人，1837 年到 1878 年中间有一段空窗期，后来又几经易手，最后一位持牌人在 1887 年将酒厂封存。不久后，托本莫瑞蒸馏厂被约翰·霍普金斯公司收购。后者在 1897 年又买下了盛贝本蒸馏厂（Speyburn Distillery），并在 1916 年加入了 D.C.L.。

S.M.D. 在 1930 年封存了托本莫瑞（后来被用作食堂和发电站），在 1972 年将其出售给了利得歌蒸馏厂（托本莫瑞）有限公司 [Ledaig

Distillery（Tobermory）Ltd]，这家公司是佩德罗·多梅克与一家利物浦航运公司合作成立的。利得歌蒸馏厂于 1972 年投产，但 1975 年，新所有者处于破产管理状态，四年后它被出售给约克郡克莱克海顿（Cleckheaton）的柯尔克里文顿（Kirkleavington）地产公司，该公司于 1982 年将一些酒厂建筑改建成了公寓，另一些房屋出租，用作奶酪储存仓库使用。

生产于 1989 年恢复，然后托本莫瑞蒸馏厂在 1993 年以 60 万英镑（加上 20 万英镑的库存）的价格被出售给巴恩·斯图尔特蒸馏公司。

2013 年 4 月，巴恩·斯图尔特被南非饮料巨头迪斯特集团有限公司以 1.6 亿英镑的价格收购。

托本莫瑞于 2017 年 3 月 31 日关闭并进行重大升级，虽然进度因为新冠肺炎疫情有所推迟，不过现在已经恢复全面生产。

趣闻 Curiosities

托本莫瑞品牌曾被用于调和苏格兰威士忌、麦芽苏格兰威士忌（调和麦芽）和单一麦芽威士忌。1972 年到 1974 年间蒸馏的麦芽威士忌以"利得歌"的品牌名进行装瓶（并受到追捧）。巴恩·斯图尔特接手后，品牌名称得到合理化：托本莫瑞是一款无泥煤的麦芽威士忌，而利得歌则是重泥煤麦芽威士忌。目前两种风格的麦芽威士忌的比例为 1∶1。

Tomatin

汤玛丁

麦芽威士忌

作为古老的调和苏格兰威士忌品牌，"古董家"于 1996 年被汤玛丁收购，以 12 年和 21 年的形式装瓶。其创始人约翰·哈迪和威廉·哈迪的合作关系据说可以追溯至 1857 年，这使它成为最古老的调和威士忌品牌之一。

原料：来自"自由小溪"（Allt-na-Frithe）的水。地板发麦车间一直使用到 1973 年。来自辛普森（Simpson）和绿芯发麦厂的无泥煤和泥煤（2—5ppm 泥煤酚值）麦芽。

设备：1 个不锈钢劳特／滤桶式糖化槽（8 吨），同时也配有 1 个古老的传统糖化槽。12 个不锈钢发酵槽（还有 6 个废弃的铸铁发酵槽）。6 个鼓球型初次蒸馏器（16 800 升），6 个鼓球型烈酒蒸馏器（16 800 升），均为间接加热，配壳管式冷凝器。

熟成：主要是重装猪头桶；还有雪利猪头桶、波本桶和少量昴来自斯佩塞桶商（Speyside Cooperage）的新猪头桶。酒液会使用西班牙雪利桶进行 9 个月到 1 年的木桶收尾。现地有 14 个保税仓库，可容纳约 19.7 万只橡木桶。

风格：清淡，清新，青草，香草味。

熟成个性：嗅香很甜，带有植物味的香气和麦芽的芳香。尝起来前段味道甜美，焦糖水果（尤其是橙子）和各种坚果、谷类食品味。带有一丝丝微弱的烟熏感。中等酒体。

产区：Highland（Central）　电话：01463 248144
地址：Tomatin, Inverness-shire　网址：www.tomatin.com
所有权：Tomatin Distillery Company（Marubeni Europe plc）
参观：开放并配有礼品店　产能：5m L. P. A.

历史事迹
History ▸▸▸

汤玛丁在盖尔语中的意思是"刺柏小丘"，但其海拔超过1000英尺，压根不是什么小丘！这里的第一家蒸馏厂由一群当地商人于1897年建立，位于因弗内斯以南约18英里外的A9公路旁，以汤玛丁斯佩区蒸馏有限公司（Tomatin Spcy District Distillery Company Ltd）的名义经营。公司在1906年进行了清算，但该酒厂于1909年以新汤玛丁蒸馏有限公司（New Tomatin Distillers Company Ltd）的名义重新开业。

1956年，酒厂从2个蒸馏器扩产到了4个；1958年增加了2个，1961年再添4个，令人难以置信的是，1974年竟又增加了12个蒸馏器，以及一个深酒糟设备。坐拥23个蒸馏器，汤玛丁的产能在当时所有麦芽威士忌蒸馏厂中拔得头筹——1200万升纯酒精，在20世纪70年代中期以全负荷状态运转了一段时间，每周要消耗600吨麦芽。20世纪80年代大幅减产，并在1997—1998年间拆除了11个蒸馏器。

汤玛丁蒸馏公司（Tomatin Distillers plc）于1986年进入清算阶段，酒厂被出售了日本的宝酒造公司（Takara Shuzo Company）和大仓公司（Okura & Company），这两家公司都是酒厂的长期客户。这是日本公司首次进入苏格兰威士忌行业。丸之红（Marubeni）在2000年左右取代了大仓公司，2006年日本分销商国分（Kokubu）加入了该财团。

直到2012年，汤玛丁生产出来的酒液还主要用于调和威士忌［至少供应公司旗下的调和威士忌：古董家（The Antiquary）和塔利斯曼

(Talisman)]，核心产品包括 12 年、18 年和 30 年，以及**年度**"珍稀**年份**"版本和单桶装瓶。目前的重点是一系列单一麦芽威士忌，包括（2013 年起销售）一款名为"地狱犬"（Cù Bòcan）的泥煤版威士忌，得名于一头在汤玛丁酒厂附近游荡的幽灵猎犬。在过去十年中，汤玛丁单一麦芽威士忌的销量从 12 000 箱升至 34 000 箱（12 瓶一箱）。

趣闻 Curiosities

汤玛丁的小村庄坐落在一条老牛道上，这里曾经还有一个非法蒸馏厂，就在老领主宅邸旁边，赶牛人会在那里把他们随身携带的酒瓶装满再上路。

● 汤玛丁在 1974 年成为第一家从德国酿酒行业引进劳特糖化槽的威士忌蒸馏厂，当时酒厂的产能翻了一番。在此之前的所有糖化槽都是传统的带犁耙（齿轮齿条式）的齿轮搅拌混合容器。劳特糖化槽的优势在于它的旋转臂配有"刀片"，可轻轻提起麦芽床，将麦芽汁排出，而不只是用旋臂联动旋转的耙子搅动整个麦芽床。这样做可以得到更清澈的麦芽汁，使用全劳特糖化槽效果尤佳，其中的刀片可以在旋转时升高或降低。

● Cù Bòcan 的字面意思为"妖犬"。汤玛丁酒厂主页上写道，几个世纪以来，这头"地狱犬"一直在追猎偏远高地村庄的居民，隔一代人它就会出现一次。"一名酒厂工人曾因下班太晚，在回去的路上被一只雄壮的黑色野兽无情地追赶，热气从大张的鼻孔中喷旋而出，獠牙清晰可见。"

● 2017 年，汤玛丁酒厂及其游客中心接待了超过 49 000 访客——这一数字在过去五年中增长超过 140%——销售额首次超过了 100 万英镑。除了各种"酒厂限定"的商品之外，游客还可以从 5 个不同的酒桶中挑选一只亲手装瓶。目前该酒厂雇了 58 名员工，其中 11 人负责游客中心的运营（夏季会增加到 16 人）。

● 汤玛丁被提名为"2016 年度蒸馏厂"，并在《威士忌杂志》举办的"威士忌行业大赏"评选中荣获 2017 年度"品牌创新者奖"。

Tomintoul

托明多

麦芽威士忌

产区：Speyside　　电话：01807 590274

地址：Tomintoul, Moray

网址：www.tomintouldistillery.co.uk　　所有权：Angus Dundee Distillers plc

参观：需预约　　产能：3.3m L. P. A.

原料：来自巴兰特鲁安泉（Ballantruan Spring）的水。来自独立发麦厂的麦芽，通常是无泥煤的。

设备：半劳特 / 半滤桶式糖化槽（11.6 吨）。6 个不锈钢发酵槽。2 个鼓球型初次蒸馏器（15 000升）；2 个鼓球型烈酒蒸馏器（9000 升）。均为蒸汽间接加热，配壳管式冷凝器。

熟成：主要是重装猪头桶；一些首次桶和欧罗洛索雪利大桶。酒厂内有 6 个高货架式仓库，可容纳 114 000 只橡木桶。还有一些在其他几个地方异地熟成。

风格：清淡，芬芳，花香，果香。斯佩塞风格，现在也发行泥煤版本的产品。

熟成个性：托明多的瓶身上将其描述为"一口柔醉"。其威士忌风格轻盈细腻；嗅香是青草、香水、柠檬调；尝起来味道甜美，含早餐麦片和坚果味，尾韵很短。酒体较轻。

这家具有功能主义外观的蒸馏厂由格拉斯哥的两家威士忌商和调和商哈伊·麦克劳德有限公司（Hay Macleod Ltd）以及 W. & S. 斯特朗有限公司（W. & S. Strong Ltd）于 1964—1965 年间建造，1973 年卖给罗荷（Lonrho）公司。罗荷公司成立于 1909 年，罗荷是"伦敦和罗得西亚矿业公司"（London and Rhodesia Mining Company）的简称，它的领导者是颇有争议的企业家泰尼·罗兰，他在 1961 年将其转型为一家跨国集团。集团于 1973 年收购了怀特马凯，并将托明多的所有权转到新公司名下。酒厂的产能在 1974 年翻了一番（达到 4 个蒸馏器）。当时属于金宾的怀特马凯在 2000 年将酒厂出售给了伦敦的调和商安格斯·邓迪蒸馏公司（Angus Dundee Distillers plc），尽管当时酒厂的大部分酒液被用于公司的诸多调和威士忌，但他们决定将重点转向单一麦芽。托明多的核心产品分别是 10 年、14 年、16 年和 21 年，自 2005 年以来，以酒厂所用水源为名的"老巴兰特鲁安"（Old Ballantruan）泥煤威士忌系列被推向市场。

趣闻 Curiosities

安格斯·邓迪成立 50 多年，是一家调和与装瓶公司，由希尔曼家族拥有，三代经营。收购托明多是公司首次涉足蒸馏行业的牛刀小试，2003 年该公司又买下了格兰卡登。

● 托明多对英国电台听众来说十分耳熟，因为它通常是冬季第一个被雪阻断联络的村庄！

Torabhaig
图拉贝格

麦芽
威士忌

产区：Highland (West)　　电话：01471 833447
地址：Torabhaig, Teangue, Isle of Skye IV44 8RE
网址：www.torabhaig.com　　所有权：Mossburn Distillers Limited
参观：开放　产能：500 000 L. P. A.

原料：来自辛普森家的重度泥煤烘烤麦芽，用于如今的协奏曲（Concerto）。来自格兰图拉贝格溪（Allt Gleann Thorabhaig）和布雷卡奇溪（Allt Breacach）的水。

设备：不锈钢半劳特／半滤桶式糖化槽（1.5 吨）。8 个花旗松发酵槽。1 个鼓球型初次蒸馏器（8000 升），1 个鼓球型烈酒蒸馏器（5000 升），均配有壳管式冷凝器。

熟成：主要是美国橡木波本桶。在酒厂内长年熟成（90% 托盘式，10% 垫板式）。

风格：水果味和烟熏味。

历史事迹
History ▶▶▶

　　1972 年，苏格兰第一家现代商业银行诺布尔·格罗萨特的联合创始人伊恩·诺布尔爵士搬到了斯凯岛。他购置了 2 万英亩土地，其中包括奥恩赛岛（Isle Ornsay）上迷人的艾琳·伊阿尔曼酒店，这里曾经附属于麦克唐纳勋爵的斯莱特庄园。

　　诺布尔于 1973 年创建了盖尔语学院 Sabhal Mòr Ostaig（从属于高地和群岛大学），在 1976 年创建了独立装瓶厂（Pràban na Linne，意为"盖尔人的威士忌"），并计划将图拉贝格的一座被评为 B 级历史保护建筑的农庄改造成蒸馏厂。2002 年该项目通过审批，但还没等到计划付诸实施，诺布尔就于 2010 年不幸离世了。

差不多就在诺布尔去世前后，荷兰饮料集团玛鲁西亚饮料公司（Marussia Beverages BV）的子公司莫斯本蒸馏公司（Mossburn Distillers）在斯凯岛寻找合适的厂址。虽然该集团原先不考虑历史建筑，但伊恩爵士的图拉贝格农庄的确是一个理想的地点，尽管改建和翻新会带来许多额外的限制。农庄已经使用了 60 年并且处于半废弃状态。

莫斯本蒸馏公司于 2013 年开始对农庄进行翻新，委托辛普森与布朗建筑事务所（详见"Kingsbarns 金岸逐梦"）设计并修复现有建筑，设计出忠实于原始建筑风格的新建筑。这需要投入相当多的精力，因为该农庄是斯凯岛上为数不多的四方形农场的典范：基础设施花费三年时间重建，修造了一个定制的可拆卸石板屋顶，方便在维修两个蒸馏器时使用。整个七英亩的土地都做了景观美化，并在中间挖出一个储存冷却水的池塘，可收集从冷凝器汇集来的水，处理后再排入旁边的河流。

哈米什·弗雷泽被任命为酒厂经理，克里斯·安德森被任命为蒸馏大师。威士忌生产于 2017 年 1 月开始，游客中心、商店和咖啡馆于同年 7 月开业。2017 年确定品牌名的图拉贝格单一麦芽威士忌，于 2021 年发布了第一款遗产系列（The Legacy Series）产品。品牌所有者莫斯本蒸馏公司是一家独立装瓶商，提供来自其他蒸馏厂的一系列单一麦芽威士忌产品。

Tormore

托莫尔

麦芽
威士忌

20 世纪 80 年代早期的品牌宣传手册上写着："唯有大地为永存者，以生命赐予托莫尔。"

产区：Speyside   电话：01807 510244
地址：Advie, Grantown-on-Spey, Moray
网址：www.tormore.com   所有权：Elixir Distillers
参观：需预约   产能：4.8m L. P. A.

原料：来自独立发麦厂的无泥煤麦芽。来自阿赫沃基溪（Achvockie Burn）的软质水。

设备：全劳特 / 滤桶式糖化槽（10.4 吨）；11 个不锈钢发酵槽。4 个普通型初次蒸馏器（11 000 升）；4 个普通型烈酒蒸馏器（7 500 升），均配有净化器。全部由天然气外部加热，配壳管式冷凝器。

熟成：主要是重装美国猪头桶，还有一些首次桶。

风格：甜美，果香和酯味。

熟成个性：托莫尔的酒标上将其描述为"斯特拉斯佩的明珠"；反映其酒液的"出色外观，纪念在斯佩河纯净水域里繁衍的淡水珍珠贻贝"。坚定的斯佩塞风格，带有麦芽、坚果（杏仁、椰子）的香气。令人愉悦，柔顺的质地和甜美的蜂蜜味道，尾韵较短且偏干。中等酒体。

第二次世界大战之后，对威士忌的饥渴催生了数家蒸馏厂，托莫尔是其中之一，同时也是从一无所有的绿地上拔地而起的首批蒸馏厂之一。它由美国帝王调和威士忌的代理商申利国际（Schenley International）于1958年至1960年间建造，该公司在1956年收购了长脚约翰品牌的所有者西格·埃文斯公司，1959年收购了老黑樽调和威士忌。

酒厂是由前皇家学院院长阿尔伯特·理查森爵士委托设计的。他的同时代的人称之为"蒸馏厂建筑中的杰作"，威士忌作家迈克尔·杰克逊将其比作"提供山泉疗愈的水疗中心"！

1972年，酒厂的产能增加了一倍（达到8个蒸馏器），三年后，申利被出售给了惠特布雷德。惠特布雷德的烈酒部门在1989年被同盟利昂收购，而同盟利昂在2005年又被保乐力加旗下的芝华士兄弟公司收购。

从2011到2012年冬季托莫尔关闭装修，新增了3个发酵槽，产量从370万升纯酒精增加到440万升。与此同时，为了节省能源，蒸馏器的加热方式从蒸汽盘管改为外部加热器。2014年，托莫尔、格兰威特、克拉格摩尔和托明多之间通过16英里长的天然气管道互相连接，进一步节省了成本。

托莫尔一直都是调和威士忌酒厂，尽管自20世纪80年代初期以来，有一小部分酒液以12年单一麦芽威士忌的形式装瓶。2013年之后则被14和16年的产品替代。

2022年6月，当芝华士兄弟/保乐力加宣布将托莫尔蒸馏所出售给埃立西尔蒸馏公司（Elixir Distillers）时，威士忌界既惊讶又高兴。埃立西尔是由威士忌传奇人物辛格兄弟（Sukhinder and Rajbir Singh）在伦敦创立的"烈酒的制造商、调配商和装瓶商"，也是英国领先的、世界上最大的在线威士忌零售商威士忌交易所的所有者（"提供超过4000款威士忌，并且还在增加"）。这笔交易于2022年7月得到确认，当时兄弟俩评论说："我们计划在保乐力加所做工作的基础上，将托莫尔的魔力变为现实，并向世界各地的消费者展示这是一家多么被低估的宝藏酒厂。"

趣闻 Curiosities

直到1983年，托莫尔都以"托莫尔－格兰威特"（The Tormore-Glenlivet）的品名进行推广：利威山谷产区仍然是品质的保证，尽管曾经采用这一后缀的28家蒸馏厂大部分已经放弃了这种写法。

● 主楼前方崭新的草坪上装点着修剪成蒸馏器形状的造型绿植。围绕蒸馏厂的3个小巧精悍的白色房屋最初是为酒厂员工建造的，现在归私人所有。

● 酒厂有一座有趣的时钟，被设置为每小时播放四种不同的曲调。时钟年久失修，在2007年重获新生。

Toulvaddie

图尔瓦迪

 麦芽威士忌

产区：Highland (North)　　**电话**：01862 808138
地址：Fearn Aerodrome, Fearn, Easter Ross IV20 1XW
网址：www.toulvaddiedistillery.com　　**所有权**：Toulvaddie Distillery Ltd
参观：无　　**产能**：30 000 L. P. A.

历史事迹
History ▸▸▸

图尔瓦迪骄傲地称自己是 200 年来第一家由女性创立的蒸馏厂。实际上，我认为希瑟·尼尔森很可能是历史上第一位成立、资助和管理麦芽威士忌蒸馏厂的女性。

历史上不乏女性经营非法蒸馏的事例，也有不少女性管理蒸馏厂的先例（比如卡杜的海伦·卡明和拉弗格的贝西·威廉姆森），更不用说如今担任酒厂经理的女性越来越多，但这些完全不会令希瑟·尼尔森有半分失色。

尼尔森曾是电视制片人，她在罗斯郡长大，家人都是农民。她拥有化学学位，目前在爱丁堡的赫瑞瓦特大学攻读蒸馏学文凭。

厂址位于肥沃的费恩半岛（Fearn Peninsula），在泰恩镇东南方 5.4 英里外。第二次世界大战期间，这里修建了一个机场，供皇家海军进行飞行员训练，同时也是一支"梭鱼"鱼雷轰炸机中队的基地。

图尔瓦迪成立了一家"蒸馏厂创始人俱乐部"（交 595 英镑，会员就可以在常规发布之前优先获得一瓶 200 毫升初馏酒、一瓶图尔瓦迪单一麦芽创始人珍藏版，另有两瓶麦芽威士忌，分别是 5 年和 10 年）。

此外，酒厂第一年蒸馏的 70 升酒桶也已开放限量购买，每桶售价 2000 英镑。酒厂预计于 2018 年投产。

趣闻 Curiosities

费恩半岛以皮克特人遗迹及其与维京人的联系闻名于世，表明该地区拥有悠久的人类定居和耕种历史。重要的皮克特石碑，鬼斧神工的"希尔顿的卡德伯尔巨石"（公元 800 年前后）就立于此地，在格兰杰商标上有醒目的呈现。

Tullibardine

图里巴丁

麦芽
威士忌

图里巴丁蒸馏厂所在的布莱克福德水质百年闻名。1488 年，当地酿酒厂为詹姆斯四世加冕礼专门酿造了一款啤酒，著名的"高地之泉"（Highland Spring）矿泉水就是在此灌装的。

产区：Highland (South)　　电话：01764 682252
地址：Blackford, by Auchterarder, Perthshire　　网址：www.tullibardine.com
所有权：Tullibardine Distillery Ltd（Maison Picard）
参观：开放并配有餐厅和大型零售店　　产能：3m L. P. A.

原料： 来自丹尼小溪（Danny Burn）的软质水，源头是奥奇尔山（奥希尔丘陵），啤酒酿造的水就来自于此。使用卡洛斯蒂镇的绿芯发麦厂的无泥煤麦芽。

设备： 不锈钢带穹顶全劳特 / 滤桶式糖化槽（6吨），9 个不锈钢发酵槽。2 个普通型初次蒸馏器（15 000 升）和 2 个灯罩型烈酒蒸馏器（11 000升）。均为间接加热，配有壳管式冷凝器。

熟成： 主要是波本桶，还有一些欧罗洛索雪利桶和 PX 猪头桶、大桶。酒厂内设有货架式仓库。

风格： 甜，果味和麦芽香。

熟成个性： 图里巴丁的出品非常稳定。主要风味是麦芽，并通过浓郁的果味来平衡。嗅香就是这种感觉，还带有一些桃子和甜瓜的味道。尝起来味道甜美，然后转干，中间有饼干和淡淡的焦糖味。中等酒体。

历史事迹
History ▸▸▸

蒸馏厂由威廉·德尔梅－埃文斯于 1949 年设计和建造（1900 年以来第一个"单独成立"的蒸馏厂——也就是说不是建在另一家蒸馏厂内——预示着 20 世纪五六十年代的威士忌繁荣）。在此之后，他还设计了麦克杜夫、吉拉和格兰纳里奇。

酒厂在 1953 年被出售给格拉斯哥的威士忌调和商布罗迪·赫本，并于 1971 年转到因弗高登旗下（在 1973—1974 年间扩产到 4 个蒸馏器），1993 年，怀特马凯收购因弗高登时将其纳入旗下，但在第二年又将其封存。

2003 年，一个威士忌财团买下了蒸馏厂并恢复生产，任命经验丰富的约翰·布莱克担任经理。为了筹集该项目所需的资金，他提出一个在毗邻蒸馏厂的地方兴建"鹰之门"商业区的策划方案，获得许可后将其出售给一家行业领先的房地产开发商。鉴于酒厂位于格拉斯哥和因弗内斯之间的主路（A9）上，这个想法非常实际。

2011 年，图里巴丁被法国葡萄酒制造商米歇尔·皮卡德之家（Maison Michel Picard）收购，后者是勃艮第的夏山－蒙哈榭葡萄园（及其他）的所有人，也是一个家族企业。2013 年，他们新推出了一系列麦芽威士忌并重新设计了游客中心。

"鹰之门"商业区被证明是一个利弊并存的项目，因为它占去了厂区很大一部分。2015 年 1 月，新所有者买下了商业区并将部分商店改建为熟成大厅、仓库以及调配大厅和装瓶生产线。他们还把停车场的一栋独立建筑（以前是家具店）改造成制桶工厂。这些改建的部分于 2016 年 4 月开业，并纳入"鉴赏家之旅"。现有商店在 2017 年进行了升级，新添了一个品酒室。

● 图里巴丁是仅有的六家在酒厂内完成装瓶的蒸馏厂之一。除了它自有的麦芽威士忌外，高地女王，缪尔黑德（Muirhead）单一麦芽威士忌以及"好市多北美"（Costco North America，"Kirklan 柯克兰"品牌）旗下的威士忌也都在此装瓶。

● 酒厂旁边坐落着苏格兰最著名的酒店格兰伊格尔斯。这是英国第一家"乡村俱乐部"酒店，1924 年落成，保留了古典的魅力，提供顶级的豪华设施，包括苏格兰最好的餐厅和综合运动设施（拥有 4 个高尔夫球场）。

● 2012 年 9 月，酒厂与爱丁堡纳皮尔大学的分拆公司凯尔特人可再生能源公司（Celtic Renewables）达成协议，将酿酒产生的糟粕和酒糟转化成丁醇，用于公路车辆的燃料。

Wolfburn
湖奔

 麦芽
威士忌

产区：Highland（North）　电话：01847 891051
地址：Thurso, Caithness
网址：www.wolfburn.com　　所有权：Aurora Brewing Ltd
参观：需预约　产能：135 000 L. P. A.

原料：90％无泥煤麦芽；年产量中10％使用轻度泥煤烘烤（10ppm泥煤酚值）麦芽（从2017年开始每年都会推出泥煤限量版）。使用狼溪（Wolf Burn）的水，狼溪源自弗洛湿地，由泉水哺喂。

设备：带铜制穹顶的半劳特/半滤桶式糖化槽（1.1吨）。3个不锈钢发酵槽。1个鼓球型初次蒸馏器（5500升），1个普通型烈酒蒸馏器（3600升）。

熟成：大约三分之一为波本四分之一桶，三分之一为波本猪头桶、标准波本桶，另外三分之一为雪利大桶。

风格：清淡，甜美，带有杏干、香蕉和轻微辛香料。

熟成个性：湖奔的第一批装瓶于2016年3月4日发布。它具有明显的"北方"特征。甜而微咸（带有海洋气息），有明显的烟熏感，这可能是因为酒液在前拉弗格四分之一桶中长年熟成过。所有的酒液都在酒厂内陈年，混合使用美国和欧洲橡木大桶、标准桶和四分之一桶。

酒厂的创始人选择的厂址离曾经的湖奔蒸馏厂（1821 年至 1850 年代中期）很近。这是苏格兰大陆最北部的蒸馏厂。

酒厂于 2012 年 8 月动工，第一批初馏酒在 2013 年圣安德鲁日（2013 年 1 月 25 日）被蒸馏出来。当年 10 月，湖奔已生产了 100 000 升轻柔、芬芳风格的酒精；2014 年酒厂有两个月的时间生产轻泥煤（10ppm 泥煤酚值）风格的酒液，2015 年增加至四个月。曾任格兰花格酒厂经理的肖恩·弗雷泽如今是湖奔的生产经理。

自 2013 年以来，湖奔已生产了将近 150 万升纯酒精，销往 27 个国家和地区，并在国际比赛中赢得多枚金牌。一瓶初版湖奔威士忌在美国拍卖会拍出了 1000 美元。

趣闻 Curiosities

湖奔位于弗洛湿地（Flow Country），这是一片约为 4000 平方公里的开阔湿地和泥煤田，是欧洲甚至可能全世界同类区域中面积最大的，它对野生生物的支持使之成为潜在的联合国教科文组织世界遗产地。

● 湖奔的标志取自 16 世纪的医生和博物学家康拉德·格斯纳的绘画，这幅画出现在他的《四足动物和蛇的历史》（*The History of Four-footed Beasts and Serpents*）中。在格斯纳的年代，狼在苏格兰北部很常见，据说它们在海岸上还有一个超自然远亲：海狼。根据当时的传说，海狼可以"在海上和陆地上生活"。格斯纳的木刻展现了这种生物在水中行走的姿态，还有种看法认为，海狼能给那些足够幸运能看见它们的人带来好运。

事实与数据

2021年最畅销的苏格兰调和威士忌

* 数据的单位是"百万箱",一箱约为9升,12瓶

品牌名	销量（百万箱）	所属集团
1. Johnnie Walker 尊尼获加	19.1	Diageo 帝亚吉欧
2. Ballantine′s 百龄坛	8.1	Pernod Ricard 保乐力加
3. Grant′s 格兰	4.1	William Grant & Sons 格兰父子
4. Chivas Regal 芝华士	4.1	Pernod Ricard 保乐力加
5. William Lawson′s 巍廉·罗盛	3.4	Bacardi 百加得
6. Black & White 黑白狗	3.2	Diageo 帝亚吉欧
7. Dewar′s 帝王	2.9	Bacardi 百加得
8. J. & B. 珍宝	2.8	Diageo 帝亚吉欧
9. William Peel 威廉彼乐	2.7	MBWS 玛丽·布里扎德
10. Label 5 雷堡5号	2.6	La Martiniquaise 马提尼克

2021年苏格兰威士忌最大出口目的地

＊以价值计

国家及地区	出口额(百万英镑)	增减量（相比于2020年）
1. 美国	790	+8.40%
2. 法国	387	+2.80%
3. 中国台湾	226	+24.30%
4. 新加坡	212	-14.30%
5. 中国大陆	198	+84.90%
6. 拉脱维亚	156	-11.80%
7. 德国	148	+6.40%
8. 印度	146	+42.90%
9. 日本	133	+16.20%
10. 西班牙	118	+7.90%

2021年苏格兰威士忌最大出口目的地

*以数量计，每瓶700ml

国家	出口量(百万瓶)	增减量（相比于2020年）
1. 法国	176	-0.10%
2. 印度	136	+44.30%
3. 美国	126	+12.60%
4. 巴西	82	+80.50%
5. 日本	56	+25.90%
6. 西班牙	48	+32.00%
7. 墨西哥	48	+13.00%
8. 德国	46	+7.20%
9. 波兰	45	+19.40%
10. 俄罗斯	42	+40.70%

业内领先的独立装瓶商

图片来源：苏格兰麦芽威士忌协会

Adelphi Distillery 阿德菲蒸馏厂

www. adelphidistillery.com

阿德菲蒸馏厂位于格拉斯哥的戈尔巴斯区，坐落在今天的格拉斯哥清真寺内。它曾是苏格兰最大的威士忌蒸馏厂之一，装有壶式和连续蒸馏器。酒厂于 1902 年停产，不过仓库一直使用到 20 世纪 60 年代。

公司于 1992 年在酒厂最后一位老板杰米·沃克的曾孙手中重获新生，他曾在因弗豪斯蒸馏公司当学徒，并将公司确立为单桶单一麦芽的独立装瓶商。后来杰米·沃克将公司卖给了阿盖尔郡的两位地主，他们聘请亚历克斯·布鲁斯（之前在 J. & B. 珍宝）担任营销总监，2015 年起担任总经理。该公司还创建了艾德麦康蒸馏厂，于 2014 年开业。

是啊，想买到最佳成熟度的橡木桶越来越难，尤其是我们只能在市场上能找到的橡木桶里挑选其中最好的 5%—10%。

然而，通过巩固良好的供应关系，灵活地处理贴标、橡木桶管理以及未来的差异化，我们坚信可以继续为客户提供一系列优秀的单桶装瓶，与此同时提升苏格兰威士忌行业整体的品质和广泛的种类。如果顾客需要，我们很愿意成为该行业的大使，我们不仅能够，并且必将自豪地扮演这个角色。

——市场总监 亚历克斯·布鲁斯

Berry Brothers & Rudd 贝瑞兄弟与罗德公司

www. bbr.com

公司的起源可追溯至 1698 年，其历史悠久的店铺至今仍在开业时的地方，虽然它在 1734 年经历了重建。与许多威士忌公司一样，该公司最初是一间杂货铺。19 世纪 20 年代时，店内供应多种葡萄酒和烈酒，并有自己的橡木桶陈年储备，19 世纪下半叶，公司弱化了杂货铺的属性，把精力集中在葡萄酒、烈酒领域。

随着顺风调和威士忌于 1923 年的推出，贝瑞兄弟进入了更广阔的威士忌世界。乘势崛起之后，公司还买下了格兰路思品牌的独家权利，尽管该蒸馏厂继续由高地蒸馏者（现为爱丁顿集团）所有。贝瑞兄弟与罗德公司长期以来一直提供自酿的麦芽威士忌，但仅限于私人客户，直到 2002 年，它决定放出更多桶酒并扩展"贝瑞精选系列"（Berry's Own Selection）。道格·麦克维被任命为烈酒部门经理，他的指导政策（也是公司的）很简单："我们只会把我们喜欢喝的东西装瓶。"

目前贝瑞兄弟提供 25—30 种不同风格的产品。

我们装瓶威士忌已有百年历史了，希望一百年后仍能为我们的客户提供多种多样的单一麦芽威士忌。

——烈酒部门经理 道格·麦克维

Blackadder International 黑蛇国际

www.blackadder.com

黑蛇国际于 1995 年由约翰·拉蒙德和罗宾·图切克（再版多次的《麦芽威士忌档案》*The Malt Whisky File* 一书的作者）创立。罗宾如今在瑞典打理公司业务。他每年为旗下的"原生桶"（Raw Cask）、"阿伯丁蒸馏者"（Aberdeen Distillers）、"克莱德斯代尔原创"（Clydesdale Original）和"加勒多尼亚纽带"（Caledonian Connections）等系列灌装约 100 桶麦芽威士忌。所有威士忌都不使用冷凝过滤或添加焦糖色，许多以原桶强度装瓶。这些产品通过欧洲、日本、北美的专卖店和酒吧进行销售。

William Cadenhead & Company 卡登汉公司

www.wmcadenhead.com

卡登汉于1842年建于阿伯丁，是苏格兰历史最悠久的独立装瓶公司。创始人的姐夫威廉·卡登汉在1858年接管了这项业务，他本人是著名的诗人。公司到1972年为止一直为其家族所有，之后被云顶蒸馏厂的所有者J. & A. 米切尔公司收购。公司现位于坎贝尔镇，并在爱丁堡的旧城区和伦敦的考文垂花园设有专卖店。公司的产品分为标准酒精强度和原桶强度两种，威士忌不做冷凝过滤及人工着色。卡登汉不仅提供苏格兰麦芽威士忌装瓶，还为非苏格兰威士忌、朗姆酒、干邑白兰地和金酒装瓶。

Compass Box Whisky Company 指南针

www.compassboxwhisky.com

指南针由前帝亚吉欧营销总监（高端单一麦芽威士忌）约翰·格拉泽于2000年创立。他的目标可以用公司网站上的一句话总结，"精选原创风格、手工酿造的小批量苏格兰威士忌"。

多次荣获威士忌杂志年度创新奖，拿奖拿到手软也是颇为尴尬的事。指南针充满激情，特立独行，提供精美制作和包装的调和麦芽威士忌（大多数时候只使用两种麦芽威士忌）、单一谷物威士忌、调和威士忌和一款橙味浸泡威士忌。该公司还有出色的网站：www.compassboxwhisky.com。

　　首先，公司的本质在于探索新的口味和酿制新的威士忌，因此在对待单一麦芽威士忌的态度上，我们比传统独立装瓶商更加灵活。其次，我们不会按品牌提供单一麦芽威士忌，这将使我们更容易获得优质的威士忌，因为生产商一般更加关心他们的商标，而非威士忌本身。

——总经理 约翰·格拉泽

Dewar Rattray 杜瓦-拉特雷公司

www.dewarrattray.com

公司由安德鲁·杜瓦和威廉·拉特雷于 1868 年创立，它以进口法国葡萄酒、意大利烈酒和橄榄油起家。19 世纪末时，公司代理了许多著名的高地麦芽蒸馏厂，其中最突出的是斯特罗纳奇（Stronachie）。

2004 年，该公司在安德鲁·杜瓦的第四代后人，来自前莫里森·波摩蒸馏公司的蒂姆·莫里森的手中得到复兴，未来打算装瓶来自苏格兰不同地区的单桶麦芽威士忌。

Gordon & MacPhail 高登与麦克菲尔公司

www.gordonandmacphail.com

公司由詹姆斯·高登和约翰·亚历山大·麦克菲尔于 1895 年在今天埃尔金所在的地方成立，就在酒厂目前所在的位置上。当时詹姆斯·高登已经完成了挑选与混合茶叶、葡萄酒和威士忌的学徒修业，一上来先负责从邻近的蒸馏厂购买酒桶。公司成立还不到一年时，约翰·厄克特加入了他。

高登与麦克菲尔自 1900 年以来一直自己装桶，1956 年约翰·厄克特的儿子乔治成为高级合伙人后采取了一个前所未有的举措，以"鉴赏家精选"（Connoisseurs'Choice）为商标推出一系列单一麦芽威士忌。不到几年，产品已经能在意大利和法国被买到，这是一个开创性的尝试。

一如他和父亲合伙，乔治的孩子伊恩、大卫、迈克尔和罗斯玛丽也加入了他的公司。到 1991 年时，该公司拥有超过 100 名员工和一间在埃尔金的博罗布里格斯路上的新办公室，紧挨着他们的保税仓库。

1993 年，乔治实现了自己毕生的心愿：拥有一家蒸馏厂。他买下了本诺曼克，花了五年时间进行翻新，并于 1998 年恢复生产。

乔治·厄克特于 2002 年去世，但这家小型本地生意发展到跨国贸易的企业本质上还是一个家族事业，接受其子孙的卓越管理。

公司自己装瓶的威士忌可以列出 300 种以上（主要是 40％ vol 酒精度装瓶，一些是 43％ vol 酒精度，还有一些是原桶强度），并且在他们的商店里还有 800 多种库存（包括调和威士忌）可供选择。

> 我们与蒸馏厂的关系可以追溯到 100 多年前，我们自己装桶就可以最大程度地确保质量，不必从经纪人那里购买。除了年轻的桶陈威士忌，我们还拥有可追溯至 20 世纪 30 年代的熟成威士忌库存——足以在可预见的未来满足我们自身的需求！
>
> ——营销总监 伊恩·查普曼

Hart Brothers 哈特兄弟公司

www.hartbrothers.co.uk

哈特兄弟公司可以追溯到 19 世纪后期的许可贸易时期，当时哈特家族在佩斯利是有执照的（可以卖酒的）饮食店主和客栈老板。但直到 1964 年，伊恩和唐纳德两兄弟才将该公司的业务扩展到葡萄酒和烈酒批发以及调和苏格兰威士忌领域。

阿利斯泰尔·哈特于 1975 年离开怀特马凯，加入其兄弟唐纳德的公司。他作为首席调配师负责采购陈年单一麦芽威士忌酒桶，决定哪种麦芽威士忌可以进一步熟成，并且只有经过他的仔细评估，才会用于单桶装瓶。阿利斯泰尔和唐纳德现在以他们的儿子乔纳森和安德鲁为左膀右臂。

Hunter Laing & Co. 亨特·梁公司

www.hunterlaing.com

在威士忌行业摸爬滚打近半个世纪后，斯图尔特·梁离开了家族企业道格拉斯·梁公司（详见下文），与他的儿子斯科特和安德鲁一起开创全新的业务。他从前公司带走了两个道格拉斯·梁的品牌，还有一些威士忌库存。

老麦芽桶（Old Malt Cask）是 1998 年推出的一个单桶系列（所有装瓶均采用非冷凝过滤，不添加人工焦糖色，通常为 50% vol 酒精度）。稀有系列（Old & Rare）则是一个品质卓越的单桶单一麦芽威士忌系列，通常以原桶强度装瓶，并配有精美的木盒。除了这些知名品牌，亨特·梁公司还推出了一个名为"德拉姆兰里戈的道格拉斯"（Douglas of Drumlanrig）的年轻单桶装瓶系列（通常为 10 到 20 年桶陈），以道格拉斯家族族长巴克卢公爵的名字命名，其采邑是德拉姆兰里戈城堡，公爵的签名被印在每一瓶酒的酒标上。

2014 年 9 月，公司在南拉纳克郡购买了一个 35 000 平方英尺的仓库，除了附近的卡伦保税仓库，还可多容纳 15 000 只橡木桶。斯图尔特·梁告诉我，"目前我们的威士忌在 87 个不同的地方进行陈年"。

Douglas Laing & Company Ltd 道格拉斯·梁有限公司

www.douglaslaing.com

弗雷德里克·道格拉斯·梁于 1948 年在格拉斯哥创立了这家公司，业务包括桶陈、调和及装瓶各种威士忌。在过去的 30 年里，公司由创始人的儿子弗雷德和斯图尔特进行管理，但 2013 年 5 月，斯图尔特从公司独立出去并创建了自己的品牌"亨特·梁"（详见上文），弗雷德则留守原公司。斯图尔特马不停蹄地把他的女儿卡拉招揽进来，担任品牌市场营销与创新部主管。她之前曾与莫里森·波摩和怀特马凯有过合作。

目前该公司的主要品牌有："大鼻子"（Big Peat，一款古怪的艾雷调和麦芽威士忌，自推出以来市场反响良好），单一麦芽威士忌系列"导演剪辑版"（Director's Cut）、"陈年特选"（Old Particular）、"尊享"（Premier Barrel）和"发源地"（Provenance），调和威士忌系列"麦克吉本斯"（McGibbons）、"苏格兰王"（King of Scots）和"美食家"（The Epicurean）。

请记住，我们有调和威士忌背景，致力于为远东市场提供高端优质的调和威士忌。20世纪90年代后期行情下跌以后我们开始涉足单一麦芽威士忌行业，以消化过剩的陈年库存。我们还有大量陈年威士忌储备——其中有很多是我们不断开展的装瓶项目累积起来的——足以支撑我们对单一麦芽威士忌和调和威士忌的需求，库存还有余量用来交换。

——总经理 弗雷德·梁

James MacArthur & Company Ltd
詹姆斯·麦克阿瑟有限公司

www.james-macarthur.co.uk

公司成立于1982年，初衷是"从苏格兰各家蒸馏厂中——这些蒸馏厂要么不太有名，要么已经停止运营——挑选威士忌，然后以原桶强度装瓶"。听起来是不是很耳熟？然而在1982年就有这番雄心，可谓高瞻远瞩。公司目前推出了30款单桶原桶强度的麦芽威士忌。

Murray McDavid 穆雷·迈克达威公司

www.murray-mcdavid.com

来自伦敦的葡萄酒商马克·雷尼埃、高登·赖特和西蒙·科夫林于1995年创办了穆雷·迈克达威，公司名来自马克的祖父母和外祖父母两边的姓氏，品牌提供三种甄选单一麦芽威士忌："使命范围"（Mission Range）系列（不寻常的高年份产品）、"凯尔特腹地"（Celtic Heartlands）系列（20世纪60年代的老库存，现已售罄）和"穆雷·迈克达威"系列。后者采用了"A. C. E."（Additional Cask Evolution 的简称）法，这是一种木桶收尾工艺，被马克描述为"法国橡木与美国橡木融合度的探索之旅"。

2000年，该公司买下布赫拉迪蒸馏厂（详见相关条目），于2013年5月将穆雷·迈克达威卖给成熟的威士忌商皑瑟欧。该公司后来又购买了科尔本蒸馏厂的大量陈年库存（详见相关条目），以维持自己和穆雷·迈克达威的库存并提供橡木桶陈年管理服务。穆雷·迈克达威装瓶产品于2014年7月重返市场。

> 我们都知道优质木材在制作高级威士忌方面发挥的关键作用；我们也知道现在越来越难找到这些优质木桶。我们收购备受推崇的穆雷·迈克达威品牌及其威士忌库存，这要求我们先满足一定的仓储条件，才能继续马克·雷尼埃对木材类型的探索，因此我们买下了科尔本的仓库。此外，这还要求我们确保一流酒桶的供应——葡萄酒桶、波特桶和朗姆邦穷桶，以及传统的波本桶和雪利桶——我们也确实做到了这一点。
>
> ——总经理 爱德华·欧迪姆

Scotch Malt Whisky Society 苏格兰麦芽威士忌协会

www.smws.co.uk

苏格兰麦芽威士忌协会是一家成立于1983年的俱乐部，为其会员提供原桶强度、使用非冷凝过滤及不添加任何焦糖色的单桶威士忌装瓶。它的总部位于爱丁堡利斯区，建在苏格兰最古老的商业建筑历史悠久的"大酒窖"（Vaults）内，在爱丁堡的皇后街和伦敦的哈顿花园拥有俱乐部会所，在澳大利亚、奥地利、法国、意大利、日本、荷兰、比利时、卢森堡、瑞典、瑞士和美国设有特许经营分部。根据董事会的建议，协会于 2003 年交由格兰杰接管，以确保熟成麦芽威士忌的供应，但仍然是独立的实体。如今，协会每年装瓶 150—200 桶威士忌。协会于 2015 年被出售给一群来自爱丁堡的私人投资者。

> 因为我们是格兰杰公司的一部分，所以苏格兰麦芽威士忌协会有能力确保未来还能装瓶各种有趣的麦芽威士忌。
>
> ——经理 凯·伊瓦洛

Scott's Selection 斯科特精选

www.speysidedistillery.co.uk

罗伯特·斯科特在蒸馏厂工作了 50 年，退休前曾担任磐火蒸馏厂和斯佩塞蒸馏厂的经理。2001 年退休后，斯佩塞蒸馏厂的董事长乔治·克里斯蒂劝说他充分将自己评估威士忌的丰富经验应用到挑选和装瓶一系列单桶威士忌上（原桶强度，采用非冷凝过滤以及不使用任何焦糖色）。负责挑选酒桶的是斯佩塞蒸馏厂的经理桑迪·杰米森和公司总经理约翰·麦克唐纳。

Signatory Vintage Scotch Whisky Company Ltd
圣弗力珍稀苏格兰威士忌有限公司

www.edradour.com

圣弗力由安德鲁·赛明顿于 1988 年创立，很快就因其独特的单桶装瓶赢得了很高的声誉。通常你在任何时候都可以买到其名下约 50 种不同的单一麦芽威士忌产品。公司的产品线极为丰富，包括非冷凝过滤系列，原桶强度系列，还有单一谷物系列。该公司的总部原先位于爱丁堡利斯区，但在 2002 年安德鲁从保乐力加手中收购了艾德拉多尔蒸馏厂后，他将公司搬到了酒厂。大量熟成威士忌在这里陈年并装瓶。

> 这棵大树（独立装瓶）将被严重撼动，许多枯枝会被摇落。几年前我意识到这一点，并在陈年威士忌上投入巨资。因此，我们有大量的陈年库存可供自用或与其他生产商交换——当然足够满足我们未来十年的需求。
>
> ——总经理 安德鲁·赛明顿

Duncan Taylor & Company Ltd 邓肯·泰勒有限公司
www.duncantaylor.com

邓肯·泰勒公司成立于 1938 年，起初在格拉斯哥作为威士忌商和调配商，专注于向美国出口自有的调和威士忌。自 20 世纪 60 年代以来，他们一直在自己灌装酒桶并陈年威士忌。尤安·尚德在 2001 年买下该公司及其陈年库存时，相当于收购了"世界上最大的珍稀苏格兰威士忌橡木桶私人收藏之一"。他将公司运营搬到了阿伯丁郡的亨特利（Huntly），公司也改在那里进行装瓶。产品线包括"绝无仅有"（Rarest of the Rare）系列（来自已拆除蒸馏厂的单桶，原桶强度威士忌装瓶），"邓肯·泰勒的收藏"（Duncan Taylor Collection）系列（17—42 年陈酿的单桶，"超高龄"原桶强度麦芽及谷物威士忌装瓶），"N. C. 2"系列（主要是 12—17 年陈酿的单桶，非冷凝过滤，46% vol 酒精度装瓶），"战山"（Battlehill）系列（较年轻的麦芽威士忌，43% vol 酒精度装瓶），"朗奇"（Lonach）系列（将两个来自同一家蒸馏厂的同一酒龄的橡木桶混桶，陈年通常超过 30 年，使之达到自然的 40% vol 酒精度的原桶强度）以及"重烟熏"（Big Smoke）系列（来自艾雷岛，酒精度分别为 40% vol 和 60% vol）。该公司曾在《威士忌杂志》举办的"年度独立装瓶奖"中赢得了八个奖项中的三个。

邓肯·泰勒于 2007 年 5 月获得在亨特利建造新蒸馏厂的许可，但该项目目前仍未付诸实施。

> 当然，如果生产商拒绝向我们出售调配所需的新的桶装酒，那么作为一个独立装瓶商将难以为继。话虽如此，我们在过去几年里已经购买了大量威士忌，而且我们的陈年库存足够我们坚持很多年。
>
> ——总经理 尤安·尚德

The Vintage Malt Whisky Company Ltd
佳酿麦芽威士忌公司

www.vintagemaltwhisky.com

这家独立装瓶家族企业由莫里森·波摩前出口销售经理布莱恩·克鲁克于 1992 年创立，佳酿麦芽威士忌公司过去以自己的名义提供小范围的单一麦芽威士忌，如"菲拉格兰"（Finlaggan）、"坦特伦"（Tantallan）、"格兰诺蒙特"（Glenalmond）等，还有一些以蒸馏厂自己的名字发售，即"铜匠精选"（Cooper's Choice）系列。

Wemyss Vintage Malts 威姆斯珍稀麦芽威士忌公司
www.wemyssmalts.com

威姆斯珍稀麦芽威士忌公司成立于 2005 年，是一家位于爱丁堡和法夫的家族企业。该家族还在法国和澳大利亚拥有葡萄园，在非洲拥有茶园，他们与威士忌的关系可以追溯到 19 世纪初，当时约翰·黑格还是卡梅隆桥的租户（详见相关条目）。

该公司目前提供来自斯佩塞、艾雷岛、高地和坎贝尔镇的非冷凝过滤单桶威士忌装瓶，皆为 46% vol 酒精度以上，而且产品不是以蒸馏厂名为命名依据，而是以威士忌的风味命名（例如"辣味无花果""篝火余烬""太妃糖苹果"），还有一系列以 40% vol 酒精度装瓶的年轻调和麦芽威士忌，也是非冷凝过滤。

威姆斯家族于 2013 年收购了金岸逐梦蒸馏厂（详见相关条目）。

Wilson & Morgan Ltd 威尔逊·摩根公司

www. wilsonandmorgan. com

威尔逊·摩根公司是少数非苏格兰独立装瓶商之一，由法比奥·罗西于 1992 年创立，其家族企业（威尼斯及特雷维索的葡萄酒和橄榄油商）自 20 世纪 60 年代以来一直从事进口苏格兰威士忌生意。他的威士忌陈年库存基础是在 20 世纪 90 年代初奠定的，当时他第一次游历苏格兰，储备酒桶，遵循他自己的选桶方针进行挑选：相信你的味觉和直觉。许多"酒桶珍选"（Barrel Selection）系列中的单桶麦芽威士忌采用了葡萄酒桶收尾；它们的瓶装度数为 46% vol 或原桶强度，采用非冷凝过滤，不添加任何焦糖色。

苏格兰威士忌大事记年表

1494
詹姆斯四世从约翰·科尔修士那里订购了大量大麦芽威士忌，"以此来酿造'生命之水'"，被视为苏格兰威士忌元年。

1505
爱丁堡的理发师兼外科医师行会被授予"生命之水"的独家酿造权。

1644
第一次对以销售为目的的烈酒课税，以私人饮用为目的的私酿酒仍然免税。

1690
费林托什成为第一家被提到名字的商业蒸馏作坊。

1779
这一年，爱丁堡地区拥有近 400 家非法蒸馏作坊（以及 8 家拥有正规执照的作坊）。

1777
一些大型商业蒸馏作坊开始在低地地区陆续成立。

1725
苏格兰开始征收麦芽税，在格拉斯哥引发了暴动。

1707
英格兰与苏格兰合并。

1781
官方禁止私酿威士忌催生了非法蒸馏业。

1784
《酒汁法》针对高地地区和低地地区采取不同的税收计费和蒸馏管制。

1793
与法国的战争期间，消费税提高了 3 倍，达到了每加仑 9 英镑。后来税额逐步增加，到了 1805 年，消费税变为每加仑 162 英镑，大大刺激了走私和偷运活动。

1823
《消费法》的颁布将之前的一系列立法合理化，关税被减半，政府鼓励非法酿酒商（以及土地所有者）申请合法蒸馏执照。这为现代威士忌行业奠定了基础。

1822
《非法蒸馏法案（苏格兰）》加重了对非法蒸馏活动的处罚。

1820
约翰·沃克在艾尔郡的基尔马诺克开设了一家商店。

1824
乔治·史密斯成为第一个拥有合法蒸馏执照的蒸馏者，牌照被授予斯佩塞地区的格兰威特蒸馏厂。

1828
罗伯特·斯坦因发明了连续蒸馏器。

1830
都柏林前消费品税务检察官埃涅阿斯·科菲发明了一种改良型连续蒸馏器，逐渐被苏格兰的谷物蒸馏厂所采用。

1839
詹姆斯·芝华士与他的兄弟在阿伯丁开设了一家杂货店。

1840

约翰·格兰特和詹姆斯·格兰特在罗西斯建立了格兰冠蒸馏厂。

1846

约翰·杜瓦在珀斯开设了一家商店。

1847

查尔斯·麦金利公司在利斯成立。

1853

格兰威特在爱丁堡的代理安德鲁·厄舍推出了一款品牌威士忌，老格兰威特调和——一款混合威士忌。

1863

亚瑟·贝尔在伦敦任命了一位代理，效益并不理想。

1860

《烈酒法案》第一次允许麦芽威士忌与谷物威士忌在未缴税（保税）的情况下进行调和，极大地刺激了调和威士忌的发展，被视为当代威士忌纪元的开端。

1854

亚瑟·贝尔成为其堂兄在珀斯的商店的合伙人。

1875

法国的葡萄园遭遇严重根瘤蚜虫病灾害，几乎令干邑断供。调和威士忌做好准备，取代干邑。

1865

约翰·格兰特购入位于巴林达洛赫的格兰花格蒸馏厂，这家蒸馏厂于1836年获得蒸馏执照。如今仍为其后人所有。

1865

乔治·巴兰坦在格拉斯哥成立了一家葡萄酒和烈酒公司。

1877

D. C. L. 成立（帝亚吉欧的前身）。

1882

威廉·桑德森缔造VAT69。

1880

詹姆斯·布坎南为伦敦市场专门推出布坎南调和威士忌，并在1884年推出黑白狗。

1880

约翰·沃克父子公司在伦敦成立办公室。

1879

阿伯丁的戈登·格雷厄姆公司注册了黑瓶。

1882

詹姆斯·怀特和查尔斯·马凯注册"怀特马凯特别珍藏"。

1885

约翰·杜瓦二世将其21岁的兄弟汤米派去伦敦。

1887

由威廉·格兰特及其家族建立的格兰菲迪蒸馏厂在这一年圣诞节开业。这家蒸馏厂至今仍为其后人所有。

1888

麦基公司买下建立于1816年的乐加维林蒸馏厂，并于1892年推出了白马调和威士忌。

1891

格兰父子公司创办百富蒸馏厂。

1893

约翰·沃克父子公司收购建于 1824 年的卡杜蒸馏厂。

1893

黑格与黑格公司注册了"添宝"。

1898

约翰·杜瓦父子公司创办艾柏迪蒸馏厂。

1906

约翰·沃克父子公司为其名下调和威士忌推出黑方、红方和白方，次年引入尊尼获加的品牌形象——"行走于世的男人"。

1905

伦敦的伊斯灵顿自治委员会在法庭上激烈讨论"何为威士忌"，尤其是"谷物威士忌到底算不算威士忌"。

1904

亚瑟·贝尔父子公司推出贝尔珍稀特调威士忌。

1899

行业内的主要调酒商利斯的帕蒂森公司宣布破产。1901 年，罗伯特·帕蒂森和瓦尔特·帕蒂森兄弟俩因欺诈罪及挪用公款罪入狱。

1908

皇家委员会就威士忌专项问题做出裁定，"苏格兰威士忌"一词包括麦芽威士忌、谷物威士忌和调和威士忌。

1909

芝华士被出口到北美市场。

1909

英国财政大臣劳合·乔治在其《人民预算案》中将威士忌关税提高了三分之一，达到每加仑 75 便士。

1913

威廉·蒂彻父子公司的威廉·曼尼拉·贝吉乌斯发明了可替换的软木瓶塞，在此之前，威士忌酒瓶和葡萄酒瓶一样，用的是软木压塞。

1917

英国中央管制委员会（酒类交易部门）禁止蒸馏厂在战争期间使用壶式蒸馏器蒸馏酒液。它还裁定烈酒不能以超过 40% 的酒精度出售（"军火区"则不超过 26%）。

1915

《未熟成烈酒法案》颁布，要求威士忌必须在保税仓库内陈年满两年后才能销售，次年延长为三年。

1914

第一次世界大战爆发。

1917

詹姆斯·布坎南公司与约翰·杜瓦父子公司合并。

1918

关税翻了一番（达到每加仑 3 英镑），1919 年提到每加仑 5 英镑，1920 年是 7.26 英镑。1918 年开始实施出口禁令，同年，第一次世界大战结束。

1920

美国施行"禁酒令"。

1923

伦敦葡萄酒商贝瑞兄弟与罗德公司专为美国市场推出"顺风"。

1924

D. C. L. 与约翰·黑格公司合并。

1925

布坎南/杜瓦（帝王）、约翰·沃克父子以及 D. C. L. "大合并"，1927 年，白马蒸馏公司也加入其中。

1926

白马品牌发明了旋盖。

1933

"禁酒令"结束。第一次官方定义苏格兰威士忌。

1941

谷物威士忌停产，麦芽威士忌也在 1943 年停产。

1939

第二次世界大战爆发。1940 年关税上升到每加仑 8.26 英镑，1942 年达到每加仑 13.76 英镑。大麦开始配给制供应。

1936

加拿大蒸馏公司希拉姆·沃克买下了乔治·巴兰坦公司（百龄坛母公司），并在 1938 年建造了敦巴顿谷物蒸馏厂。

1935

成立于 1749 年的葡萄酒商贾斯特里尼和布鲁克斯公司针对美国市场推出"珍宝特选"。

1945

第二次世界大战结束。英国首相温斯顿·丘吉尔写道："毫无疑问，我们无须再减少供应威士忌生产的大麦……这是多好的一个出口产品和赚取美元的机会啊。"但是，1946 年选出的新政府忽视了这一点，生产限定为 1939 年产能的一半。

1947

关税上涨到每加仑 19.01 英镑，1948 年达到了每加仑 21.01 英镑。苏格兰威士忌的单瓶价格和 1939 年比几乎翻了一倍。

1949

加拿大的施格兰集团买下了芝华士兄弟公司，并在次年买下了斯特拉赛斯拉蒸馏厂。

1961

关税增加到每加仑 23.11 英镑。

1960

苏格兰威士忌协会成立，为苏格兰威士忌在国外法庭上提供法律相关信息。

1953

蒸馏用大麦管控取消，但直到 1959 年，英国市场上可出售的威士忌数量仍受管控。1954 年英国取消了食品配给制度。

1952

格兰威特与格兰冠合并。

1962

W. & A. 吉尔比与联合葡萄酒商和 J. & B. 珍宝合并成立 I. D. V.。

1963

威廉·格兰特父子公司开始推广格兰菲迪单一麦芽威士忌。

1970

格兰威特与格兰冠蒸馏公司与希尔·汤姆森公司和朗摩合并，并成立了格兰威特蒸馏有限公司（1972 年）。

1970

高地蒸馏公司收购了马修·格洛格父子公司以及威雀。

1972
沃特尼·曼恩公司收购了 I. D. V.。1974 年，苏格兰环球投资公司收购了怀特马凯。

1972
亚瑟·贝尔父子公司将布勒尔阿索、达夫镇作为单一麦芽威士忌装瓶售卖，1975 年又推出了英志高尔。

1973
大都会酒店集团收购了沃特尼·曼恩公司和国际蒸馏与酿酒商公司。施格兰/芝华士兄弟公司建立了布拉佛－格兰威特蒸馏厂。

1974
法国公司保乐力加买下了坎贝尔蒸馏者公司，连同亚伯乐蒸馏厂，1982 年又买下埃德拉多尔蒸馏厂。

1979
拉弗格、托莫尔、布赫拉迪及图里巴丁发布各自的单一麦芽威士忌产品。

1978
怀特马凯将大摩、费特肯、托明多作为单一麦芽威士忌产品发布。高地蒸馏公司发布高原骑士，并重新包装了檀都和布纳哈本。

1975
在石油危机以及越战结束的影响下世界经济走低，但威士忌产仍在攀升（从 1960 年的 1.736 亿升纯酒精到 1970 年的 3.706 亿升纯酒精），保税仓库中静静躺着超过 10 亿升的威士忌。

1980
"标准酒精度"被"体积对酒精的百分比"的计算方式替代。威士忌遭遇来自白色烈酒（朗姆酒和伏特加）和葡萄酒的激烈竞争。苏格兰威士忌在传统市场不再流行。尽管 1980 年制造的麦芽威士忌中只有不到 1% 作为单一麦芽威士忌瓶装，但人们似乎对其越来越有兴趣。威士忌公司内部的研讨会估计，在接下来的 5 年内，威士忌市场将以每年 8% 至 10% 的规模扩张。事实上足足增长了 1 倍。

1985
D. C. L. 又关闭了 4 家蒸馏厂。因弗高登从苏格兰纽卡斯尔酿酒厂手中买下了查尔斯·麦金利公司。

1983
D. C. L. 关闭了 45 家蒸馏厂中的 11 家。

1982
D. C. L. 草率地推出"阿斯科特麦芽酒窖"系列，包含 4 款单一麦芽产品（罗斯班克、林可伍德、泰斯卡和乐加维林），以及 2 款调和威士忌产品（斯特拉柯南和格兰列文），未能成功推向市场。

1986
健力士对亚瑟·贝尔父子公司进行了敌意收购。

1987
健力士公司在这年收购了 D. C. L.，并改组成为 U. D.。1988 年公司发布了含有 6 款单一麦芽威士忌的"经典麦芽"系列。

1987
汤玛丁蒸馏厂被日本公司宝酒造以及大仓收购。

1988
日本蒸馏公司日果收购班尼富蒸馏厂。同盟蒸馏者借同盟利昂收购希拉姆·沃克之机成功，旗下囊括百龄坛、教师牌以及斯图尔特父子等品牌。

1988

由多家威士忌企业联合赞助的高级俱乐部组织"持杯者协会"宣告成立。

1989

多家威士忌企业联合赞助的苏格兰威士忌遗产中心揭幕。

1989

惠特布雷德将拉弗格和托莫尔卖给了同盟蒸馏公司。

1991

怀特马凯获得因弗高登蒸馏公司的控股权。

1994

苏格兰威士忌（生命之水）500 周年诞辰（从第一次有书面记录算起）。

1992

根据欧洲经济共同体的要求，威士忌标准瓶的容量从 750 毫升减少为 700 毫升。

酒厂索引

译者后记

　　我的威士忌之旅启蒙于我的父亲："你是个男人了，该喝杯成年人的酒。"一瓶格兰菲迪 30 年，从此，我掉入了威士忌的深坑，再也没想爬出来。

　　不过，当时中文世界的威士忌资料少之又少。很长一段时间，我都是凭着一腔兴趣"瞎喝"：什么是单一麦芽威士忌，这瓶酒的颜色为什么这么深，为什么威士忌会有消毒水味儿？一连串问题伴随着我的探索之旅。2016 年初，我和一帮酒友创立了 WhiskyENJOY 享威，希望它能陪伴像我一样曾经迷茫的爱好者畅游威士忌之旅，让更多人享受到威士忌变化无穷的魅力与乐趣。

　　这也是翻译《威士忌百科全书：苏格兰》的初衷。这是一本入门与品鉴威士忌的最佳读物，作者查尔斯·麦克莱恩像一位忠实博学的旅伴，陪你环游苏格兰，告诉你每一家酒厂的秘辛，与你分享每一杯威士忌的奇妙之处，为你拨开每一位威士忌传奇人物面前的那层迷雾……读这本书就好比进行一次爱丽丝的奇幻之旅，边读边喝，手中的那杯琥珀色液体仿佛不再只是一份酒精，而是一段流动着的历史。

　　查尔斯·麦克莱恩先生是我漫游威士忌世界的老师，更是中国威士忌爱好者心目中最耳熟能详也最敬仰的"威士忌教父"。能有幸翻译本书，并与查尔斯先生每周书信往来，一同校对书稿，为中文版增补全新的内容，于我个人而言是非常难得的学习。相信本书的出版能为中文威士忌资料库增添一本权威、实用、有趣的工具书，也希望威士忌爱好者们每每拾卷都有收获。

记得我们在第一届 WHISKY+ 展会时喊出了这样一句口号："一个办给威士忌迷的威士忌派对！"这本《威士忌百科全书：苏格兰》也可以理解为"一本写给威士忌迷的威士忌手册"。无论你是刚入门的威士忌爱好者，还是"久经沙场"的老饕，希望都可以在这里找到让你会心一笑的那一页，那一刻，那一杯。

感谢翻译出版过程中给予我大力支持的将进酒 Dionysus、品牌方、享威编辑部的伙伴们，以及最重要的，我的家人。Sláinte Mhath!

支彧涵

一位想多做 1% 的威士忌爱好者

WhiskyENJOY 享威 & WHISKY+ 创始人

图书策划＿将进酒 Dionysus

出 版 人＿王艺超

出版统筹＿唐　奂

产品策划＿景　雁

责任编辑＿郭　薇

特约编辑＿刘　会

营销编辑＿李嘉琪　高　寒

责任印制＿陈瑾瑜

装帧设计＿王柿原　陆宣其

商务经理＿蒋谷雨　绿川翔

品牌经理＿高明璇

🐦 @Jiu-Dionysus

 将进酒 Dionysus

联系电话＿010-87923806

投稿邮箱＿Jiu-Dionysus@huan404.com